建筑热湿耦合传递理论及应用

陈友明　房爱民　刘向伟　陈国杰　著

科学出版社

北京

内 容 简 介

本书系统介绍了作者团队研究取得的多孔介质建筑材料热湿耦合传递理论及其应用成果，包括以相对湿度和毛细压力为湿驱动势的多孔介质建筑材料动态热湿耦合传递模型、模型求解和验证、有无风驱雨条件下湿传递对墙体热湿特性和能源性能的影响、考虑湿传递的墙体保温层厚度优化、墙体中毛细冷凝分析、墙体中霉菌生长预测及墙体中木材腐烂损伤评估，还介绍了建筑围护结构热湿耦合传递与建筑能耗模拟软件联合计算的实现方法。书中理论建模与模型验证周密全面，应用算例丰富，对比分析详尽，为建筑热湿耦合传递相关应用提供了理论和方法支撑。

本书可供建筑设计、绿色建筑、建筑热工、建筑环境和建筑能耗模拟等领域的专业人员，包括建筑师、研究人员、工程技术人员及高等院校相关专业的教师、本科生和研究生参考。

图书在版编目（CIP）数据

建筑热湿耦合传递理论及应用 / 陈友明等著. —北京：科学出版社，2023.3

ISBN 978-7-03-075064-8

Ⅰ. ①建… Ⅱ. ①陈… Ⅲ. ①建筑材料-热湿舒适性-研究 Ⅳ. ①TU5

中国国家版本馆CIP数据核字（2023）第039681号

责任编辑：刘宝莉 / 责任校对：任苗苗
责任印制：肖 兴 / 封面设计：蓝正设计

科 学 出 版 社 出版

北京东黄城根北街 16 号
邮政编码：100717
http://www.sciencep.com

北京厚诚则铭印刷科技有限公司印刷
科学出版社发行 各地新华书店经销

＊

2023 年 3 月第 一 版 开本：720×1000 1/16
2024 年 7 月第二次印刷 印张：18
字数：360 000

定价：150.00 元

（如有印装质量问题，我社负责调换）

作 者 简 介

　　陈友明　博士，湖南大学教授，博士生导师。中国建筑学会建筑物理分会理事，暖通空调产业技术创新联盟计算机模拟专业委员会副主任委员，国际建筑性能模拟学会（IBPSA）会士（Fellow）及中国分会副主席，美国供暖、制冷与空调工程师学会（ASHRAE）会员，《太阳能学报》《太阳能》《暖通空调》和 *Architectural Intelligence* 杂志编委。入选教育部新世纪优秀人才支持计划。长期从事建筑节能、建筑性能模拟与控制领域的科学研究与教学工作。主持国家自然科学基金重点项目、国家重点研发计划课题、湖南省科技计划重点项目、国际合作项目等科研项目30余项。发表论文200余篇。出版专著5部（合著），其中作为第一作者出版专著4部。获得发明专利5项，软件著作权17项。科研成果获得教育部自然科学奖二等奖、教育部科学技术进步奖一等奖、湖南省科学技术进步奖二等奖和美国 ASHRAE 技术奖。

前　言

建筑非透明围护结构包括各种砖砌体、混凝土结构、木质结构或组合结构的墙体，且大多是由砖、混凝土、保温板、木材、石材、石膏板、水泥砂浆、石灰抹灰等多孔介质建筑材料构成的。建筑外墙暴露于太阳照射、风驱雨及变化的室内外温湿度环境下。在复杂的室内外热湿环境作用下，墙体内部存在动态热湿耦合传递现象。墙体内部湿迁移，会导致墙体材料和保温层含湿量增加，降低墙体的热性能，增加建筑冷热负荷和能耗；会引起墙体内部，特别是保温层发生冷凝现象，材料受潮，机械强度降低，产生破坏性变形；为墙体内部和表面霉菌生长创造条件，产生霉菌污染，影响室内空气质量；会导致墙体中的木质结构腐烂损伤，危害结构耐久性和安全性。正确分析和预测建筑围护结构内部热湿状况，是合理设计墙体结构，降低墙体内部含湿量，改善墙体热湿特性和能耗性能，减少冷凝发生，防止墙体霉菌滋生和木材腐烂的基础。

虽然研究者对建筑热湿耦合传递问题进行了大量研究，但是由于多孔介质建筑材料热湿耦合传递机理及其影响因素复杂，建筑热湿耦合传递问题依然是建筑物理领域最复杂和最难的科学问题。首先是由于机理复杂，建立准确的多孔介质建筑材料动态热湿耦合传递模型比较困难；其次是受到各种因素制约，准确获得试验数据难，模型验证难；再就是影响因素多且复杂，像风驱雨这样的复杂边界条件不仅描述困难，而且无可用的气象数据。作者团队在这三个方面进行了深入的研究，尝试解决这三个困难问题，并将取得的理论成果应用于建筑能耗性能分析、墙体内部冷凝风险分析、霉菌滋生预测和木材腐烂损伤评估。本书全面系统介绍了作者团队研究取得的多孔介质建筑材料热湿耦合传递理论成果及其在建筑热湿传递相关问题中的应用。

全书共 10 章。第 1 章主要介绍多孔介质建筑材料热湿耦合传递理论的发展现状。第 2 章详细介绍以相对湿度和毛细压力为湿驱动势的多孔介质建筑材料动态热湿耦合传递模型及其边界条件，包括风驱雨边界条件的建立。第 3 章介绍求解建筑围护结构热湿耦合传递问题的数值计算方法。第 4 章对以相对湿度和毛细压力为湿驱动势的动态热湿耦合传递模型进行全面验证。第 5 章介绍热湿耦合传递对建筑围护结构热湿特性与能耗性能的影响和分析案例，重点分析风驱雨的影响。第 6 章介绍考虑热湿耦合传递的墙体保温层厚度优化方法和应用实例。第 7 章介绍多孔介质墙体内部毛细冷凝分析方法和应用实例。第 8 章介绍多孔介质墙体内部和内表面霉菌滋生风险预测与评估方法。第 9 章介绍木质组合墙体中木材的腐烂损伤评估方法和应用实例。第 10 章介绍建筑围护结构热湿耦合传递与建筑能耗模拟软件联合计算的实现方法。

本书是作者团队多年从事建筑热湿过程相关研究的成果汇总，研究工作得到了国家重点研发计划项目（2017YFC0702200）、国家自然科学基金项目（51078127、51408294、51708271）的支持。研究生董文强、鲍洋、赵迎杰参与了本书的部分研究工作，研究生郑东梅、张新超、肖睿、郭莹参与了本书的撰写工作。

由于作者水平有限，书中难免有不足之处，欢迎读者批评指正。

陈友明

2022 年 8 月

目　　录

第1章 绪 论

1.1 湿传递对建筑物的影响

气候变化是人类面临的全球性问题。2015 年 12 月，第 21 届联合国气候变化大会通过了《巴黎协定》，已达成普遍共识：只有迅速且显著地减少温室气体排放量，才能使全球变暖气温上升幅度在本世纪中叶控制在 2℃以内。我国相关节能政策和建筑法规对建筑围护结构的保温隔热能力和建筑气密性的要求越来越严格[1-3]。然而，增加围护结构保温隔热与提高建筑气密性会导致室内空气流通性变差，容易造成室内高湿。同时，在高湿、多雨水的夏热冬冷、夏热冬暖地区，供热空调间歇运行，这些地区多孔介质建筑材料内容易发生湿积聚，导致材料含湿量增加，围护结构的保温隔热能力降低，建筑能耗增加。此外，湿积聚会增加霉菌滋生风险，降低室内空气品质及围护结构的耐久性。

围护结构多为多孔介质建筑材料，具有很强的吸湿、传湿能力。围护结构受潮后，由于水的导热系数大于空气，材料导热系数会随着水分积聚而显著增加。例如，石灰硅砖的导热系数随水分含量增加而增加，当水分达到完全饱和时，其导热系数增加两倍以上[4]。同时，湿迁移伴随着焓的变化，影响围护结构内部的温度场。

围护结构内湿迁移与湿积累增加了墙体的导热性，从而影响建筑能耗。Khoukhi[5]的研究表明，建筑能效受保温材料含湿量影响较大，保温材料含湿量为 30%时建筑物总冷负荷比保温材料处于干燥状态下增加了 8%。Moon 等[6]分析了围护结构内湿迁移对住宅建筑用能需求的影响，结果表明，围护结构内的湿迁移导致建筑能耗增加了 4.4%。

高温高湿环境下围护结构内水蒸气冷凝积聚容易造成霉菌滋生。霉菌生长过程中会向室内散发黄曲霉毒素、赭曲霉毒素、呕吐毒素等有害物质，降低室内空气品质。

Gradeci 等[7]的研究表明，潮湿空气会导致围护结构表面生长霉菌，增加室内人员患过敏和呼吸道疾病的风险。霉菌生长过程中代谢出的毒素还会干扰人体肝肾功能，抑制人的免疫系统[8-10]。Reijula[11]的研究发现，芬兰大约有 50%的木质房屋受潮后出现霉菌滋生问题，并由此造成室内人员患哮喘和过敏等不适症状。

墙体保温隔热是减少建筑能源需求并提高室内热舒适度的一种重要手段。然而，在高湿情况下保温隔热处理不当反而会在墙体内造成冷凝，从而带来霉菌生长、木材腐烂、冻融损伤和盐渍损伤等热湿损伤[12]。

在湿气侵蚀下，木质建筑围护结构内会滋生木材腐烂真菌（以下简称木腐真菌），造成木材腐烂，降低围护结构的耐久性与可靠性。Viitanen 等[13-15]测量了极端潮湿条件下木屋腐烂损害的程度，在 2 年的时间里木材腐烂质量损失了约 20%。Brischke 等[16]的研究发现，在实际气候条件下暴露 3.3 年后松木木材开始发生腐烂，4 年后出现严重腐烂。Guizzardi 等[17]研究了湿迁移对砖木砌体内木材腐烂损伤的影响，研究发现，围护结构增加内部保温会导致木材内含湿量升高，木质结构的湿损坏程度明显增加。

此外，在我国严寒、寒冷地区常用的砖墙、混凝土墙体内，冬春季湿积累会导致围护结构内部及表面发生冻融循环，使得围护结构开裂，外饰面脱落，甚至产生破坏性形变，影响建筑的美观、安全性和耐久性。

综上所述，湿传递对围护结构热工性能、建筑能耗、室内空气品质和结构耐久性等方面均有重要的影响，热湿耦合传递研究可以更准确地预测和评估建筑物围护结构内的湿度和温度，为改善建筑物的能源性能、预测霉菌滋生风险和提高结构的耐久性提供基础性理论和方法支持。

1.2 风驱雨对建筑物的影响

风驱雨是降雨受风力的作用而降落在建筑外立面上的雨水。建筑墙体表面风驱雨量与降雨强度、风力大小、墙体表面雨水径流、墙体朝向、墙体材料种类和墙体表面粗糙度等紧密相关[18]。风驱雨作为建筑外立面的主要湿分来源之一，对墙体内的热湿耦合传递有重要的影响。

风驱雨显著增加建筑外立面含湿量，进而影响围护结构内部的湿度分布。同时，由于湿传递与热传递之间的相互耦合作用和水分的蒸发冷却作用，风驱雨必然影响围护结构内部的温度分布。

Diaz 等[19]的研究表明，风驱雨可使建筑外表面温度最高降低 7.4℃，建筑内表面温度最高降低 1.0℃，室内空气温度最高降低 0.4℃。Bastien 等[20]的研究表明，考虑风驱雨时里斯本和温哥华地区墙体内的含湿量比不考虑风驱雨时分别增加了 17 倍和 38 倍。

夏季，围护结构表面雨水蒸发冷却可降低墙体表面温度，减少通过围护结构的得热量，从而影响建筑冷负荷。冬季，风驱雨会增加多孔介质建筑围护结构的含湿量，降低墙体的热阻，导致建筑物供热用能需求增加。Jayamaha 等[21]的研究发现，受风驱雨影响，多孔介质建筑墙体的平均得热量降低了约 10%。Abuku 等[22]的研究表明，在北欧地区，风驱雨使得供热能耗增加了 18.7%。

风驱雨加剧了墙体内的冷凝与湿积累。湿积累会使材料受潮，可能导致有些饰面材料开裂甚至脱落，钢材锈蚀；而且，冷凝为霉菌等滋生提供了有利条件，会造成木材腐烂，降低围护结构的耐久性与可靠性；此外，冬春季风驱雨也会导致围护结构内部及表面发生冻融循环，使得围护结构开裂，甚至产生破坏性形变。

1.3　热湿耦合传递理论模型综述

Glaser[23]针对多孔介质围护结构内的湿传递，提出了稳态纯水蒸气扩散模型，来预测墙壁中的冷凝风险。Glaser 理论模型表示为

$$q = \lambda \frac{\Delta T}{\Delta x} \tag{1.1}$$

$$g_v = \delta_p \frac{\Delta p_v}{\Delta x} \tag{1.2}$$

式中，g_v 为水蒸气扩散量，$kg/(m^2 \cdot s)$；p_v 为水蒸气分压力，Pa；q 为导热量，W/m^2；T 为温度，K；x 为一维空间坐标，m；δ_p 为材料的水蒸气渗透系数，$kg/(m \cdot s \cdot Pa)$；λ 为材料导热系数，$W/(m \cdot K)$。

虽然 Glaser 理论模型计算简单，应用方便，但此模型为稳态模型。而实际建筑墙体通常暴露在非稳态气候条件下。同时，该模型没有考虑热传递与湿传递之间的耦合关系，且只考虑了水蒸气扩散引起的湿传递，忽略了液态水毛细传导，其应用受到很大的局限。为了揭示热湿耦合传递机理，Hens 等[24]提出了多种不同湿驱动势的多孔介质动态热湿耦合传递模型。下面根据湿驱动势的不同来回顾和综述多孔介质热湿耦合传递理论的发展状况。动态热湿耦合传递模型中用到的主要湿驱动势有含湿量、相对湿度、水蒸气分压力、水蒸气含量、空气含湿量、毛细压力等。

1. 含湿量

Philip 等[25]提出以温度和含湿量梯度为驱动势建立墙体内动态热湿耦合传递模型。Philip 模型用菲克(Fick)定律和达西(Darcy)定律等经典理论描述多孔介质中的湿分传输。该方法经常被用作后续模型开发的基础，用于预测或模拟在热湿耦合传递作用下多孔介质围护结构的热湿特性。Philip 模型的能量传递和质量传递控制方程为

$$\begin{cases} \rho c_p \dfrac{\partial T}{\partial t} = \nabla(\lambda \nabla T) + \nabla(h_{lv} D_{\omega v} \nabla \omega) \\ \dfrac{\partial \omega}{\partial t} = \nabla[(D_{Tv} + D_{Tl}) \nabla T] + \nabla[(D_{\omega v} + D_{\omega l}) \nabla \omega] + \dfrac{\partial K}{\partial z} \end{cases} \tag{1.3}$$

式中，c_p 为干燥多孔介质建筑材料定压比热容，J/(kg·K)；D_{Tl} 和 D_{Tv} 分别为与温度梯度相关的液态水和水蒸气扩散率，$m^2/(s \cdot K)$；$D_{\omega l}$ 和 $D_{\omega v}$ 分别为与含湿量梯度相关的液态水和水蒸气扩散率，m^2/s；h_{lv} 为水的汽化潜热，J/kg；K 为水力传导率，m/s；t 为时间，s；T 为温度，K；z 为垂直坐标，m；λ 为材料导热系数，W/(m·K)；ρ 为干燥多孔介质建筑材料密度，kg/m^3；ω 为多孔介质建筑材料的体积含湿量，kg/m^3。

Philip 模型以含湿量和温度为驱动势建立热湿耦合传递控制方程，在计算墙体不同材料界面处含湿量时会遇到含湿量不连续的问题。Bouddour 等[26]指出，Philip 模型低估了水分传递质量流量。

Luikov[27]用不可逆热力学原理描述多孔介质建筑材料干燥过程中的传热和传质现象。Luikov 模型的能量传递控制方程包含温度梯度作用下的导热量和湿分相变热量，质量传递控制方程包含含湿量梯度作用下的湿分传递和温度梯度作用下的水分扩散。Luikov 模型的能量传递和质量传递控制方程为

$$
\begin{cases}
\rho c_p \dfrac{\partial T}{\partial t} = \lambda \nabla^2 T + h_{lv} \sigma \rho \dfrac{\partial u}{\partial t} \\
\dfrac{\partial u}{\partial t} = a_m \nabla^2 u + \varepsilon_T a_m \nabla^2 T
\end{cases}
\tag{1.4}
$$

式中，a_m 为含湿量梯度作用下的湿扩散率，m^2/s；c_p 为干燥多孔介质建筑材料定压比热容，J/(kg·K)；h_{lv} 为水的汽化潜热，J/kg；t 为时间，s；T 为温度，K；u 为多孔介质建筑材料的质量含湿量，kg/kg；ε_T 为热梯度系数，K^{-1}；λ 为材料导热系数，W/(m·K)；ρ 为干燥多孔介质建筑材料密度，kg/m^3；σ 为相变因子，无量纲。

为了描述多孔介质内的蒸发冷凝过程，Luikov 引入了相变因子，水蒸气蒸发冷凝相变因子为固定值($0 < \sigma < 1$)。Luikov 模型的主要缺点是质量传递控制方程中存在蒸发冷凝相变因子，该相变因子不是从物理定律推导出的，因此凭经验很难准确确定该因子的大小。

Mendes 等[28]以温度和含湿量为驱动势建立墙体动态热湿耦合传递模型，模型中质量传递控制方程包含水蒸气扩散和液态水毛细迁移两部分。Mendes 模型的能量传递和质量传递控制方程为

$$
\begin{cases}
\rho c_p \dfrac{\partial T}{\partial t} = \dfrac{\partial}{\partial x}\left(\lambda \dfrac{\partial T}{\partial x}\right) + h_{lv} \dfrac{\partial}{\partial x}\left(D_{Tv} \rho_l \dfrac{\partial T}{\partial x} + D_{uv} \rho_l \dfrac{\partial u}{\partial x}\right) \\
\dfrac{\partial u}{\partial t} = \dfrac{\partial}{\partial x}\left(D_T \dfrac{\partial T}{\partial x} + D_u \dfrac{\partial u}{\partial x}\right)
\end{cases}
\tag{1.5}
$$

式中，c_p 为干燥多孔介质建筑材料定压比热容，J/(kg·K)；D_T 为温度梯度作用下的湿扩散率，m^2/(s·K)；D_{Tv} 为温度梯度作用下的水蒸气扩散率，m^2/(s·K)；D_u 为含湿量梯度作用下的湿扩散率，m^2/s；D_{uv} 为含湿量梯度作用下的水蒸气扩散率，m^2/s；h_{lv} 为水的汽化潜热，J/kg；T 为温度，K；t 为时间，s；x 为一维空间坐标，m；u 为材料的质量含湿量，kg/kg；λ 为材料导热系数，W/(m·K)；ρ 为干燥多孔介质建筑材料密度，kg/m^3；ρ_l 为液态水的密度，kg/m^3。

Mendes 模型中能量传递控制方程考虑了温度梯度作用下水蒸气传递的潜热和含湿量梯度作用下水蒸气传递的潜热，对能量传递机理的描述较为完整。但是，能量传递控制方程中与温度梯度有关的水蒸气扩散系数和与含湿量梯度有关的水蒸气扩散系数通常难以获得。

Nicolai 等[29]以温度、水蒸气含量、液态水含量和盐碱物质的浓度为驱动势建立热、湿、空气和盐分在多孔介质建筑材料中的传递模型。Nicolai 模型中的能量传递、水分传递、空气流动和盐碱物质溶解/结晶的控制方程为

$$
\begin{cases}
\dfrac{\partial}{\partial t}[\rho c_p T + \rho_p c_{pp} T \theta_p + \rho_l c_{pl} T \theta_l + (\rho_v c_{pv} T + \rho_a c_{pa} T)\theta_g] \\[2mm]
= -\dfrac{\partial}{\partial x}\left(\dfrac{\rho_l c_{pl} T}{v\theta_l} + \dfrac{\rho_v c_{pv} T + \rho_a c_{pa} T}{v\theta_g}\right) - \dfrac{\partial}{\partial x}\left[-\lambda\dfrac{\partial T}{\partial x} + (h_s - h_w)(j_{disp} + j_{diff})\theta_l + (h_v - h_a)j_{diff}\theta_g\right] \\[2mm]
\dfrac{\partial}{\partial t}(\rho_w \theta_l + \rho_v \theta_g) = -\dfrac{\partial}{\partial x}\left[\left(\dfrac{\rho_w}{v} - j_{disp} - j_{diff}\right)\theta_l + \left(\dfrac{\rho_v}{v} + j_{diff}\right)\theta_g\right] \\[2mm]
\dfrac{\partial}{\partial t}(\rho_a \theta_g) = -\dfrac{\partial}{\partial x}\left[\left(\dfrac{\rho_a}{v} - j_{diff}\right)\theta_g\right] \\[2mm]
\dfrac{\partial}{\partial t}(\rho_s \theta_l + \rho_p \theta_p) = -\dfrac{\partial}{\partial x}\left[\left(\dfrac{\rho_s}{v} + j_{disp} + j_{diff}\right)\theta_l\right]
\end{cases}
$$

$$(1.6)$$

式中，c_p 为干燥多孔介质建筑材料定压比热容，J/(kg·K)；c_{pa} 为空气定压比热容，J/(kg·K)；c_{pl} 为液态水定压比热容，J/(kg·K)；c_{pp} 为析出盐碱物质定压比热容，J/(kg·K)；c_{pv} 为水蒸气定压比热容，J/(kg·K)；h_a 为空气比焓，J/kg；h_s 为盐碱物质比焓，J/kg；h_v 为水蒸气比焓，J/kg；h_w 为水的比焓，J/kg；j_{diff} 为水蒸气扩散通量，kg/(m^2·s)；j_{disp} 为水蒸气弥散通量，kg/(m^2·s)；T 为温度，K；t 为时间，s；x 为一维空间坐标，m；v 为空气体积含湿量，kg/m^3；λ 为材料导热系数，W/(m·K)；θ_g 为水蒸气容积比，m^3/m^3；θ_l 为液态水容积比，m^3/m^3；θ_p 为析出盐碱物质容积比，m^3/m^3；ρ 为干燥多孔介质建筑材料密度，kg/m^3；ρ_a 为空气密度，kg/m^3；ρ_l 为液态水密度，kg/m^3；ρ_p 为析出盐碱物质密度，kg/m^3；ρ_s 为溶解盐碱物质密度，kg/m^3；

ρ_v 为水蒸气密度，kg/m^3；ρ_w 为液相湿分密度，kg/m^3。

Nicolai 模型是以液态水的体积含湿量和水蒸气的体积含湿量为湿驱动势的，在墙体不同材料界面处会出现含湿量不连续问题。

2. 相对湿度

Künzel[30]提出以温度和相对湿度为驱动势建立多孔介质热湿耦合传递模型。Künzel 模型的能量传递和质量传递控制方程为

$$\begin{cases} \dfrac{dH}{dT}\dfrac{\partial T}{\partial t} = \dfrac{\partial}{\partial x}\left(\lambda\dfrac{\partial T}{\partial x}\right) + h_{lv}\dfrac{\partial}{\partial x}\left[\dfrac{\delta_a}{\mu}\dfrac{\partial(\varphi p_s)}{\partial x}\right] \\[3mm] \dfrac{d\omega}{d\varphi}\dfrac{\partial\varphi}{\partial t} = \dfrac{\partial}{\partial x}\left(D_w\dfrac{d\omega}{d\varphi}\dfrac{\partial\varphi}{\partial x}\right) + \dfrac{\partial}{\partial x}\left[\dfrac{\delta_a}{\mu}\dfrac{\partial(\varphi p_s)}{\partial x}\right] \end{cases} \quad (1.7)$$

$$\frac{dH}{dT} = \rho c_p + c_{pl}\omega \quad (1.8)$$

式中，c_p 为干燥多孔介质建筑材料定压比热容，$J/(kg\cdot K)$；c_{pl} 为液态水定压比热容，$c_{pl}=4200J/(kg\cdot K)$；D_w 为液态水扩散率，m^2/s；H 为总焓值，$J/(m^3\cdot K)$；h_{lv} 为水的汽化潜热，J/kg；p_s 为饱和水蒸气分压力，Pa；T 为温度，K；t 为时间，s；x 为一维空间坐标，m；δ_a 为静止空气中的水蒸气渗透系数，$\delta_a = 2\times10^{-7}\times T^{0.81}/p_a$，$kg/(m\cdot s\cdot Pa)$，其中，$p_a$ 为环境压力，Pa；φ 为相对湿度，%；λ 为材料导热系数，$W/(m\cdot K)$；μ 为水蒸气扩散阻力因子；ρ 为干燥多孔介质建筑材料密度，kg/m^3；ω 为材料的体积含湿量，kg/m^3。

Künzel 模型中能量传递包括导热、焓流（显热与潜热的总和）和太阳辐射得热。然而，Künzel 模型的质量传递控制方程中没有考虑温度梯度作用下液态水迁移的显热[31]。

Liu 等[32]提出了以温度和相对湿度为驱动势的多孔介质动态热湿耦合传递模型，第 2 章将详细介绍该模型的理论推导过程。

3. 水蒸气分压力

Rode[33]以温度、水蒸气分压力和毛细压力为驱动势建立墙体动态热湿耦合传递模型。模型的能量传递和质量传递控制方程为

$$\begin{cases} \rho c_p\dfrac{\partial T}{\partial t} = \dfrac{\partial}{\partial x}\left(\lambda\dfrac{\partial T}{\partial x}\right) + h_{lv}\dfrac{\partial}{\partial x}\left(\delta_p\dfrac{\partial p_v}{\partial x}\right) \\[3mm] \rho\dfrac{\partial u}{\partial t} = \dfrac{\partial}{\partial x}\left(\delta_p\dfrac{\partial p_v}{\partial x}\right) + \dfrac{\partial}{\partial x}\left(K_1\dfrac{\partial p_c}{\partial x}\right) \end{cases} \quad (1.9)$$

式中，c_p 为干燥多孔介质建筑材料定压比热容，J/(kg·K)；h_{lv} 为水的汽化潜热，J/kg；K_l 为液态水渗透系数，kg/(m·s·Pa)；p_c 为毛细压力，Pa；p_v 为水蒸气分压力，Pa；T 为温度，K；t 为时间，s；u 为材料的质量含湿量，kg/kg；x 为一维空间坐标，m；δ_p 为材料的水蒸气渗透系数，kg/(m·s·Pa)；λ 为材料导热系数，W/(m·K)；ρ 为干燥多孔介质建筑材料密度，kg/m³。

Burch 等[34]以温度、水蒸气分压力和相对湿度为驱动势建立墙体动态热湿耦合传递模型，模型中考虑到的水分传递包括水蒸气扩散和液态水分迁移。Burch 模型的能量传递和质量传递控制方程为

$$\begin{cases} \rho c_p \dfrac{\partial T}{\partial t} = \dfrac{\partial}{\partial x}\left(\lambda \dfrac{\partial T}{\partial x}\right) + h_{lv}\dfrac{\partial}{\partial x}\left(\delta_p \dfrac{\partial p_v}{\partial x}\right) \\ \rho \dfrac{\partial u}{\partial t} = \dfrac{\partial}{\partial x}\left(\delta_p \dfrac{\partial p_v}{\partial x}\right) - \dfrac{\partial}{\partial x}\left(D_\varphi \dfrac{\partial \varphi}{\partial x}\right) \end{cases} \tag{1.10}$$

式中，c_p 为干燥多孔介质建筑材料定压比热容，J/(kg·K)；D_φ 为以相对湿度作为驱动势时的液态水传导系数，kg/(m·s)；h_{lv} 为水的汽化潜热，J/kg；p_v 为水蒸气分压力，Pa；T 为温度，K；t 为时间，s；x 为一维空间坐标，m；u 为材料的质量含湿量，kg/kg；δ_p 为材料的水蒸气渗透系数，kg/(m·s·Pa)；φ 为相对湿度，%；λ 为材料导热系数，W/(m·K)；ρ 为干燥多孔介质建筑材料密度，kg/m³。

Maref 等[35]以水蒸气分压力和含湿量为驱动势建立墙体内湿传递质量控制方程。Maref 模型的能量传递、水分传递、空气流动和质量传递控制方程为

$$\begin{cases} \dfrac{\partial(\rho_m c_p T)}{\partial t} = -\nabla(\rho_a c_{pa} v_a T) + \nabla(\lambda \nabla T) + h_{lv}[\nabla(\rho \delta_p \nabla p_v)] - h_{ic}\left(\rho u \dfrac{\partial \varepsilon_l}{\partial t}\right) \\ \rho \dfrac{\partial u}{\partial t} = \nabla(\rho D_w \nabla u - K_l \rho_l g + \delta_p \nabla p_v - \rho_v v_a) \\ \nabla(\rho_a v_a) = 0 \\ -\nabla p_a + \rho_a g - \dfrac{\mu_a}{K_a} v_a = 0 \end{cases} \tag{1.11}$$

式中，c_p 为干燥多孔介质建筑材料定压比热容，J/(kg·K)；c_{pa} 为空气定压比热容，J/(kg·K)；D_w 为液态水扩散率，m²/s；g 为重力加速度，m/s²；h_{ic} 为水的冻结融化潜热，J/kg；h_{lv} 为水的汽化潜热，J/kg；K_l 为液态水渗透系数，kg/(m·s·Pa)；K_a 为多孔介质建筑材料中空气的渗透系数，kg/(m·s·Pa)；p_a 为空气压力，Pa；p_v 为水蒸气分压力，Pa；T 为温度，K；t 为时间，s；u 为材料的质量含湿量，kg/kg；v_a 为空气的流速，m/s；δ_p 为材料的水蒸气渗透系数，kg/(m·s·Pa)；ε_l 为液态水所占的

比例；λ 为材料导热系数，W/(m·K)；μ_a 为空气动力黏度系数，Pa·s；ρ 为干燥多孔介质建筑材料密度，kg/m³；ρ_a 为空气密度，kg/m³；ρ_l 为液态水密度，kg/m³；ρ_m 为含湿(包括水蒸气、液态水和冰)多孔介质建筑材料密度，kg/m³。

Zhong[36]以温度和水蒸气分压力为驱动势，根据能量守恒定律和质量守恒定律建立的多孔介质建筑墙体动态热湿耦合传递模型的能量传递和质量传递控制方程为

$$\begin{cases} \rho(c_p + uc_{pl})\dfrac{\partial T}{\partial t} = \dfrac{\partial}{\partial x}\left(\lambda \dfrac{\partial T}{\partial x}\right) + h_{lv}\dfrac{\partial}{\partial x}\left(\delta_p \dfrac{\partial p_v}{\partial x}\right) \\ \rho\dfrac{\partial u}{\partial t} = \dfrac{\partial}{\partial x}\left(\delta_p \dfrac{\partial p_v}{\partial x}\right) - \dfrac{\partial}{\partial x}\left(K_1 \dfrac{\partial p_c}{\partial x}\right) \end{cases} \tag{1.12}$$

式中，c_p 为干燥多孔介质建筑材料定压比热容，J/(kg·K)；c_{pl} 为水的定压比热容，J/(kg·K)；h_{lv} 为水的汽化潜热，J/kg；K_1 为液态水渗透系数，kg/(m·s·Pa)；p_c 为毛细压力，Pa；p_v 为水蒸气分压力，Pa；T 为温度，K；t 为时间，s；u 为材料的质量含湿量，kg/kg；x 为一维空间坐标，m；δ_p 为材料的水蒸气渗透系数，kg/(m·s·Pa)；λ 为材料导热系数，W/(m·K)；ρ 为干燥多孔介质建筑材料密度，kg/m³。

以水蒸气分压力为湿驱动势的模型的质量传递仅考虑了水蒸气扩散作用，未考虑到毛细压力作用下多孔材料内的液态水迁移，故不能如实反映液态水的迁移。

4. 水蒸气含量

Hagentoft 等[37]以温度和水蒸气含量为驱动势建立了墙体动态热湿耦合传递模型。Hagentoft 模型中多孔介质内能量传递和质量传递控制方程为

$$\begin{cases} \rho c_p \dfrac{\partial T}{\partial t} = -\dfrac{\partial}{\partial x}\left(-\lambda \dfrac{\partial T}{\partial x} + q_a c_{pa} T\right) + h_{lv}\dfrac{\partial \omega}{\partial t} \\ \dfrac{\partial \omega}{\partial t} = -\dfrac{\partial}{\partial x}\left(-a_m \dfrac{\partial v}{\partial x} + q_a v\right) \end{cases} \tag{1.13}$$

Qin 等[38]以温度和水蒸气含量为驱动势建立了多层结构墙体动态热湿耦合传递模型，模型的能量传递和质量传递控制方程为

$$\begin{cases} \rho c_p \dfrac{\partial T}{\partial t} = \dfrac{\partial}{\partial x}\left(\lambda \dfrac{\partial T}{\partial x}\right) + \rho c_m (\sigma h_{lv} + \gamma)\dfrac{\partial v}{\partial t} \\ \rho c_m \dfrac{\partial v}{\partial t} = \dfrac{\partial}{\partial x}\left(a_m \dfrac{\partial v}{\partial x}\right) + \dfrac{\partial}{\partial x}\left(\varepsilon_T a_m \dfrac{\partial T}{\partial x}\right) \end{cases} \tag{1.14}$$

式中，a_m 为材料的水蒸气扩散率，m^2/s；c_m 为比湿，m^3/kg；c_p 为干燥多孔介质建筑材料定压比热容，$J/(kg \cdot K)$；h_{lv} 为水的汽化潜热，J/kg；T 为温度，K；t 为时间，s；v 为空气体积含量，kg/m^3；x 为一维空间坐标，m；ε_T 为热梯度系数，$kg/(m^3 \cdot K)$；γ 为吸附与解吸附热，J/kg；λ 为材料导热系数，$W/(m \cdot K)$；ρ 为干燥多孔介质建筑材料密度，kg/m^3；σ 为相变因子。

以水蒸气含量作为湿驱动势的模型，其质量传递控制方程考虑了水蒸气含量梯度作用下的水蒸气扩散和温度梯度作用下的水蒸气扩散，但没有考虑液态水迁移。因此，这类模型不能用于计算夏季有风驱雨条件下围护结构内部和表面的温度及含湿量分布。

5. 空气含湿量

Budaiwi 等[39]建立了以温度和空气含湿量为驱动势的动态热湿耦合传递模型。郭兴国[40]基于能量守恒定律和质量守恒定律，将空气含湿量看成材料含湿量和温度的函数，建立了以温度和空气含湿量作为驱动势的多孔介质墙体动态热湿耦合传递模型，模型的能量传递和质量传递控制方程为

$$\begin{cases} \rho c_p \dfrac{\partial T}{\partial t} = \dfrac{\partial}{\partial x}\left(\lambda \dfrac{\partial T}{\partial x}\right) + h_{lv}\left[\dfrac{\partial}{\partial x}\left(\delta_p D_v R_v T \rho_a \dfrac{\partial W}{\partial x}\right)\right] \\ \dfrac{\partial W}{\partial t} = \dfrac{W_s}{\xi \rho}\left\{\dfrac{\partial}{\partial x}\left[\left(\delta_p R_v \rho_a T + \dfrac{D_w \xi \rho}{W_s}\right)\dfrac{\partial W}{\partial x}\right]\right\} + \varphi \dfrac{\partial W_s}{\partial T}\dfrac{\partial T}{\partial t} \end{cases} \tag{1.15}$$

式中，c_p 为干燥多孔介质建筑材料定压比热容，$J/(kg \cdot K)$；D_w 为材料的液态水扩散率，m^2/s；h_{lv} 为水的汽化潜热，J/kg；R_v 为水蒸气气体常数，$J/(kg \cdot K)$；T 为温度，K；t 为时间，s；W 为空气含湿量，kg/kg；W_s 为饱和空气含湿量，kg/kg；x 为一维空间坐标，m；δ_p 为材料的水蒸气渗透系数，$kg/(m \cdot s \cdot Pa)$；φ 为相对湿度，%；λ 为材料导热系数，$W/(m \cdot K)$；ρ 为干燥多孔介质建筑材料密度，kg/m^3；ρ_a 为空气密度，kg/m^3；ξ 为材料湿平衡曲线斜率，kg/kg。

6. 毛细压力

Jayamaha 等[21]建立了以温度、毛细压力和水蒸气分压力为驱动势的建筑墙体动态热湿耦合传递模型，用于模拟计算降雨对两种典型建筑墙体传热量的影响，在实际室外气候条件下对模型进行了验证和校准。Jayamaha 模型的能量传递和质量传递控制方程为

$$\begin{cases} \rho c_p \dfrac{\partial T}{\partial t} = \dfrac{\partial}{\partial x}\left(\lambda \dfrac{\partial T}{\partial x} \right) + h_{lv} \dfrac{\partial}{\partial x}\left(\delta_p \dfrac{\partial p_v}{\partial x} \right) \\ \rho \dfrac{\partial u}{\partial t} = \dfrac{\partial}{\partial x}\left(\delta_p \dfrac{\partial p_v}{\partial x} \right) - \dfrac{\partial}{\partial x}\left(K_l \dfrac{\partial p_c}{\partial x} \right) + \dfrac{\partial}{\partial x}\left(K_T \dfrac{\partial T}{\partial x} \right) \end{cases} \tag{1.16}$$

式中，c_p 为干燥多孔介质建筑材料定压比热容，J/(kg·K)；h_{lv} 为水的汽化潜热，J/kg；K_l 为液态水渗透系数，kg/(m·s·Pa)；K_T 为热梯度作用下湿分扩散系数，kg/(m·s·K)；p_c 为毛细压力，Pa；p_v 为水蒸气分压力，Pa；T 为温度，K；t 为时间，s；x 为一维空间坐标，m；u 为材料的质量含湿量，kg/kg；δ_p 为材料的水蒸气渗透系数，kg/(m·s·Pa)；λ 为材料导热系数，W/(m·K)；ρ 为干燥多孔介质建筑材料密度，kg/m³。

Jayamaha 模型的能量传递控制方程包含导热和水蒸气的汽化潜热，没有考虑液态水迁移的显热；质量传递控制方程考虑了水蒸气分压力梯度作用下水蒸气渗透、毛细压力驱动的液态水迁移和温度梯度作用下的水分扩散，对水分传递机理的描述较为完善。该模型中包含多个湿驱动势，求解较为复杂。

Kalagasidis[41]以温度、毛细压力和水蒸气分压力为驱动势建立了墙体动态热湿耦合传递模型，模型的能量传递和质量传递控制方程为

$$\begin{cases} \rho c_p \dfrac{\partial T}{\partial t} = -\dfrac{\partial}{\partial x}\left(-\lambda \dfrac{\partial T}{\partial x} + g_a c_{pa} T + g_v h_{lv} \right) \\ \dfrac{\partial \omega}{\partial t} = -\dfrac{\partial}{\partial x}\left(K_l \dfrac{\partial p_c}{\partial x} - \delta_p \dfrac{\partial p_v}{\partial x} + g_a W \right) \end{cases} \tag{1.17}$$

式中，c_p 为干燥多孔介质建筑材料定压比热容，J/(kg·K)；c_{pa} 为空气的定压比热容，J/(kg·K)；g_a 为空气流动通量，kg/(m²·s)；g_v 为水蒸气扩散量，kg/(m²·s)；h_{lv} 为水的汽化潜热，J/kg；K_l 为液态水渗透系数，kg/(m·s·Pa)；p_c 为毛细压力，Pa；p_v 为水蒸气分压力，Pa；T 为温度，K；t 为时间，s；x 为一维空间坐标，m；W 为空气含湿量，kg/kg；δ_p 为材料的水蒸气渗透系数，kg/(m·s·Pa)；λ 为材料导热系数，W/(m·K)；ρ 为干燥多孔介质建筑材料密度，kg/m³；ω 为材料的体积含湿量，kg/m³。

模型中质量传递控制方程包括毛细压力驱动的液态水迁移和水蒸气分压力驱动的水蒸气扩散，但在能量传递控制方程中没有考虑温度梯度作用下液态水迁移的显热。该模型不能准确模拟计算夏季降雨情况下雨水的蒸发冷却作用对围护结构内部和表面温度及含湿量分布的影响。

Fang 等[42]提出了以温度和毛细压力为驱动势的多孔介质动态热湿耦合传递

模型，第 2 章将详细介绍该模型的理论推导过程。

1.4　本书主要内容

　　建筑非透明围护结构一般由多孔介质建筑材料构成。建筑受到室内外气候条件，包括室外空气温湿度、风驱雨、太阳辐射及室内空气温湿度变化的影响，其多孔性围护结构内部湿传递现象普遍存在，且与热传递相互耦合，热湿传递机理复杂，准确建立模型、分析求解和模型验证的难度都很大，是建筑物理和建筑能源模拟分析领域难以解决且被忽视的复杂问题。热湿耦合传递对建筑围护结构的热工性能、建筑能耗、霉菌滋生风险、室内空气品质、围护结构耐久性等均有重要的影响。热湿耦合传递研究的目的在于全面揭示多孔介质建筑材料中的热湿耦合传递机理，建立准确的动态热湿耦合传递模型，并应用其数学模型准确地模拟计算建筑物围护结构内的温度和湿度分布，从而准确评价建筑物的能源性能，预测霉菌滋生风险，评估结构的耐久性，为改善建筑能源性能、提高室内环境质量和建筑结构耐久性提供理论基础和应用方法支撑。

　　为了揭示多孔介质建筑材料内的热湿耦合传递机理，本书以多孔介质传热传质理论为基础，对建筑墙体的热湿耦合传递特性从机理模型的建立、求解、验证以及应用方面进行全面、系统的阐述。本书的主要内容如下：

　　(1) 介绍以温度和相对湿度及以温度和毛细压力为驱动势的多孔介质建筑围护结构动态热、空气、湿耦合传递模型的详细推导过程，给出墙体内无空气流动条件下动态热湿耦合传递模型；给出包括墙体内外表面热质交换系数、壁面接收到的太阳辐射、风驱雨量在内的各种边界条件的确定方法；给出一种用于计算不同朝向墙体表面接收到的风驱雨量改进模型。

　　(2) 详细介绍求解多孔介质墙体热湿耦合传递控制方程的有限差分法，给出以相对湿度为湿驱动势的热湿耦合传递控制方程在墙体内部节点、交界面节点及室外和室内壁面节点处的加权隐式 (Crank-Nicholson) 格式离散差分方程以及应用有限差分法求解热湿耦合传递控制方程的计算流程。介绍如何应用基于有限元法的数值模拟软件求解多孔介质墙体热湿耦合传递控制方程，给出两种湿驱动势热湿耦合传递控制方程及对应边界条件的系数表达式和求解步骤。

　　(3) 采用理论验证、模型间验证和试验验证方法，通过大量算例和试验数据分别验证以相对湿度和毛细压力为湿驱动势的动态热湿耦合传递模型的准确性和适用性。用实际气候条件下试验数据证实以毛细压力为湿驱动势的动态热湿耦合传递模型适用于风驱雨 (存在超吸湿) 条件下建筑围护结构热湿特性模拟分析。

　　(4) 用以毛细压力为湿驱动势的动态热湿耦合传递模型和有降雨、风速风向数据的实际气象数据，模拟和对比有风驱雨、无风驱雨和纯导热三种情形下长沙市保温砖墙和保温混凝土墙不同朝向墙体表面的温湿度，计算和对比夏季空调期和冬季供热期墙体传递冷热负荷及其单位面积外墙传热产生的供热空调能耗。

（5）基于墙体动态热湿耦合传递模型，考虑建筑墙体内湿传递对热传递的影响，计算外墙传热引起的供热空调能耗，采用 P_1-P_2 经济性分析模型优化确定墙体保温层厚度，分析风驱雨对最优保温层厚度的影响。

（6）介绍基于热湿耦合传递理论的毛细冷凝分析方法，用以毛细压力为湿驱动势的动态热湿耦合传递模型模拟计算夏热冬冷地区典型城市长沙市空调期和供热期保温砌体墙内部温湿度和含湿量，对比分析毛细冷凝方法与稳态冷凝方法的冷凝发生频次、保温材料冷凝量和湿重增量。

（7）介绍霉菌生长模型和霉菌滋生风险评估模型，用动态热湿耦合传递模型模拟计算建筑墙体关键位置的温湿度条件，用改进的 VTT 模型和等值线模型计算和预测墙体关键位置的霉菌指数或生长状态，对比分析风驱雨对砖木结构墙体内部关键位置霉菌生长的影响。分析考察我国南方各城市常用墙体的霉菌滋生风险，给出南方主要城市墙体霉菌滋生风险室内空气温湿度临界线。

（8）介绍围护结构中木材腐烂条件及木材腐烂损伤评估模型，用木材腐烂损伤评估模型和动态热湿耦合传递模型模拟计算得到墙体内部木材部位的温湿度状况，评估建筑中木质组合结构的木材腐烂损伤风险。

（9）介绍建筑围护结构热湿耦合传递模拟计算功能模块 chmtFMU（coupled heat and moisture transfer functional mock-up unit）开发，通过国际标准接口 FMI（funcional mock-up interface）将计算功能模块 chmtFMU 与建筑能耗模拟软件 DeST 相耦合，实现建筑围护结构热湿耦合传递模拟与建筑能耗模拟的联合计算。

参 考 文 献

[1] 中华人民共和国住房和城乡建设部. 民用建筑供暖通风与空气调节设计规范（GB 50736—2012）. 北京: 中国建筑工业出版社, 2012.

[2] 中华人民共和国住房和城乡建设部. 民用建筑热工设计规范（GB 50176—2016）. 北京: 中国建筑工业出版社, 2016.

[3] 中华人民共和国住房和城乡建设部, 中华人民共和国国家质量监督检验检疫总局. 建筑节能与可再生能源利用通用规范（GB 55015—2021）. 北京: 中国建筑工业出版社, 2021.

[4] Künzel H, Karagiozis A, Holm A. ASTM Manual Series 50, A Hygrothermal Design Tool for Architects and Engineers: Moisture Analysis and Condensation Control in Building Envelopes. Philadelphia: ASTM, 2001.

[5] Khoukhi M. The combined effect of heat and moisture transfer dependent thermal conductivity of

polystyrene insulation material: Impact on building energy performance. Energy and Buildings, 2018, 169: 228-235.

[6] Moon H J, Ryu S H, Kim J T. The effect of moisture transportation on energy efficiency and IAQ in residential buildings. Energy and Buildings, 2014, 75: 439-446.

[7] Gradeci K, Labonnote N, Time B, et al. Mould growth criteria and design avoidance approaches in wood-based materials—A systematic review. Construction and Building Materials, 2017, 150: 77-88.

[8] Nevalainen A, Pasanen A L, Niininen M, et al. The indoor air quality in finnish homes with mold problems. Environment International, 1991, 17(4): 299-302.

[9] Wolkoff P, Nielsen G D. Organic compounds in indoor air—Their relevance for perceived indoor air quality. Atmospheric Environment, 2001, 35(26): 4407-4417.

[10] Shimoda S, Mo W H, Oikawa T. The effects of characteristics of Asian monsoon climate on interannual CO_2 exchange in a humid temperate C3/C4 co-occurring grassland. Scientific Online Letters on the Atmosphere, 2005, 1: 169-172.

[11] Reijula K. Moisture-problem buildings with molds causing work-related diseases. Advances in Applied Microbiology, 2004, 55: 175-189.

[12] Vereecken E. Hygrothermal analysis of interior insulation for renovation projects. Leuven: Catholic University of Leuven, 2013.

[13] Viitanen H, Ritschkoff A. Brown Rot Decay in Wooden Constructions: Effect of Temperature, Humidity and Moisture. Uppsala: Swedish University of Agricultural Sciences, 1991.

[14] Viitanen H A, Bjurman J. Mould growth on wood at fluctuating humidity conditions. Material und Organismen, 1995, 29(1): 27-46.

[15] Viitanen H A. Modelling the time factor in the development of mould fungi the effect of critical humidity and temperature conditions on pine and spruce sapwood. International Journal of the Biology, Chemistry, Physics and Technology of Wood, 1997, 51(1): 6-14.

[16] Brischke C, Rapp A O. Dose-response relationships between wood moisture content, wood temperature and fungal decay determined for 23 European field test sites. Wood Science and Technology, 2008, 42(6): 507-518.

[17] Guizzardi M, Carmeliet J, Derome D. Risk analysis of biodeterioration of wooden beams embedded in internally insulated masonry walls. Construction and Building Materials, 2015, 99: 159-168.

[18] Robinson G, Baker M. Wind Driven Rain and Buildings. Ottawa: National Research Council Canada, Division of Building Research, 1975.

[19] Diaz C A, Osmond P. Influence of rainfall on the thermal and energy performance of a low rise building in diverse locations of the hot humid tropics. Procedia Engineering, 2017, 180:

393-402.

[20] Bastien D, Winther-Goasvig M. Influence of driving rain and vapour diffusion on the hygrothermal performance of a hygroscopic and permeable building envelope. Energy, 2018, 164: 288-297.

[21] Jayamaha S E G, Wijeysundera N E, Chou S K. Effect of rain on the heat gain through building walls in tropical climates. Building and Environment, 1997, 32(5): 465-477.

[22] Abuku M, Janssen H, Roels S. Impact of wind-driven rain on historic brick wall buildings in a moderately cold and humid climate: Numerical analyses of mould growth risk, indoor climate and energy consumption. Energy and Buildings, 2009, 41(1): 101-110.

[23] Glaser H. Vereinfachte berechnung der dampfdiffusion durch geschichtete wände bei ausscheidung von wasser und eis. Kältetechnik, 1958, 10(11): 358-364.

[24] Hens H, Janssens A. IEA Annex 24, Task 1: Modelling—Enquiry on HAMCaT Code. Leuven: Catholic University of Leuven, 1998.

[25] Philip J R, de Vries D A. Moisture movement in porous materials under temperature gradients. Transactions American Geophysical Union, 1957, 38(2): 222-232.

[26] Bouddour A, Auriault J L, Mhamdi-Alaoui M, et al. Heat and mass transfer in wet porous media in presence of evaporation—condensation. International Journal of Heat and Mass Transfer, 1998, 41(15): 2263-2277.

[27] Luikov A V. Systems of differential equations of heat and mass transfer in capillary-porous bodies(review). International Journal of Heat and Mass Transfer, 1975, 18(1): 1-14.

[28] Mendes N, Ridley I, Lamberts R, et al. UMIDUS a PC program for the prediction of heat and moisture transfer in porous buildings elements. Building Energy Simulation, 1999, 20(4): 2-8.

[29] Nicolai A, Grunewald J, Zhang J S. Salztransport und phasenumwandlung—Modellierung und numerische lösung im simulationsprogramm delphin 5. Bauphysik, 2007, 3: 231-239.

[30] Künzel H M. Simultaneous heat and moisture transport in building components: one- and two-dimensional calculation using simple parameters. Stuttgart: Fraunhofer Institute of Building Physics, 1995.

[31] Dong W Q, Chen Y M, Bao Y, et al. Response to comment on "A validation of dynamic hygrothermal model with coupled heat and moisture transfer in porous building materials and envelopes". Journal of Building Engineering, 2022, 47: 103936.

[32] Liu X W, Chen Y M, Ge H, et al. Numerical investigation for thermal performance of exterior walls of residential buildings with moisture transfer in hot summer and cold winter zone of China. Energy and Buildings, 2015, 93: 259-268.

[33] Rode P C. Combined heat and moisture transfer in building constructions. Copenhagen: Technical University of Denmark, 1990.

[34] Burch D, Chi J. MOIST: A PC Program for Predicting Heat and Moisture Transfer in Building Envelopes (Release 3.0). Gaithersburg: National Institute of Standards and Technology, 1997.

[35] Maref W, Lacasse M, Kumaran M K, et al. Benchmarking of the advanced hygrothermal model-hygIRC with mid-scale experiments//The Canadian Conference on Building Energy Simulation IBPSA, Montréal, 2002.

[36] Zhong Z. Combined heat and moisture transport modeling for residential buildings. West Lafayette: Purdue University, 2008.

[37] Hagentoft C E, Blomberg T. 1D-HAM Coupled Heat, Air and Moisture Transport in Multilayered Wall Structures Manual (Version 2.0). Gothenburg: Lund Gothenburg Group for Computational Building Physics, 2000.

[38] Qin M H, Belarbi R, Aït-Mokhtar A, et al. Coupled heat and moisture transfer in multi-layer building materials. Construction and Building Materials, 2009, 23 (2): 967-975.

[39] Budaiwi I, El-Diasty R, Abdou A. Modelling of moisture and thermal transient behaviour of multi-layer non-cavity walls. Building and Environment, 1999, 34 (5): 537-551.

[40] 郭兴国. 热湿气候地区多层墙体热湿耦合迁移特性研究. 长沙: 湖南大学, 2010.

[41] Kalagasidis A. HAM tools: An integrated simulation tool for heat, air and moisture transfer analyses in building physics. Gothenburg: Chalmers University of Technology, 2004.

[42] Fang A M, Chen Y M, Wu L. Modeling and numerical investigation for hygrothermal behavior of porous building envelope subjected to the wind driven rain. Energy and Buildings, 2021, 231: 110572.

第2章　多孔介质建筑材料动态热湿耦合传递模型

建筑墙体以多孔介质建筑材料为主。室外气候与室内环境之间存在温度梯度、湿度梯度和压力梯度，会导致多孔介质墙体内的热、空气、湿耦合传递。在受到风驱雨作用时，多孔介质墙体内部可能处于超吸湿状态，其内部湿传递以毛细压力作用导致的液态水传递为主。多孔介质内的湿状态不同，主导湿传递的机理和驱动势不同。需要根据多孔介质墙体的实际湿状况建立相应的模型，准确描述各种条件下的湿传递过程，以满足实际应用需求。本章分别介绍以相对湿度和毛细压力作为湿驱动势的多孔介质建筑材料动态热湿耦合传递模型的建立过程及其边界条件。

2.1　建筑材料的蓄湿曲线

2.1.1　多孔介质的蓄湿特性

多孔介质是由多相物质共存的一种组合体，其中一定有固态相，称为固体骨架或基质。没有固体骨架的部分称为孔隙，孔隙内表面通常具有亲水性。多孔介质建筑材料内会储存一定的水分。在一些材料中，如木材，水分也可能吸附在木纤维壁表面。水分在多孔介质中可以以吸附水、结合水、自由水等形式存在。材料孔隙内所包含的水蒸气和液态水的总量称为含湿量，它有不同的表达形式，如体积含湿量、质量含湿量等。多孔介质建筑材料中的含湿量与周围空气的相对湿度有关。当周围空气的相对湿度升高时，多孔介质建筑材料吸收空气中的水分(吸附)。当周围空气的相对湿度降低时，多孔介质建筑材料向空气释放水分(解吸)。材料内的孔隙尺寸、形状以及分布决定了多孔介质建筑材料的湿存储性能。

建筑材料大多都属于多孔介质建筑材料。当建筑材料与液态水接触时，如果建筑材料通过毛细压力吸收液态水，则称这种材料为毛细材料；如果建筑材料不吸收液态水，则称这种材料为非毛细材料。在自由状态下，毛细材料吸收液态水直到某种饱和状态，这种饱和状态称为毛细饱和。当多孔介质建筑材料的孔隙中全部充满液态水时，这种状态称为最大饱和。

2.1.2　建筑材料中的水分存储

随着多孔介质建筑材料内相对湿度的增加，多孔介质建筑材料的含湿量与相对湿度之间的相平衡关系可划分为两个区间：吸湿区与超吸湿区(毛细区)，如图 2.1 所示[1]，吸湿区与超吸湿区之间并没有绝对的界限。吸湿区通常是指相对湿度小于 95%的范围。在吸湿区内，材料孔隙内表面吸附水分子直到与孔隙内的湿空气达到湿平衡，材料的平衡含湿量是湿状态变量(相对湿度)的函数。在吸湿区，多孔介质建筑材料的蓄湿能力一般用等温吸放湿曲线描述，等温吸放湿曲线是材料的含湿量与相对湿度之间的平衡关系曲线。在相对湿度大于 95%的超吸湿区(毛细区)内，材料含湿量快速增加，直到达到毛细饱和。材料的平衡含湿量是湿状态变量(毛细压力)的函数。在超吸湿区，多孔介质建筑材料的蓄湿能力一般用毛细蓄湿曲线描述，毛细蓄湿曲线是材料的含湿量与毛细压力之间的平衡关系曲线。

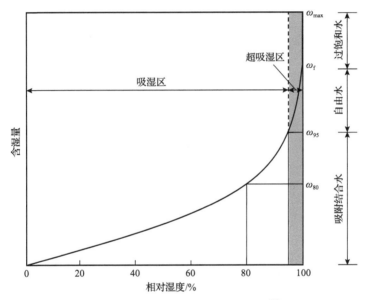

图 2.1　多孔介质建筑材料吸湿曲线[1]

图 2.1 的多孔介质建筑材料吸湿曲线描述了平衡状态下多孔介质内含湿量与相对湿度之间的对应关系[1]。多孔介质的含湿量随相对湿度的增加明显增大，尤其是在相对湿度 80%以上时。在较高的相对湿度条件下，材料孔隙会因毛细冷凝而完全充满水。当多孔介质所有的孔隙中充满水时，吸湿可能已非常彻底，材料含湿量达到毛细饱和含湿量 ω_f，有时也把这个值称为自由水饱和状态点。

在仅存在水蒸气扩散的情况下，多孔介质建筑材料的含湿量不会超过 ω_{95}(相对湿度为 95%时的平衡含湿量)，因为相对湿度超过 95%的区域具有水分毛细(未结合自由水)迁移的显著特征。一般认为，水蒸气渗透试验最高可以测试到相对湿度为 95%对应的含湿量。Krus[2]、Roels 等[3]、Dalehaug 等[4]采用压力平板试验测量相对湿度高于 95%时材料的毛细蓄湿曲线。以加气混凝土(autoclaved aerated concrete，AAC)为例，其毛细蓄湿曲线的毛细压力从 0 到 10MPa，对应的相对湿度从 100%到 93%，如图 2.2 所示[5]。

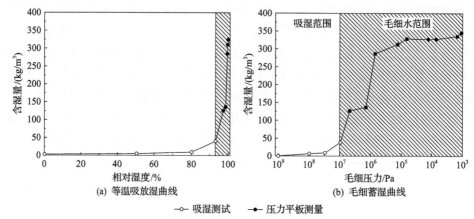

(a) 等温吸放湿曲线　　　　(b) 毛细蓄湿曲线

—○— 吸湿测试　　—●— 压力平板测量

图 2.2　加气混凝土等温吸放湿曲线和毛细蓄湿曲线[5]

在风驱雨的影响下，建筑墙体会接收到大量雨水，多孔介质建筑材料内的含湿量可能会进入超吸湿区。此时，用等温吸放湿曲线不能准确刻画材料含湿量与相对湿度之间的关系，但此时毛细蓄湿曲线可以准确刻画材料含湿量随毛细压力的变化关系。以水蒸气分压力、水蒸气密度、空气含湿量为湿驱动势的模型不能准确描述超吸湿条件下液态水迁移。当材料的含湿量进入超吸湿阶段时，液态水迁移量要明显大于水蒸气扩散量，此时应以毛细压力作为湿驱动势建立热湿耦合传递控制方程。

材料含湿量由毛细饱和含湿量 ω_f 达到最大饱和含湿量 ω_{max} 的区域，称为过饱和区。在过饱和区内，相对湿度一直为 100%，毛细压力为零，材料的含湿量与湿状态变量之间不存在平衡关系。只有在真空状态条件下，通过煮沸材料或使材料与水接触足够长的时间才能使多孔介质建筑材料达到最大饱和含湿量 ω_{max}。实际气候条件下，多孔介质建筑材料的最大含湿量要明显低于最大饱和含湿量 ω_{max}。也就是说，在实际气候条件下，建筑材料内的含湿量几乎不能到达过饱和状态。因此，在热湿模拟中通常不考虑过饱和区。这里所说的蓄湿曲线为建筑材料在吸湿区和超吸湿区(或毛细水范围)的水分存储特性曲线。对于从干燥状态到相对湿度为 100%的连续蓄湿函数，可以通过应用开尔文关系式将毛细压力转换为相对湿度，或将相对湿度转换为毛细压力，从而将等温吸放湿曲线和毛细蓄湿曲线结合起来[1]。

当多孔介质内的相对湿度较低时，湿分传递的主要机制是水蒸气扩散，图 2.1 中的超吸湿区就不那么重要了。以相对湿度为湿驱动势的模型就可以准确描述吸湿区(相对湿度<95%)范围内多孔介质的热湿传递机理。在实际气候条件下，建

筑围护结构内的含湿量通常都处于吸湿区范围内，多孔材料内的湿分传递机理以水蒸气扩散为主，这也是多数研究用水蒸气分压力、水蒸气密度、空气含湿量等作为湿驱动势建立动态热湿耦合传递模型的原因。

2.1.3　蓄湿曲线的解析方程

在建筑墙体热湿耦合传递模拟中，蓄湿曲线可以表示为湿状态变量(如相对湿度或毛细压力)的解析方程。相对湿度定义为湿空气中水蒸气分压力与同一温度同样总压力的饱和湿空气中水蒸气分压力的比值，或湿空气中水蒸气密度与同一温度同样总压力的饱和水蒸气密度的比值，即

$$\varphi = \frac{p_v}{p_s} \times 100\% = \frac{\rho_v}{\rho_{v,s}} \times 100\% \tag{2.1}$$

式中，p_s 为饱和水蒸气分压力，Pa；p_v 为空气中水蒸气分压力，Pa；φ 为相对湿度，%；ρ_v 为空气中水蒸气密度，kg/m³；$\rho_{v,s}$ 为饱和水蒸气密度，kg/m³。

饱和水蒸气分压力可以表示为摄氏温度的单值函数[6]，即

$$p_s = 610.5 \exp\left(\frac{17.269\theta}{237.3 + \theta}\right) \tag{2.2}$$

式中，θ 为摄氏温度，℃。

饱和水蒸气分压力也可以表示为热力学温度的单值函数[7]，即

$$p_s = \exp\left(65.8094 - \frac{7066.27}{T} - 5.976\ln T\right), \quad -10℃ \leqslant \theta \leqslant 50℃ \tag{2.3}$$

式中，T 为热力学温度，K。

根据热力学平衡关系，多孔介质建筑材料内液相和气相之间的平衡可由开尔文定律描述，即相对湿度与毛细压力和热力学温度的关系可用开尔文关系[1]表示为

$$\varphi = \exp\left(-\frac{p_c}{\rho_l R_v T}\right) \tag{2.4}$$

式中，p_c 为毛细压力，Pa；R_v 为水蒸气气体常数，$R_v = 461.89 \text{J/(kg·K)}$；$\rho_l$ 为液态水密度，kg/m³。

通过开尔文关系式，涵盖吸湿区和毛细区内的蓄湿曲线可以表示为相对湿度的连续函数，其表达式为[8]

$$\omega = \frac{\varphi}{A\varphi^2 + B\varphi + C} \tag{2.5}$$

式中，A、B、C 为拟合系数；ω 为材料的体积含湿量，kg/m^3。

2.2　多孔介质建筑材料中的水分传递机制

热、空气、水分在多孔介质建筑材料中通过多种传输机制进行迁移。表 2.1 为多孔介质墙体内热、空气、水分传递机理及其驱动势。主要迁移机制包括以下几种：

(1) 水蒸气分压力梯度引起的水蒸气扩散。

(2) 空气流动携带水蒸气。

(3) 多孔介质建筑材料中液态水的表面扩散。

(4) 在毛细力作用下产生的液态水迁移。

(5) 通过重力作用产生的液态水流动。

(6) 温度梯度作用下的水蒸气扩散和液态水迁移。

表 2.1　多孔介质墙体内热、空气、水分传递机理及其驱动势

传递现象		传递机理	驱动势
热传递		导热	温度
		热辐射	温度的四次方
		空气流动	总压力
		湿迁移引起的焓流动	湿移动和水蒸气相变
水分传递	水蒸气传递	水蒸气扩散	水蒸气分压力
		分子扩散	水蒸气分压力
		溶液扩散	水蒸气分压力
		对流	总压力梯度
	液态水传递	毛细传导	毛细压力
		表面扩散	相对湿度
		渗透水流	重力
		水力传导	总压差
		电力传导	电场
		离子渗透	离子浓度
空气渗透		空气流动	总压力梯度

在早期的建筑围护结构湿分迁移分析中主要关注水蒸气扩散。对由空气流动引起的水蒸气扩散进行了较简单的处理，大多忽略了由风驱雨或降雨引起的围护结构内液态水迁移。然而，当存在空气流动和液态水迁移时，其所能传递的水分

要远大于水蒸气扩散所传递的水分。因此，在湿分迁移分析中，空气流动和液态水迁移应受到重视。研究中通常假设墙体是一维的，因此不考虑重力作用对液态水迁移的影响。这里介绍多孔介质内湿分传递的主要机制。

2.2.1　水蒸气扩散传递

水蒸气可以在空气和建筑材料孔隙中以扩散的形式传递，水蒸气扩散量通常较小。通过多孔介质扩散的水蒸气通量可以用菲克定律表示为

$$m_{\mathrm{v,d}} = -\delta_{\mathrm{p}} \nabla p_{\mathrm{v}} \tag{2.6}$$

式中，$m_{\mathrm{v,d}}$ 为水蒸气扩散通量，$\mathrm{kg/(m^2 \cdot s)}$；$p_{\mathrm{v}}$ 为水蒸气分压力，Pa；δ_{p} 为多孔介质建筑材料水蒸气渗透系数，$\mathrm{kg/(m \cdot s \cdot Pa)}$。

水蒸气扩散方程与傅里叶导热方程非常相似。但是，水蒸气在多孔介质建筑材料中的扩散过程较为复杂。对于吸湿性材料，水蒸气渗透系数是相对湿度或含湿量的函数，温度也会对材料的水蒸气渗透系数有一定的影响。由于多孔介质建筑材料非均质或各向异性，水蒸气渗透系数甚至可能在空间上或不同方向上发生变化。一般地，可以通过干杯试验和湿杯试验确定多孔介质建筑材料的水蒸气渗透系数。

2.2.2　空气流动携带的水蒸气

多孔介质内空气流动不仅传输热量，还能传输空气中包含的水蒸气。多孔介质内随空气流动传递的水蒸气通量可表示为

$$m_{\mathrm{v,c}} = W m_{\mathrm{a}} \tag{2.7}$$

式中，m_{a} 为多孔介质内空气质量流量，$\mathrm{kg/(m^2 \cdot s)}$；$m_{\mathrm{v,c}}$ 为多孔介质中空气流动传递的水蒸气通量，$\mathrm{kg/(m^2 \cdot s)}$；$W$ 为空气含湿量，$\mathrm{kg/kg}$。

空气含湿量与水蒸气分压力的关系可表示为

$$W = 6.2 \times 10^{-6} p_{\mathrm{v}} = 6.2 \times 10^{-6} \varphi p_{\mathrm{s}} \tag{2.8}$$

空气流动传递的水蒸气通量可表示为

$$m_{\mathrm{v,c}} = 6.2 \times 10^{-6} m_{\mathrm{a}} p_{\mathrm{v}} = 6.2 \times 10^{-6} \varphi p_{\mathrm{s}} m_{\mathrm{a}} \tag{2.9}$$

与水蒸气扩散相比，即使很少的空气流动，也能携带大量的水蒸气。空气流动的湿传递通常出现在墙体有裂缝或漏水的接缝处，在致密坚实的建筑墙体内一般不会出现空气流动。

2.2.3 毛细力作用下液态水迁移

在当量直径小于 0.1mm 的微小孔隙内，材料表面与水分子之间的分子引力产生毛细压力，定义为[1]

$$p_c = \frac{2\sigma_c \cos\theta_c}{r} \tag{2.10}$$

式中，p_c 为毛细压力，Pa；r 为毛细等效半径，m；θ_c 为水与微孔材料的接触角，($\circ$)；σ_c 为水的表面张力，N/m。

接触角是水的弯月面和毛细管表面之间的角度，该角度越小，毛细力越大。在亲水性材料中，湿润接触角小于 90°。在疏水性材料中，湿润接触角为 90°～180°。

多孔介质中液态水的迁移受毛细压力梯度控制。水蒸气是从高水蒸气分压力向低水蒸气分压力方向扩散的，而液态水是从低毛细压力区(即高湿区)向高毛细压力区(即干燥区)迁移的。多孔介质中液态水通量用达西定律表示为

$$m_l = K_l \nabla p_c \tag{2.11}$$

式中，K_l 为液态水渗透系数，kg/(m·s·Pa)；m_l 为液态水通量，kg/(m²·s)。

根据开尔文关系式，由毛细压力梯度作用引起的液态水通量也可以用相对湿度梯度表示，即

$$m_l = -D_\varphi \nabla \varphi \tag{2.12}$$

式中，D_φ 为以相对湿度作为驱动势时的液态水传导系数，kg/(m·s)。

2.3 以相对湿度为湿驱动势的动态热湿耦合传递模型

2.3.1 基本假设

建筑墙体的高度与宽度比其厚度大得多，墙体内的传热传质过程可以认为是一维的。多孔介质墙体内，湿可以以气相、液相及固相的形式存在。由于热湿气候条件下多孔介质墙体中热湿耦合传递的特征和影响明显，分析热湿气候地区建筑的热湿性能是建筑领域的焦点，建模时忽略结冰/融化过程的影响，假设孔隙内只有气、液两相。为了避免驱动势在交界面处的不连续，采用连续状态变量相对湿度作为湿驱动势，根据质量守恒、能量守恒与动量守恒等定律建立墙体动态热、空气、湿耦合传递模型。因此，在以相对湿度为湿驱动势的动态热湿耦合传递模型建立中做如下假设：

(1)墙体材料为均匀且各向同性的连续介质，固体骨架不发生形变。

(2)不考虑结冰/融化过程的影响，孔隙内只有气、液两相。

(3)孔隙内的湿空气按理想气体处理。

(4)多相物质之间不发生化学反应。

(5)忽略温度对墙体材料平衡含湿量的影响。

(6)不考虑材料吸放湿特性之间滞后效应的影响。

(7)忽略重力作用下渗透水流的影响。

(8)对于多层墙体，不考虑材料交界面处接触热湿阻力的影响。

(9)材料中始终存在局部热、湿平衡。

(10)孔隙中空气流速低，压力低，温度变化不大，可视空气为不可压缩气体。

2.3.2　湿传递控制方程

建立建筑墙体热、空气、湿耦合模型的一个关键问题在于如何计算多孔介质建筑材料内的湿传递，包括湿传递驱动势的选择以及如何确定传递参数。虽然多孔介质内的气液两相湿流动不能严格地分为水蒸气流动和液态水流动，但计算多孔介质内湿流量的一个有效方法是将湿流量分为水蒸气传递与液态水传递两部分来计算。下面主要考虑扩散和空气流动作用下的水蒸气传递及毛细压力作用下的液态水传递。

由于墙体材料为各向同性的连续多孔介质，由单元体内质量守恒定律有

$$\frac{\partial \omega}{\partial t} + \nabla(m_v + m_l) = 0 \tag{2.13}$$

式中，m_l 为液态水通量，$kg/(m^2 \cdot s)$；m_v 为水蒸气通量，$kg/(m^2 \cdot s)$；t 为时间，s；ω 为材料体积含湿量，kg/m^3。

水蒸气传递分为扩散部分($m_{v,d}$)和空气流动携带部分($m_{v,c}$)，即

$$m_v = m_{v,d} + m_{v,c} \tag{2.14}$$

将式(2.6)和式(2.9)代入式(2.14)，可得

$$m_v = -\delta_p \nabla p_v + 6.2 \times 10^{-6} m_a p_v \tag{2.15}$$

将式(2.11)和式(2.15)代入式(2.13)并整理，可得

$$\frac{\partial \omega}{\partial t} = \nabla(\delta_p \nabla p_v - 6.2 \times 10^{-6} m_a p_v - K_l \nabla p_c) \tag{2.16}$$

含湿量是温度和相对湿度的函数，即

$$\omega = f(\varphi, T) \tag{2.17}$$

将式(2.17)两边同时对时间 t 求偏导，可得

$$\frac{\partial \omega}{\partial t} = \frac{\partial \omega}{\partial \varphi}\frac{\partial \varphi}{\partial t} + \frac{\partial \omega}{\partial T}\frac{\partial T}{\partial t} \tag{2.18}$$

基于假设(5)，忽略温度对墙体材料平衡含湿量的影响，则有

$$\frac{\partial \omega}{\partial T} = 0 \tag{2.19}$$

将式(2.19)代入式(2.18)，可简化为

$$\frac{\partial \omega}{\partial t} = \frac{\partial \omega}{\partial \varphi}\frac{\partial \varphi}{\partial t} = \xi\frac{\partial \varphi}{\partial t} \tag{2.20}$$

式中，ξ 为等温吸放湿曲线斜率，kg/m^3。

根据式(2.1)，可得

$$p_{\mathrm{v}} = \varphi p_{\mathrm{s}} \tag{2.21}$$

对式(2.21)两边同时求导，可得

$$\nabla p_{\mathrm{v}} = p_{\mathrm{s}}\nabla\varphi + \varphi\nabla p_{\mathrm{s}} \tag{2.22}$$

由于饱和水蒸气分压力为温度的单值函数，有

$$\nabla p_{\mathrm{s}} = \frac{\partial p_{\mathrm{s}}}{\partial T}\nabla T \tag{2.23}$$

将式(2.23)代入式(2.22)，则水蒸气分压力梯度可表示为

$$\nabla p_{\mathrm{v}} = p_{\mathrm{s}}\nabla\varphi + \varphi\frac{\partial p_{\mathrm{s}}}{\partial T}\nabla T \tag{2.24}$$

根据式(2.4)，毛细压力梯度可表示为

$$\nabla p_{\mathrm{c}} = -\rho_{\mathrm{l}}R_{\mathrm{v}}\left(\ln\varphi\nabla T + \frac{T}{\varphi}\nabla\varphi\right) \tag{2.25}$$

将式(2.20)、式(2.24)和式(2.25)代入式(2.16)，可得

$$\xi\frac{\partial \varphi}{\partial t} = \nabla\left[\left(\delta_{\mathrm{p}}\varphi\frac{\partial p_{\mathrm{s}}}{\partial T} + K_{1}\rho_{\mathrm{l}}R_{\mathrm{v}}\ln\varphi\right)\nabla T + \left(\delta_{\mathrm{p}}p_{\mathrm{s}} + K_{1}\rho_{\mathrm{l}}R_{\mathrm{v}}\frac{T}{\varphi}\right)\nabla\varphi\right]$$
$$- 6.2\times10^{-6}m_{\mathrm{a}}p_{\mathrm{s}}\nabla\varphi \tag{2.26}$$

式 (2.26) 即为以相对湿度为湿驱动势的多孔介质墙体材料湿传递控制方程。从此方程可以看出，湿传递是由相对湿度梯度、温度梯度和空气渗透共同作用引起的。

2.3.3　热传递控制方程

根据单元体能量守恒，控制单元内焓的变化等于流入控制单元的净能量。能量守恒方程可表示为

$$\frac{\partial}{\partial t}(\rho c_p T + h_v \omega_v + h_l \omega_l) = -\nabla(q + h_v m_v + h_l m_l + h_a m_a) \qquad (2.27)$$

式中，c_p 为干燥多孔介质建筑材料定压比热容，J/(kg·K)；h_a 为空气的比焓，J/kg；h_l 为液态水的比焓，J/kg；h_v 为水蒸气的比焓，J/kg；q 为导热热流密度，W/m^2；ρ 为干燥多孔介质建筑材料密度，kg/m^3；ω_l 为材料中液态水形式的含湿量，kg/m^3；ω_v 为材料中水蒸气形式的含湿量，kg/m^3。

在给定温度下，水蒸气的比焓可以表示为液态水的比焓与汽化潜热之和，即

$$h_v = h_l + h_{lv} \qquad (2.28)$$

式中，h_{lv} 为水蒸气的汽化潜热，$h_{lv} = (2500-2.4\theta) \times 10^3 \text{J/kg}$，$\theta$ 为摄氏温度，℃。

将式 (2.28) 代入式 (2.27)，整理可得

$$\frac{\partial}{\partial t}[\rho c_p T + h_l(\omega_v + \omega_l) + h_{lv}\omega_v] = -\nabla[q + h_l(m_v + m_l) + h_{lv}m_v + h_a m_a] \qquad (2.29)$$

液态水的比焓可以表示为

$$h_l = c_{pl}(T - T_{ref}) \qquad (2.30)$$

式中，c_{pl} 为液态水的定压比热容，J/(kg·K)；T_{ref} 为开尔文温度，取 0K。

空气的比焓可表示为

$$h_a = c_{pa}(T - T_{ref}) \qquad (2.31)$$

式中，c_{pa} 为空气的定压比热容，J/(kg·K)。

含湿量可表示为水蒸气形式的含湿量和液态水形式的含湿量两部分，即

$$\omega = \omega_v + \omega_l \qquad (2.32)$$

假设干燥多孔介质建筑材料、空气与液态水的定压比热容及水蒸气的汽化潜热为常数，将式 (2.30)~式 (2.32) 代入式 (2.29)，整理可得

$$(\rho c_{\mathrm{p}} + \omega c_{\mathrm{pl}})\frac{\partial T}{\partial t} = -\nabla(q + h_{\mathrm{lv}}m_{\mathrm{v}} + c_{\mathrm{pa}}m_{\mathrm{a}}T) - h_{\mathrm{l}}\left[\frac{\partial \omega}{\partial t} + \nabla(m_{\mathrm{v}} + m_{\mathrm{l}})\right]$$

$$- (m_{\mathrm{v}} + m_{\mathrm{l}})c_{\mathrm{pl}}\nabla T - h_{\mathrm{lv}}\frac{\partial \omega_{\mathrm{v}}}{\partial t} \tag{2.33}$$

将式(2.13)代入式(2.33)，可得

$$(\rho c_{\mathrm{p}} + \omega c_{\mathrm{pl}})\frac{\partial T}{\partial t} = -\nabla(q + h_{\mathrm{lv}}m_{\mathrm{v}} + c_{\mathrm{pa}}m_{\mathrm{a}}T) - (m_{\mathrm{v}} + m_{\mathrm{l}})c_{\mathrm{pl}}\nabla T - h_{\mathrm{lv}}\frac{\partial \omega_{\mathrm{v}}}{\partial t} \tag{2.34}$$

与水蒸气汽化潜热相比，水蒸气和液态水的显热可以忽略不计，故式(2.34)右边第二项可以忽略。尽管水蒸气的汽化潜热很大，但由于水蒸气传递速率小，水蒸气形式的含湿量变化率非常小[9]，可忽略式(2.34)右边第三项，那么式(2.34)可简化为

$$(\rho c_{\mathrm{p}} + \omega c_{\mathrm{pl}})\frac{\partial T}{\partial t} = -\nabla(q + h_{\mathrm{lv}}m_{\mathrm{v}} + c_{\mathrm{pa}}m_{\mathrm{a}}T) \tag{2.35}$$

导热热流密度可以用傅里叶定律表示为

$$q = -\lambda \nabla T \tag{2.36}$$

式中，λ 为干燥多孔介质建筑材料导热系数，W/(m·K)。

将式(2.15)和式(2.36)代入式(2.35)，整理可得

$$C\frac{\partial T}{\partial t} = \nabla(\lambda \nabla T) + h_{\mathrm{lv}}\nabla(\delta_{\mathrm{p}}\nabla p_{\mathrm{v}}) - \nabla(c_{\mathrm{pa}}m_{\mathrm{a}}T + 6.2\times10^{-6}h_{\mathrm{lv}}m_{\mathrm{a}}p_{\mathrm{v}}) \tag{2.37}$$

式中，$C = \rho c_{\mathrm{p}} + \omega c_{\mathrm{pl}}$。

将式(2.24)代入式(2.37)，可得

$$C\frac{\partial T}{\partial t} = \nabla\left[\left(\lambda + h_{\mathrm{lv}}\delta_{\mathrm{p}}\varphi\frac{\partial p_{\mathrm{s}}}{\partial T}\right)\nabla T + h_{\mathrm{lv}}\delta_{\mathrm{p}}p_{\mathrm{s}}\nabla\varphi\right] - \nabla(c_{\mathrm{pa}}m_{\mathrm{a}}T + 6.2\times10^{-6}h_{\mathrm{lv}}m_{\mathrm{a}}p_{\mathrm{s}}\varphi)$$

$$\tag{2.38}$$

式(2.38)即为以相对湿度为湿驱动势的多孔介质墙体材料热传递控制方程。

2.3.4　空气流动方程

根据泊肃叶(Poiseuille)定律，通过多孔介质墙体内的空气质量流量 m_{a} 可表示为

$$m_{\mathrm{a}} = -K_{\mathrm{a}}\nabla p_{\mathrm{a}} \tag{2.39}$$

式中，K_a 为多孔介质建筑材料中空气的渗透系数，kg/(m·s·Pa)；p_a 为空气压力，Pa。

多孔介质建筑材料中空气的渗透率的物理意义为材料中沿流动方向空气流动速率与压力梯度的比值。

根据连续性方程，有

$$\frac{\partial(\rho_a \varepsilon)}{\partial t} = -\nabla(-K_a \nabla p_a) \tag{2.40}$$

式中，ε 为材料的孔隙率；ρ_a 为空气的密度，kg/m^3。

在建筑物理领域，由于空气流速低，压力低，温度变化不大，可以认为空气为不可压缩气体，则式(2.40)可简化为

$$\nabla(K_a \nabla p_a) = 0 \tag{2.41}$$

联合式(2.39)和式(2.41)，可得

$$\begin{cases} m_a = -K_a \nabla p_a \\ \nabla(K_a \nabla p_a) = 0 \end{cases} \tag{2.42}$$

式(2.42)即为墙体中的空气流动方程。

把多孔介质墙体材料的湿传递控制方程(2.26)和热传递控制方程(2.38)中的因变量 T 和 φ 写成矢量形式 $\boldsymbol{u} = [T \quad \varphi]^\mathrm{T}$，以相对湿度为湿驱动势的多孔介质墙体材料热、空气、湿动态耦合传递方程可表示为如下矩阵形式：

$$\begin{bmatrix} C & 0 \\ 0 & \xi \end{bmatrix} \begin{bmatrix} \dfrac{\partial T}{\partial t} \\ \dfrac{\partial \varphi}{\partial t} \end{bmatrix} = \nabla \left\{ \begin{bmatrix} \lambda + h_{lv}\delta_p\varphi\dfrac{\partial p_s}{\partial T} & h_{lv}\delta_p p_s \\ \delta_p\varphi\dfrac{\partial p_s}{\partial T} + K_l\rho_l R_v \ln\varphi & \delta_p p_s + K_l\rho_l R_v \dfrac{T}{\varphi} \end{bmatrix} \nabla \begin{bmatrix} T \\ \varphi \end{bmatrix} \right\}$$

$$+ \begin{bmatrix} -\left(c_{pa}m_a + 6.2\times10^{-6} h_{lv}m_a\varphi\dfrac{\partial p_s}{\partial T} \right) & -6.2\times10^{-6} h_{lv}m_a p_s \\ -6.2\times10^{-6} m_a\varphi\dfrac{\partial p_s}{\partial T} & -6.2\times10^{-6} m_a p_s \end{bmatrix} \nabla \begin{bmatrix} T \\ \varphi \end{bmatrix} \tag{2.43}$$

对于无渗透(无空气流动)情况，以相对湿度为湿驱动势的多孔介质墙体材料动态热湿耦合传递方程可以表示为如下矩阵形式：

$$\begin{bmatrix} C & 0 \\ 0 & \xi \end{bmatrix} \begin{bmatrix} \dfrac{\partial T}{\partial t} \\ \dfrac{\partial \varphi}{\partial t} \end{bmatrix} = \nabla \left\{ \begin{bmatrix} \lambda + h_{lv}\delta_p\varphi\dfrac{\partial p_s}{\partial T} & h_{lv}\delta_p p_s \\ \delta_p\varphi\dfrac{\partial p_s}{\partial T} + K_l\rho_l R_v \ln\varphi & \delta_p p_s + K_l\rho_l R_v \dfrac{T}{\varphi} \end{bmatrix} \nabla \begin{bmatrix} T \\ \varphi \end{bmatrix} \right\} \tag{2.44}$$

2.4　以毛细压力为湿驱动势的动态热湿耦合传递模型

2.4.1　湿传递控制方程

用毛细蓄湿曲线描述多孔介质建筑材料的含湿量时，多孔介质建筑材料的含湿量可以表示为毛细压力的函数形式，即

$$\omega = f(p_c) \tag{2.45}$$

式中，p_c 为毛细压力，Pa。

由式(2.45)求含湿量对时间的偏导，可得

$$\frac{\partial \omega}{\partial t} = \frac{\partial \omega}{\partial p_c}\frac{\partial p_c}{\partial t} = \zeta \frac{\partial p_c}{\partial t} \tag{2.46}$$

式中，ζ 为多孔介质建筑材料毛细蓄湿曲线斜率，$kg/(m^3 \cdot Pa)$。

由式(2.4)求相对湿度对毛细压力的偏导，可得

$$\frac{\partial \varphi}{\partial p_c} = \frac{-\varphi}{\rho_l R_v T} \tag{2.47}$$

根据相对湿度的定义式(2.1)，有 $p_v = \varphi p_s$，结合式(2.47)对微分算子 ∇p_v 进行转化，得到

$$
\begin{aligned}
\nabla p_v &= \frac{\partial p_v}{\partial x} \\
&= \frac{\partial(\varphi p_s)}{\partial x} \\
&= \varphi \frac{\partial p_s}{\partial x} + p_s \frac{\partial \varphi}{\partial x} \\
&= \varphi \frac{\partial p_s}{\partial T}\frac{\partial T}{\partial x} + p_s \frac{\partial \varphi}{\partial p_c}\frac{\partial p_c}{\partial x} \\
&= \varphi \frac{\partial p_s}{\partial T}\frac{\partial T}{\partial x} + p_s \frac{-\varphi}{\rho_l R_v T}\frac{\partial p_c}{\partial x} \\
&= \varphi \frac{\partial p_s}{\partial T}\nabla T - p_s \frac{\varphi}{\rho_l R_v T}\nabla p_c
\end{aligned}
\tag{2.48}
$$

假定墙体材料为各向同性的连续多孔介质，根据单元体质量守恒定律，将式 (2.4)、式 (2.11)、式 (2.15)、式 (2.46) 和式 (2.48) 代入式 (2.13) 可以得到多孔介质墙体内的湿传递控制方程为

$$
\zeta \frac{\partial p_c}{\partial t} = \nabla \left\{ \delta_p \exp\left(-\frac{p_c}{\rho_l R_v T}\right) \frac{\partial p_s}{\partial T} \nabla T + \left[-K_1 - \delta_p p_s \exp\left(-\frac{p_c}{\rho_l R_v T}\right) \frac{1}{\rho_l R_v T} \right] \nabla p_c \right\}
$$
$$
+ \left[-6.2 \times 10^{-6} m_a \exp\left(-\frac{p_c}{\rho_l R_v T}\right) \frac{\partial p_s}{\partial T} \nabla T + 6.2 \times 10^{-6} m_a p_s \exp\left(-\frac{p_c}{\rho_l R_v T}\right) \frac{1}{\rho_l R_v T} \nabla p_c \right]
$$
$$
(2.49)
$$

式中，K_1 为液态水渗透系数，kg/(m·s·Pa)；m_a 为多孔介质建筑材料中空气质量流量，kg/(s·m^2)；p_c 为毛细压力，Pa；p_s 为饱和水蒸气分压力，Pa；R_v 为水蒸气气体常数，J/(kg·K)；T 为温度，K；δ_p 为材料的水蒸气渗透系数，kg/(m·s·Pa)；ρ_l 为液态水密度，kg/m^3；ζ 为多孔介质建筑材料毛细蓄湿曲线斜率，kg/(m^3·Pa)。

式 (2.49) 为以毛细压力为湿驱动势的多孔介质墙体材料湿传递控制方程。

2.4.2　热传递控制方程

将式 (2.13)、式 (2.15)、式 (2.24)、式 (2.25)、式 (2.28)、式 (2.30)、式 (2.31)、式 (2.32) 和式 (2.36) 代入式 (2.27)，可得

$$
(\rho c_p + \omega c_{pl}) \frac{\partial T}{\partial t} = \nabla \left\{ \left[\lambda + h_v \delta_p \exp\left(-\frac{p_c}{\rho_l R_v T}\right) \frac{\partial p_s}{\partial T} \right] \nabla T \right.
$$
$$
+ \left[-h_1 K_1 - h_v \delta_p p_s \exp\left(-\frac{p_c}{\rho_l R_v T}\right) \frac{1}{\rho_l R_v T} \right] \nabla p_c \right\}
$$
$$
+ \left[-c_{pa} m_a - 6.2 \times 10^{-6} h_v m_a \exp\left(-\frac{p_c}{\rho_l R_v T}\right) \frac{\partial p_s}{\partial T} \right] \nabla T
$$
$$
+ \left[6.2 \times 10^{-6} h_v m_a p_s \exp\left(-\frac{p_c}{\rho_l R_v T}\right) \frac{1}{\rho_l R_v T} \right] \nabla p_c
$$
$$
(2.50)
$$

式中，c_{pa} 为空气的定压比热容，J/(kg·K)；ω 为材料体积含湿量，kg/m^3。

式 (2.50) 为以毛细压力为湿驱动势的多孔介质墙体材料热传递控制方程。空气流动方程同式 (2.42)。

把多孔介质墙体材料的湿传递控制方程 (2.49) 和热传递控制方程 (2.50) 中的因变量 T 和 p_c 写成矢量形式 $\boldsymbol{u} = [T \ \ p_c]^T$，以毛细压力为湿驱动势的多孔介质墙体材料热、空气、湿动态耦合传递方程可表示为如下矩阵形式：

$$
\begin{bmatrix} C & 0 \\ 0 & \zeta \end{bmatrix} \begin{bmatrix} \dfrac{\partial T}{\partial t} \\ \dfrac{\partial p_c}{\partial t} \end{bmatrix} = \nabla \left\{ \begin{bmatrix} \lambda + h_v \delta_p \exp\left(-\dfrac{p_c}{\rho_1 R_v T}\right)\dfrac{\partial p_s}{\partial T} & -h_1 K_1 - h_v \delta_p p_s \exp\left(-\dfrac{p_c}{\rho_1 R_v T}\right)\dfrac{1}{\rho_1 R_v T} \\ \delta_p \exp\left(-\dfrac{p_c}{\rho_1 R_v T}\right)\dfrac{\partial p_s}{\partial T} & -K_1 - \delta_p p_s \exp\left(-\dfrac{p_c}{\rho_1 R_v T}\right)\dfrac{1}{\rho_1 R_v T} \end{bmatrix} \nabla\begin{bmatrix} T \\ p_c \end{bmatrix} \right.
$$

$$
+ \left. \begin{bmatrix} -c_{pa} m_a - 6.2\times10^{-6} h_v m_a \exp\left(-\dfrac{p_c}{\rho_1 R_v T}\right)\dfrac{dp_s}{dT} & 6.2\times10^{-6} h_v m_a p_s \exp\left(-\dfrac{p_c}{\rho_1 R_v T}\right)\dfrac{1}{\rho_1 R_v T} \\ -6.2\times10^{-6} m_a \exp\left(-\dfrac{p_c}{\rho_1 R_v T}\right)\dfrac{dp_s}{dT} & 6.2\times10^{-6} m_a p_s \exp\left(-\dfrac{p_c}{\rho_1 R_v T}\right)\dfrac{1}{\rho_1 R_v T} \end{bmatrix} \nabla\begin{bmatrix} T \\ p_c \end{bmatrix} \right\}
$$

$$(2.51)$$

对于无渗透(无空气流动)情况,以毛细压力为湿驱动势的多孔介质墙体材料动态热湿耦合传递方程可以表示为如下矩阵形式:

$$
\begin{bmatrix} C & 0 \\ 0 & \zeta \end{bmatrix} \begin{bmatrix} \dfrac{\partial T}{\partial t} \\ \dfrac{\partial p_c}{\partial t} \end{bmatrix} = \nabla \left\{ \begin{bmatrix} \lambda + h_v \delta_p \exp\left(-\dfrac{p_c}{\rho_1 R_v T}\right)\dfrac{\partial p_s}{\partial T} & -h_1 K_1 - h_v \delta_p p_s \exp\left(-\dfrac{p_c}{\rho_1 R_v T}\right)\dfrac{1}{\rho_1 R_v T} \\ \delta_p \exp\left(-\dfrac{p_c}{\rho_1 R_v T}\right)\dfrac{\partial p_s}{\partial T} & -K_1 - \delta_p p_s \exp\left(-\dfrac{p_c}{\rho_1 R_v T}\right)\dfrac{1}{\rho_1 R_v T} \end{bmatrix} \nabla\begin{bmatrix} T \\ p_c \end{bmatrix} \right\}
$$

$$(2.52)$$

2.5　边　界　条　件

建筑墙体受到室内外气候环境条件的作用,包括墙体表面与室内外环境之间的热交换与湿交换、太阳辐射和风驱雨飘到墙体壁面的雨水等。建筑墙体外表面与室内外环境之间的热湿交换可以归类为以下三类边界条件:

(1)边界条件与周围环境保持一致,此类边界条件称为第一类边界条件。在建筑物理领域,这类边界条件发生在墙体表面被雨水完全浸湿或地下空间的外壁面与地下水直接接触。

(2)通过墙体表面的热流密度或质量通量为常数,此类边界条件称为第二类边界条件。这类边界条件可以用来描述墙体外表面吸收太阳辐射的过程及完全浸湿表面的吸水过程。

(3)规定了墙体表面与周围流体之间的表面对流传热或传质系数及周围流体的温度或密度,此类边界条件称为第三类边界条件。在墙体表面与周围环境之间进行热质交换时,这类边界条件最为常见。

在建筑围护结构热湿传递研究中,第一类边界条件很少应用,而第二类和第三类边界条件往往相互组合。

2.5.1　室外侧边界条件

墙体外表面湿流量包括墙体外表面与室外空气之间的水蒸气交换、空气渗透携带的水蒸气以及墙体外表面接收到的风驱雨量，即

$$g_e = \beta_e(\varphi_e p_{s,e} - \varphi_{surfe} p_{s,surfe}) + 6.2 \times 10^{-6} m_a(\varphi_e p_{s,e} - \varphi_{surfe} p_{s,surfe}) + g_r \quad (2.53)$$

式中，g_e 为墙体外表面湿流量，$kg/(m^2 \cdot s)$；g_r 为墙体外表面吸收的雨水量，$kg/(m^2 \cdot s)$；$p_{s,e}$ 为室外饱和水蒸气分压力，Pa；$p_{s,surfe}$ 为墙体外表面饱和水蒸气分压力，Pa；β_e 为墙体外表面对流传质系数，$kg/(m^2 \cdot s \cdot Pa)$；$\varphi_e$ 为室外空气相对湿度，%；φ_{surfe} 为墙体外表面相对湿度，%。

墙体内有空气流动时，由室外流向室内的空气质量流量 $m_a > 0$，反之 $m_a < 0$。

墙体外表面吸收的雨水量为墙体外表面接收到的风驱雨量与墙体外表面雨水径流的差，即

$$g_r = g_{wdr} - g_{run} \quad (2.54)$$

式中，g_{run} 为墙体外表面雨水径流，$kg/(m^2 \cdot s)$；g_{wdr} 为墙体外表面接收到的风驱雨量，$kg/(m^2 \cdot s)$。

墙体外表面热流量包括墙体外表面与室外空气之间的对流传热、水蒸气潜热、吸收的太阳辐射、雨水的显热以及流动空气的显热，即

$$q_e = h_e(T_e - T_{surfe}) + h_{lv}(g_e - g_r) + c_{pa} m_a(T_e - T_{surfe}) + \alpha q_{sol} + g_r c_{pl}(T_{wdr} - T_{surfe}) \quad (2.55)$$

式中，h_e 为墙体外表面对流传热系数，$W/(m^2 \cdot K)$；q_e 为墙体外表面热流量，W/m^2；q_{sol} 为墙体外表面接收到的太阳辐射照度，W/m^2；T_e 为室外空气温度，K；T_{surfe} 为墙体外表面温度，K；T_{wdr} 为雨水温度，K；α 为墙体外表面的太阳辐射吸收率。

假设雨水温度等于室外空气温度，并假设雨滴没有飞溅和径流[10]。

墙体外侧空气压力可用时间函数 $f_e(t)$ 表示为

$$p_{a,e} = f_e(t) \quad (2.56)$$

式中，$p_{a,e}$ 为墙体外侧空气压力，Pa。

墙体外侧空气压力可以是常数，也可以是随时间变化的函数。

2.5.2　室内侧边界条件

室内侧边界条件与室外侧边界条件类似，只是在室内没有太阳辐射和雨水的影响。

墙体内表面湿流量可表示为

$$g_i = \beta_i(\varphi_i p_{s,i} - \varphi_{surfi} p_{s,surfi}) - 6.2 \times 10^{-6} m_a(\varphi_i p_{s,i} - \varphi_{surfi} p_{s,surfi}) \tag{2.57}$$

式中，g_i 为墙体内表面湿流量，kg/(m²·s)；$p_{s,i}$ 为室内饱和水蒸气分压力，Pa；$p_{s,surfi}$ 为墙体内表面饱和水蒸气分压力，Pa；β_i 为墙体内表面对流传质系数，s/m；φ_i 为室内空气相对湿度，%；φ_{surfi} 为墙体内表面相对湿度，%。

墙体内表面热流量可表示为

$$q_i = h_i(T_i - T_{surfi}) + h_{lv}g_i - c_{pa}m_a(T_i - T_{surfi}) \tag{2.58}$$

式中，q_i 为墙体内表面热流量，W/m²；h_i 为墙体内表面对流传热系数，W/(m²·K)；T_i 为室内空气温度，K；T_{surfi} 为墙体内表面温度，K。

墙体内侧空气压力可用时间函数 $f_i(t)$ 表示为

$$p_{a,i} = f_i(t) \tag{2.59}$$

式中，$p_{a,i}$ 为墙体内侧空气压力，Pa。

墙体内侧空气压力可以是常数，也可以是随时间变化的函数。

2.6　多孔介质建筑材料的热湿物性参数

建筑墙体动态热、空气、湿耦合传递模型中所涉及的材料热物性参数包括孔隙率、干燥多孔介质建筑材料密度、干燥多孔介质建筑材料定压比热容、导热系数、容积湿容、水蒸气渗透系数、液态水渗透系数和空气渗透系数。

1) 孔隙率 (η)

通常用体积孔隙率来表示孔隙率，其为多孔介质内孔隙体积与干燥多孔介质建筑材料体积之比，其表达式为

$$\eta = \frac{V_k}{V} \tag{2.60}$$

式中，V 为干燥多孔介质建筑材料体积，m³；V_k 为多孔介质内孔隙的体积，m³。

2) 干燥多孔介质建筑材料密度 (ρ)

干燥多孔介质建筑材料密度为单位体积干燥多孔介质建筑材料所具有的质量，单位为 kg/m³。

$$\rho = \frac{m_m}{V} \tag{2.61}$$

式中，m_m 为干燥多孔介质建筑材料的质量，kg。

3) 干燥多孔介质建筑材料定压比热容 (c_p)

干燥多孔介质建筑材料定压比热容为单位质量干燥多孔介质建筑材料温度升高 1K 所吸收的热量，单位为 J/(kg·K)。

$$c_p = \frac{Q}{m_m \Delta T} \tag{2.62}$$

式中，Q 为材料温度升高 ΔT K 所吸收的热量，J。

4) 导热系数 (λ)

导热系数为在稳定传热条件下，单位厚度材料两侧表面温差为 1K 时通过单位面积的热量，单位为 W/(m·K)。

$$\lambda = -\frac{q}{\nabla T} \tag{2.63}$$

式中，q 为单位厚度材料两侧温差为 ΔT K 时通过单位面积的热量，W/m²。

由于材料含湿量不同，其导热系数也不相同，根据不同含湿量条件下测得的导热系数，可以通过拟合得到湿材料的导热系数与含湿量之间的函数关系，即

$$\lambda = A + B\omega \tag{2.64}$$

式中，A 和 B 为根据试验数据拟合得到的拟合系数。

5) 容积湿容 (ξ 或 ζ)

容积湿容可以是单位容积的材料每变化 1% 相对湿度其含湿量的变化量，也就是等温吸放湿曲线斜率，单位为 kg/m³。

$$\xi = \left| \frac{\partial \omega}{\partial \varphi} \right| \tag{2.65}$$

容积湿容也可以是单位容积的材料每变化单位毛细压力其含湿量的变化量，也就是毛细蓄湿曲线斜率，单位为 kg/(m³·Pa)。

$$\zeta = \left| \frac{\partial \omega}{\partial p_c} \right| \tag{2.66}$$

6) 水蒸气渗透系数

水蒸气渗透系数为在水蒸气扩散方向上，水蒸气扩散速率与水蒸气分压力梯度的比值，单位为 kg/(m·s·Pa)。

$$\delta_p = -\frac{m_{v,d}}{\nabla p_v} \tag{2.67}$$

7) 液态水渗透系数

液态水渗透系数为在液态水传递方向上，液态水传递速率与毛细压力梯度的比值，单位为 kg/(m·s·Pa)。

$$K_1 = \frac{m_1}{\nabla p_c} \tag{2.68}$$

8) 空气渗透系数

空气渗透系数为在空气流动方向上，空气的质量流量与总压力梯度的比值，单位为 kg/(m·s·Pa)。

$$K_a = -\frac{m_a}{\nabla p_a} \tag{2.69}$$

2.7　表面对流传热传质系数的确定

墙体表面的热湿迁移是典型的边界层内的流动，伴随着传热和传质过程。在环境势差的驱动下，周围环境与墙体表面进行热质交换。由于墙体表面的热湿迁移过程受多方面因素的影响，边界层内的传热传质变得十分复杂。对墙体表面的传热传质特性研究，可通过求解简化条件下边界层内的偏微分方程组来确定其表面传热传质能力。内表面对流传热系数的范围为 5~10W/(m²·K)。外表面对流传热系数受表面风速、粗糙度等因素的影响。一般来说，外表面对流传热系数的范围为 20~30W/(m²·K)。在建筑围护结构传热计算中采用式(2.70)确定外表面对流传热系数[11]。

$$h_e = D + EV_{10} + FV_{10}^2 \tag{2.70}$$

式中，D、E 和 F 为表面粗糙系数，如表 2.2 所示[11]；V_{10} 为离地面 10m 高处的风速，m/s。

表 2.2　表面粗糙系数[11]

表面状态	D	E	F	材料示例
非常粗糙	11.58	5.89	0	灰泥
粗糙	12.49	4.06	0.03	砖或粗糙抹面
中等粗糙	10.79	4.19	0	混凝土
中等光滑	8.23	4.00	−0.06	干净松木
光滑	10.22	3.1	0	光滑抹面
非常光滑	8.23	3.33	−0.04	玻璃

与表面对流传热系数相比，表面对流传质系数的确定更加困难，因为没有模

型可以准确计算表面对流传质系数，但当周围流体与壁面之间的传热传质同时进行时，表面对流传质系数可以利用反映热边界层和浓度边界层关系的对流质交换准则关联式，通过表面对流传热系数来计算得出。当热质交换同时存在时，从相似准则关联式得到

$$St_h \, Pr^{2/3} = St_m Sc^{2/3} \tag{2.71}$$

或写为

$$\frac{h}{c_{pa}\rho_a u} Pr^{2/3} = \frac{\beta}{u} Sc^{2/3} \tag{2.72}$$

即

$$\frac{h}{\beta} = c_{pa}\rho_a \left(\frac{Sc}{Pr}\right)^{2/3} = c_{pa}\rho_a Le^{2/3} \tag{2.73}$$

式中，c_{pa} 为空气定压比热容，J/(kg·K)；h 为表面对流传热系数，W/(m²·K)；Le 为刘易斯数；Pr 为普朗特数；Sc 为施密特数；St_h 为传热斯坦顿数；St_m 为传质斯坦顿数；u 为边界层内流体流速，m/s；β 为表面对流传质系数，s/m；ρ_a 为空气密度，kg/m³。

当 $Le=1$ 时，即 $Sc=Pr$，式(2.73)可简化为

$$\beta = \frac{h}{c_{pa}\rho_a} \tag{2.74}$$

式(2.74)即为刘易斯关系式。从上面的推导可以看出，刘易斯关系式是式(2.73)的一种特殊情况。在常温下，上述两种方法计算得到的表面对流传质系数十分接近。当空气温度为 25℃时，由相似关联式(2.73)可得

$$\beta = \frac{h}{c_{pa}\rho_a} \left(\frac{Pr}{Sc}\right)^{2/3} = 0.000945h \tag{2.75}$$

通过刘易斯关系式计算得到

$$\beta = \frac{h}{c_{pa}\rho_a} = 0.000853h \tag{2.76}$$

刘易斯关系式被广泛应用于对流传质系数计算，因此本书也根据刘易斯关系式来确定表面对流传质系数。

根据刘易斯关系式，墙体外表面对流传质系数和传热系数之间的关系为[12]

$$\beta_e = 7.7 \times 10^{-9} h_e \qquad (2.77)$$

2.8 墙体外表面太阳辐射计算

在建筑围护结构热湿耦合传递模拟计算的室外边界条件中，需要确定墙体外表面接收到的太阳辐射照度。下面介绍计算墙体外表面接收到的太阳辐射照度的方法。

2.8.1 太阳位置的计算

太阳在天空中的精确位置通常用太阳高度角(γ)和太阳方位角(Φ)来表示，这两个参数与当地的纬度(L)、太阳倾角(δ)和太阳时角(H)有关。太阳倾角表明季节的变化，纬度表明观察点的位置，太阳时角表明时间的变化。各参数的定义和计算如下。

1)纬度(L)

纬度为地球表面某地的本地法线与赤道平面的夹角。赤道平面是纬度度量的起点，赤道处的纬度为 0°，自赤道向南极和北极方向各分为 90°，分别称为南纬和北纬。

2)太阳倾角(δ)

太阳倾角也叫赤纬，是地球赤道平面与日地中心连线的夹角。由于赤道平面与黄道平面的夹角始终为 23.45°，太阳倾角随日期的变化而变化，太阳倾角的变化产生四季，从而使得地球表面太阳辐射分布随太阳倾角的变化而变化。全年太阳倾角在±23.45°之间变化。

太阳倾角可以从天文或航海年鉴中精确查找，表 2.3 为每个月 21 日的日期序号 n 和太阳倾角 δ，但对于大多数的工程应用，式(2.78)能提供足够的精确度[13]。

$$\delta = 23.45 \sin\left(360 \times \frac{n+284}{365}\right) \qquad (2.78)$$

式中，n 为日期序号(例如，1 月 1 日为 1，2 月 1 日为 32)。

表 2.3 每个月 21 日的日期序号 n 和太阳倾角 δ [13]

月份	1	2	3	4	5	6	7	8	9	10	11	12
n	21	52	80	111	141	172	202	233	264	294	325	355
$\delta/(°)$	−20.1	−11.2	−0.4	11.6	20.1	23.4	20.4	11.8	−0.2	−11.8	−20.4	−23.4

3）时差（ET）

时差的产生是因为地球与太阳之间的距离及相对位置随时间不停变化，以及地球公转的运动轨道黄道平面与赤道平面不一致，导致当地子午线和正南方向之间存在一定差异。真太阳时有时慢一些，有时又快一些。时差可以通过式（2.79）近似计算：

$$
\begin{aligned}
ET = 2.2918[&0.0075 + 0.1868\cos\varGamma - 3.2077\sin\varGamma \\
&-1.4615\cos(2\varGamma) - 4.089\sin(2\varGamma)]
\end{aligned}
\tag{2.79}
$$

式中，ET 为时差，min。

$$
\varGamma = 360 \times \frac{n-1}{365}
\tag{2.80}
$$

表 2.4 为每个月 21 日的时差值[13]。

表 2.4　每个月 21 日的时差值[13]

月份	1	2	3	4	5	6	7	8	9	10	11	12
ET/min	−10.6	−14.0	−7.9	1.2	3.7	−1.3	−6.4	−3.6	6.9	15.5	13.8	2.2

4）真太阳时（AST）

真太阳时就是当地时间，它由当地的标准时间、时差、当地经度和当地标准时间子午线经度计算得到，计算式为

$$
AST = LST + \frac{ET}{60} + \frac{LON - LSM}{15}
\tag{2.81}
$$

式中，AST 为真太阳时，h；LST 为当地标准时间，h；ET 为时差，min；LON 为当地经度，（°）；LSM 为当地标准时间子午线经度，（°）。

我国的标准时间为"北京时间"，即东 8 区时间。

5）太阳时角（H）

太阳时角为某一时刻日、地中心连线在赤道平面上的投影与当地真太阳时为12:00 时日、地中心连线在赤道平面上的投影间的夹角。

$$
H = 15(AST - 12)
\tag{2.82}
$$

式中，H 为太阳时角，（°）。

中午时太阳时角为零，下午时太阳时角为正，上午时太阳时角为负。

6）太阳高度角（γ）

太阳高度角为入射太阳光线与地平面间的夹角，其大小随时间发生变化。当太阳高度角为 0°时，太阳在地平面上；当太阳高度角为 90°时，太阳位于头顶处；

当太阳高度角为负时则为晚上。太阳高度角计算式为

$$\sin\gamma = \cos L\cos\delta\cos H + \sin L\sin\delta \tag{2.83}$$

式中，γ 为太阳高度角，(°)。

中午时，太阳时角 $H=0$，太阳在天空达到最大高度，即

$$\gamma_{\max} = 90° - |L - \delta| \tag{2.84}$$

7)太阳方位角 (Φ)

太阳方位角为太阳光线在水平面上的投影与正南方向的夹角。按约定，下午太阳方位角为正，上午太阳方位角为负。太阳方位角由其正弦值和余弦值唯一确定。

$$\sin\Phi = \frac{\sin H\cos\delta}{\cos\gamma} \tag{2.85}$$

当计算出的 $\sin\Phi > 1$ 或 $|\sin\Phi|$ 较小时，采用式(2.86)计算太阳方位角。

$$\cos\Phi = \frac{\cos H\cos\delta\sin L - \sin\delta\cos L}{\cos\gamma} \tag{2.86}$$

2.8.2　壁面与太阳之间的相对关系

太阳高度角 γ 与太阳方位角 Φ 确定了太阳的空间位置，为了计算壁面接收到的太阳辐射，还需要确定下面一些角度关系。

1)壁面倾角 (Σ)

壁面倾角为壁面与水平面间的夹角，水平壁面的倾角为 0°，垂直壁面的倾角为 90°。

2)壁面方位角 (ψ)

壁面方位角为壁面法线在水平面的投影与正南方向的夹角。壁面朝向偏东，壁面方位角为负；壁面朝向偏西，壁面方位角为正。表 2.5 为北(N)、西北(NW)、西(W)、西南(SW)、南(S)、东南(SE)、东(E)和东北(NE)八个朝向垂直壁面的壁面方位角[13]。

表 2.5　八个朝向垂直壁面的壁面方位角[13]

朝向	N	NE	E	SE	S	SW	W	NW
$\psi/(°)$	180	−135	−90	−45	0	45	90	135

3）壁面太阳方位角（ϕ）

壁面太阳方位角为太阳方位角与壁面方位角之差。当壁面太阳方位角大于90°或小于–90°时，意味着壁面背光。其表达式为

$$\phi = \Phi - \psi \tag{2.87}$$

4）壁面太阳入射角（χ）

壁面太阳入射角为太阳入射光线与壁面法线间的夹角。它在建筑能耗和供热空调负荷计算中非常重要，因为它不仅影响太阳辐射在壁面上的垂直分量，而且影响壁面对太阳辐射的吸收、反射和透射。壁面太阳入射角用式（2.88）计算。

$$\cos \chi = \cos \gamma \cos \phi \sin \Sigma + \sin \gamma \cos \Sigma \tag{2.88}$$

对于垂直壁面，壁面倾角 Σ =90°，式（2.88）简化为

$$\cos \chi = \cos \gamma \cos \phi \tag{2.89}$$

对于水平壁面，壁面倾角 Σ =0°，式（2.88）简化为

$$\chi = 90° - \gamma \tag{2.90}$$

2.8.3　壁面太阳辐射照度计算

太阳辐射由于大气层反射、吸收和散射的共同影响，最终到达地球表面的辐射被大大削弱。地球表面接收的太阳辐射分为直射辐射和散射辐射两部分，直射部分源于太阳直接照射，散射部分为太阳辐射经大气散射后到达地面。太阳散射辐射与直射辐射之和称为太阳总辐射。

法向直射辐射照度为

$$E_b = I_0 \exp(-am) = I_0 P^m \tag{2.91}$$

式中，E_b 为法向直射辐射照度，W/m²；I_0 为太阳常数，表示大气层外，地球与太阳的年平均距离处垂直于太阳光线的表面处的太阳辐射照度，I_0 =1353W/m²；a 为大气层消光系数；m 为大气层质量；P 为大气透明系数，它用来衡量大气透明度，P 值一般取 0.65～0.75，P 值越接近 1，表明大气越清澈。

大气层质量反映太阳光线在大气层中通过路线的长短，可以用太阳高度角的单值函数来表示[14]，即

$$m = \frac{1}{\sin \gamma + 0.50572(6.07995 + \gamma)^{-1.6364}} \tag{2.92}$$

水平面散射辐射照度为

$$E_{\mathrm{d}} = \frac{1}{2} I_0 \sin\gamma \frac{1-P^m}{1-1.4\ln P} \tag{2.93}$$

式中，E_{d} 为水平面散射辐射照度，W/m²。

壁面所接收的太阳辐射与壁面和太阳之间的相对关系有关。任意壁面上接收到的直射辐射照度与壁面太阳入射角 χ 有关，其计算式为

$$E_{\mathrm{t,b}} = E_{\mathrm{b}} \cos\chi \tag{2.94}$$

式中，$E_{\mathrm{t,b}}$ 为壁面接收到的直射辐射照度，W/m²。

水平壁面（$\Sigma = 0°$）接收到的直射辐射照度为

$$E_{\mathrm{t,b}} = E_{\mathrm{b}} \sin\gamma \tag{2.95}$$

垂直壁面（$\Sigma = 90°$）接收到的直射辐射照度为

$$E_{\mathrm{t,b}} = E_{\mathrm{b}} \cos\gamma \cos\phi \tag{2.96}$$

倾角为 Σ 的壁面接收到的散射辐射照度为[13]

$$E_{\mathrm{t,d}} = \begin{cases} E_{\mathrm{d}}(Y\sin\Sigma + \cos\Sigma), & \Sigma \leqslant 90° \\ E_{\mathrm{d}}Y\sin\Sigma, & \Sigma > 90° \end{cases} \tag{2.97}$$

$$Y = \max(0.45, \ 0.55 + 0.437\cos\chi + 0.313\cos^2\chi) \tag{2.98}$$

式中，$E_{\mathrm{t,d}}$ 为壁面接收到的散射辐射照度，W/m²。

任意朝向壁面接收到的地面反射辐射照度为[13]

$$E_{\mathrm{t,r}} = (E_{\mathrm{b}}\sin\gamma + E_{\mathrm{d}})\rho_{\mathrm{g}} \frac{1-\cos\Sigma}{2} \tag{2.99}$$

式中，$E_{\mathrm{t,r}}$ 为壁面接收到的地面反射辐射照度，W/m²；ρ_{g} 为地面反射率，一般城市地面的反射率可近似取 0.2。

壁面接收到的总太阳辐射照度为壁面所接收的直射辐射照度、散射辐射照度和地面反射辐射照度之和，即

$$E_{\mathrm{t}} = E_{\mathrm{t,b}} + E_{\mathrm{t,d}} + E_{\mathrm{t,r}} \tag{2.100}$$

式中，E_{t} 为壁面接收到的总太阳辐射照度，W/m²。

2.9　风驱雨量确定方法

建筑处于各种室外气候条件之中，有降雨时在风力的驱动下有雨水飘到墙体外表面，飘到墙体外表面的雨水对墙体的热湿性能有显著影响。在建筑围护结构热湿耦合传递模拟计算的室外边界条件中需要确定墙体外表面接收到的风驱雨量（wind driven rain，WDR）。

墙体外表面上的风驱雨量受许多因素影响，如建筑物的几何形状、地形、外墙朝向、风速和风向、降雨强度、雨滴大小和降雨持续时间等。通常建筑的迎风外立面更容易受到雨淋。由于涉及大量的动态参数，准确模拟墙体表面风驱雨是一个复杂的问题，通常可以用三种方法来确定墙体表面的风驱雨量：试验测量方法、数值模拟方法和半经验方法，通过试验测量和数值模拟可以揭示风驱雨问题的机理与复杂性。本节简要讨论试验测量方法和数值模拟方法，并回顾半经验方法的发展。半经验方法可以快速计算出外立面风驱雨量，便于为模拟墙体热湿耦合传递提供风驱雨边界条件。

2.9.1　试验测量方法

试验测量是确定墙体表面风驱雨量的重要方法。Nore 等[15]对荷兰的一栋建筑做了一系列降雨测量。试验测量结果可用于验证数值模拟方法的准确性，但是风驱雨的测量非常耗时，而且风驱雨的测量尚未标准化和系统化，目前没有用于垂直立面上风驱雨测量仪器的设计和制造标准，这就是测量风驱雨很容易出现明显误差的原因[16]。雨水收集器是测量垂直墙体表面风驱雨量必不可少的工具。研究人员使用自己制作的雨水收集测量设备[17-19]，雨水收集器的大小、形状、材料和数据记录方式各不相同，没有统一的标准。这些非标准化的操作流程会导致测量结果差异较大。

通常很难准确分析出与垂直立面雨水测量相关的每个误差，特别是与雨水收集器表面上雨滴蒸发、飞溅、反弹相关的误差。雨水收集器表面附着水分、雨滴飞溅、雨水收集器内水分蒸发、水汽在收集器表面凝结等都会造成一定的误差。雨滴作用于墙体表面的物理过程较为复杂，揭示雨滴的碰撞飞溅现象需要考虑多个影响因素。根据 Couper[20]的研究，墙体表面粗糙度会影响飞溅雨水的量，粗糙的表面比光滑的表面雨水飞溅更多，光滑的表面比粗糙的表面雨水径流更多。根据 Blocken 等[21]的观点，很难计算入射到外立面上的雨水有多少被墙体吸收了，有多少在墙体表面发生了飞溅反弹，有多少在墙体表面发生了径流。墙体上部的雨水径流又会成为墙体下部的水分来源。墙体表面雨水飞溅反弹以及径流现象很复杂，目前尚未得到充分研究和认识。

2.9.2　数值模拟方法

根据建筑物周围的风场分布以及降雨的强度,可以用数值模拟方法计算建筑物垂直外立面的风驱雨量。已有应用数值模拟方法计算垂直墙体表面风驱雨量的例子[22,23]。在建筑科学领域,对风驱雨的研究大都集中在分析风驱雨荷载对建筑物受力的影响上[24,25]。Blocken 等[26]采用数值模拟方法研究墙体表面的风驱雨分布,认为该方法的准确性受到天气数据精度和降雨数据的限制。

尽管数值模拟方法可以较为准确地反映出建筑物表面的风驱雨分布,但是其计算过程比较复杂。采用数值模拟方法时需要建立复杂的物理模型来描述风驱雨现象[27],通常要求解一个复杂的能量、质量、动量守恒偏微分方程组才能计算出建筑物表面的风驱雨分布。在数值模拟的过程中会做出一定的假设与简化,数值模拟方法也不能全面反映出所有影响风驱雨的因素。

2.9.3　半经验方法

半经验方法通常指的是根据试验测量数据和理论拟合得出的计算公式。应用半经验方法所得到的结果不能用于高精度的计算,但它们可以快速估算出建筑物外立面受到雨水影响的程度。半经验方法可以为一维热湿耦合传递模拟快速提供风驱雨边界条件。因此,本节重点阐述半经验方法,并尝试改进其中的一种半经验方法。

Lacy[28]建立了垂直墙体上入射雨水强度和水平面上降雨强度之间的理论关系。Lacy 经验公式中假设雨滴在墙壁上的分布是均匀的,雨滴直径为 1.2mm,适用于中等强度的降雨。Lacy 经验公式中还假定风向始终垂直于墙体外表面,该经验公式适用于计算空旷条件下入射到垂直墙体表面的风驱雨量。Lacy 经验公式为

$$R_{wdr} = \frac{2}{9} V R_h^{8/9} \approx 0.222 V R_h^{0.88} \tag{2.101}$$

式中,R_h 为水平面上的降雨量,mm/h;R_{wdr} 为垂直墙体表面的风驱雨量,mm/h;V 为风速,m/s;0.222 为风驱雨系数的平均值,s/m。

一般而言,计算垂直墙体表面的风驱雨量时,应考虑建筑周围的风速和风向、雨滴的大小和雨滴入射角度等因素。Lacy 经验公式既没考虑建筑周围的风向,也没考虑地形和建筑物几何形状引起的气流局部扰流等因素。Straube 等[27]在 Lacy 经验公式的基础上引入了风驱雨系数,并考虑风向的影响,提出了如下垂直墙体表面的风驱雨量计算模型:

$$R_{wdr} = DRF V R_h \cos\theta_w \tag{2.102}$$

式中,DRF 为风驱雨系数,s/m;θ_w 为风向与墙体表面法线之间的夹角,(°)。

风驱雨系数可以表示为雨滴末端降落速度的倒数,即

$$\mathrm{DRF} = \frac{1}{V_t} \tag{2.103}$$

式中，V_t 为雨滴末端降落速度，m/s。

Straube 等[27]通过拟合得到雨滴末端降落速度与雨滴直径的函数关系，即

$$V_t(d) = -0.166033 + 4.91844d - 0.888016d^2 + 0.054888d^3 \tag{2.104}$$

式中，d 为雨滴直径，mm。

雨滴直径的中位值用式 (2.105) 计算。

$$\bar{d} = 1.015 R_h^{0.232} \tag{2.105}$$

Fazio 等[29]在 Lacy 经验公式的基础上，提出了式 (2.106) 所示的垂直墙体表面平均风驱雨量计算模型。该模型考虑了风速、墙体朝向和降雨持续时间的影响。

$$R_{\mathrm{avg}} = \frac{\dfrac{2}{9} \sum\limits_{\theta_w = -90°}^{90°} V_\theta \left(\dfrac{P_{h,\theta}}{t_\theta}\right)^{8/9} \cos\theta_w}{n} \tag{2.106}$$

式中，n 为 θ_w 方向上的风向变化次数；R_{avg} 为垂直墙体表面的平均风驱雨量，mm/h；θ_w 为风向与墙体表面法线之间的夹角，(°)；V_θ 为 θ_w 方向上的风速，m/s；$P_{h,\theta}$ 为 θ_w 方向上的水平降雨强度，mm；t_θ 为 θ_w 方向上有风的小时数，h。

Rydock 等[30]提出了如下垂直墙体表面的年累计风驱雨量计算模型：

$$R_N = 0.206 \sum\limits_{\theta_w = \beta_\theta - 80°}^{\beta_\theta + 80°} R_\theta V_\theta \cos(\theta_w - \beta_\theta) \tag{2.107}$$

式中，R_N 为垂直墙体表面的年累计风驱雨量，mm/年；R_θ 为 θ_w 方向上年平均降水量，mm/年；V_θ 为 θ_w 方向上年平均风速，m/s；β_θ 为北向与墙体外表面法向之间的夹角，(°)；0.206 为风驱雨系数，是由 Rydock 等对 16 年中 75 次降雨事件进行统计得出的。

尽管有许多计算风驱雨量的半经验公式，但仅有 BS 8104[31]、ASHRAE 160[32]和 ISO 15927-3[33]三个标准规定了垂直墙体表面风驱雨量计算模型，我国还没有关于计算垂直墙体表面风驱雨量的规范和标准。

英国标准 BS 8104[31]中给出的垂直墙体表面的风驱雨量计算模型为

$$R_N = C_R C_T O W R_A \tag{2.108}$$

式中，R_N 为垂直墙体表面的年累计风驱雨量，mm/年；C_R 为粗糙系数；C_T 为地势系数；O 为阻挡系数；W 为墙面特征系数；R_A 为给定朝向的年平均降雨量，

mm/年。

标准 ASHRAE 160[32]是在英国标准 BS 8104[31]的基础上发展而来的，它给出的垂直墙体表面的风驱雨量计算模型为

$$R_{\text{wdr}} = F_{\text{L}} \, F_{\text{E}} \, F_{\text{D}} \, V_{\text{ref}} \, R_{\text{h}} \cos\theta_{\text{w}} \tag{2.109}$$

式中，F_{L} 为经验常数；F_{E} 为降雨暴露因子；F_{D} 为降雨沉积因子；V_{ref} 为参考风速，m/s；R_{h} 为水平降雨强度，mm/h；θ_{w} 为风向与墙体表面法线之间的夹角，(°)。

标准 ISO 15927-3[33]是由英国标准 BS 8104 改进而来的，它考虑的建筑周围环境和建筑物自身特征等影响因素最多。该标准给出了一些影响风驱雨量计算的校正因子，这些校正因子包括粗糙系数、地势系数、阻挡系数和墙面特征系数，并在其附录中给出了这些校正因子的应用示例。标准 ISO 15927-3 给出的建筑垂直墙体表面的风驱雨量计算模型为

$$R_{\text{wdr}} = \frac{2}{9} C_{\text{R}} \, C_{\text{T}} \, O \, W \, V_{\text{ref}} \, R_{\text{h}}^{8/9} \cos\theta_{\text{w}} \tag{2.110}$$

式中，V_{ref} 为参考风速，m/s。

2.9.4　风驱雨量计算模型的改进

为了使风驱雨量计算更加准确，需要用试验测量数据对墙体表面的风驱雨量半经验公式进行校核和改进。Kubilay 等[19]在图 2.3 所示建筑物 A 立面上测量了三次降雨事件，对比风驱雨量的试验测量值与半经验公式的计算值，如图 2.4 所示。可以看出，标准 ISO 15927-3[33]风驱雨量计算模型低估了 A 立面上的风驱雨量，三次降雨事件计算的风驱雨量平均值约为测量平均值的 59%。

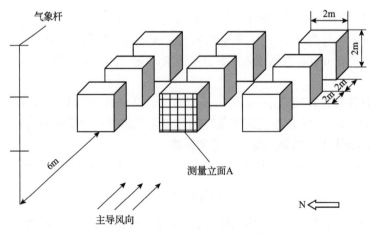

图 2.3　实验测量建筑示意图[19]

基于 Kubilay 等[19]的研究成果，Fang 等[34]通过引入修正系数改进了标准 ISO 15927-3 风驱雨量计算模型，改进的风驱雨量计算模型为

$$R_{wdr} = k_{avg} \frac{2}{9} C_R C_T O W V_{ref} R_h^{8/9} \cos\theta_w \tag{2.111}$$

式中，k_{avg} 为修正系数，$k_{avg} = 1/(1-0.59) = 2.44$；$C_R = 0.83$，$C_T = 1$，$O = 0.7$，$W = 0.4$。

图 2.4 对比了用改进的风驱雨量计算模型计算出的风驱雨量与测量值。结果表明，改进的风驱雨量计算模型更准确。在后续各章边界条件计算中，均用改进的风驱雨量计算模型计算墙体表面接收到的风驱雨量。

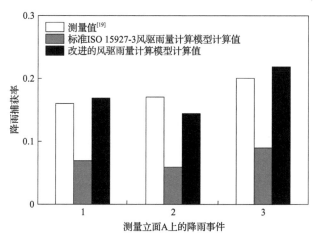

图 2.4　风驱雨量测量值与计算值对比

降雨捕获率为建筑外立面风驱雨量与水平降雨量之比

2.10　本 章 小 结

本章以多孔介质传热传质理论为基础，根据单元体内质量、能量和动量守恒定律，建立了以温度和相对湿度为驱动势的多孔介质建筑围护结构热、空气、湿耦合传递非稳态模型。根据热力学平衡关系，用开尔文定律描述多孔介质建筑材料内液相和气相之间的平衡，推导出以温度和毛细压力为驱动势的多孔介质建筑围护结构热、空气、湿耦合传递非稳态模型。这两个模型均考虑了热传递、空气渗透、湿传递以及它们之间的相互耦合作用，并将湿传递分为水蒸气扩散和液态水传递两部分。以相对湿度和毛细压力作为湿驱动势，避免了墙体构件内部交界面处或墙体表面与空气层边界处含湿量不连续的问题，易于数值处理墙体表面吸放湿过程和墙体内部交界面处的热湿迁移过程。模型中湿物性参数均易于获取，

有利于模型的应用。

南方降雨量多，建筑外墙接收到较多的风驱雨量。墙体内部含湿量高，局部位置或处于超吸湿状态。以毛细压力为湿驱动势的动态热湿耦合传递模型适用于超吸湿（湿相对度＞95%，超吸湿区）条件，可用于模拟计算风驱雨条件下围护结构内部温湿度分布。

准确描述室内外温湿度、太阳辐射、风驱雨等边界条件，是准确模拟建筑围护结构内部温湿度动态分布的必要条件。本章介绍了各种边界条件的确定方法，包括墙体内外表面热质传递系数、壁面接收到的太阳辐射、风驱雨量的确定方法。根据试验测量数据，改进了标准 ISO 15927-3 风驱雨量计算模型，用于确定不同朝向墙体表面接收到的风驱雨量。

参 考 文 献

[1] ASHRAE. Handbook of Fundamentals. Atlanta: American Society of Heating, Refrigerating and Air Conditioning Engineers Inc., 2021.

[2] Krus M. Theoretical Principles and New Test Methods: Moisture Transport and Storage Coefficients of Porous Mineral Building Materials. Stuttgart: Fraunhofer IRB Verlag, 1996.

[3] Roels S, Carmeliet J, Hens H. HAMSTAD, WP 1: Moisture transfer properties and material characterisation. Leuven: Catholic University of Leuven, 2003.

[4] Dalehaug A, Aunronning O B. Measurement of water retention properties of plaster: A parameter study of the influence on moisture balance of an external wall construction from variations of this parameter//Proceedings of the 7th Symposium on Building Physics in the Nordic Countries, Reykjavik, 2005.

[5] Künzel H M, Holm A. Simulation of Heat and Moisture Transfer in Construction Assemblies. Holzkirchen: Fraunhofer Institute of Building Physics, 2001.

[6] Branco F, Tadeu A, Simões N. Heat conduction across double brick walls via BEM. Building and Environment, 2004, 39(1): 51-58.

[7] Hens H. Building Physics-Heat, Air and Moisture: Fundamentals and Engineering Methods with Examples and Exercises. Berlin: Wilhelm Ernst & Sohn, 2012.

[8] Kumaran M K. IEA Annex 24, Task 3: Material properties. Leuven: Catholic University of Leuven, 1996.

[9] Zhong Z. Combined heat and moisture transport modeling for residential buildings. West Lafayette: Purdue University, 2008.

[10] Abuku M, Janssen H, Roels S. Impact of wind-driven rain on historic brick wall buildings in a moderately cold and humid climate: Numerical analyses of mould growth risk, indoor climate and energy consumption. Energy and Buildings, 2009, 41(1): 101-110.

[11] 杨柳, 张辰, 刘衍, 等. 建筑外表面换热系数取值方法对建筑负荷预测的影响. 暖通空调, 2018, 48(9): 11-18.

[12] Li Q R, Rao J W, Fazio P. Development of HAM tool for building envelope analysis. Building and Environment, 2009, 44(5): 1065-1073.

[13] ASHRAE. ASHRAE Handbook of Fundamentals: Climatic Design Information. Atlanta: American Society of Heating Refrigerating and Air-Conditioning Engineers Inc., 2013.

[14] Kasten F, Young A T. Revised optical air mass tables and approximation formula. Applied Optics, 1989, 28(22): 4735-4738.

[15] Nore K, Blocken B, Jelle B P, et al. A dataset of wind-driven rain measurements on a low rise test building in Norway. Building and Environment, 2007, 42(5): 2150-2165.

[16] Blocken B, Carmeliet J. A review of wind driven rain research in building science. Journal of Wind Engineering and Industrial Aerodynamics, 2004, 92(13): 1079-1130.

[17] Krpan R. Wind-driven rain on buildings in metro vancouver: Parameters for rain penetration testing of window assemblies. Montreal: Concordia University, 2013.

[18] Ge H, Deb Nath U K, Chiu V. Field measurements of wind-driven rain on mid- and high- rise buildings in three Canadian regions. Building and Environment, 2017, 116: 228-245.

[19] Kubilay A, Derome D, Blocken B, et al. High- resolution field measurements of wind-driven rain on an array of low-rise cubic buildings. Building and Environment, 2014, 78: 1-13.

[20] Couper R. Factors affecting the production of surface runoff from wind driven rain//The 2nd International CIB/RILEM Symposium on Moisture Problems in Buildings, Rotterdam, 1974.

[21] Blocken B, Carmeliet J. Validation of CFD simulations of wind-driven rain on a low-rise building façade. Building and Environment, 2007, 42(7): 2530-2548.

[22] Etyemezian V, Davidson C I, Zufall M, et al. Impingement of rain drops on a tall building. Atmospheric Environment, 2000, 34(15): 2399-2412.

[23] Karagiozis A, Hadjisophocleous G, Cao S. Wind-driven rain distributions on two buildings. Journal of Wind Engineering and Industrial Aerodynamics, 1997, 67-68: 559-572.

[24] 王辉, 陈雨生, 曹洪明, 等. 组合布局对建筑立面风驱雨分布影响特性的数值分析. 土木工程学报, 2016, 49(12): 27-34.

[25] 王辉, 李新俊, 潘竹. 建筑(群)立面风驱雨压荷载的数值模拟研究. 土木工程学报, 2014, 47(9): 94-100.

[26] Blocken B, Roels S, Carmeliet J. A combined CFD-HAM approach for wind-driven rain on building facades. Journal of Wind Engineering and Industrial Aerodynamics, 2007, 95(7): 585-607.

[27] Straube J, Burnett E. Simplified prediction of driving rain on buildings//Proceedings of the International Building Physics Conference, Eindhoven, 2000.

[28] Lacy R E. Driving rain maps and the onslaught of rain on buildings//Proceedings of RILEM/CIB symposium on moisture problems in buildings, Helsinki, 1965.

[29] Fazio P, Mallidi S R, Zhu D. A quantitative study for the measurement of driving rain exposure in the montréal region. Building and Environment, 1995, 30(1): 1-11.

[30] Rydock J P, Lisø K R, Førland E J, et al. A driving rain exposure index for Norway. Building and Environment, 2005, 40(11): 1450-1458.

[31] British Standard Institute. Code of Practice for Assessing Exposure of Walls to Wind Driven Rain(BS 8104-1992). London: British Standard Institute, 1992.

[32] ASHRAE. Criteria for Moisture Control Design Analysis in Buildings(ASHRAE Standard 160-2009). Atlanta: American Society of Heating Refrigerating and Air-Conditioning Engineers Inc., 2009.

[33] International Organization for Standardization. Hygrothermal Performance of Buildings Calculation and Presentation of Climatic Data: Calculation of a Driving Rain Index for Vertical Surfaces from Hourly Wind and Rain Data(ISO 15927-3-2009). Geneva: International Organization for Standardization, 2009.

[34] Fang A M, Chen Y M, Wu L. Modeling and numerical investigation for hygrothermal behavior of porous building envelope subjected to the wind driven rain. Energy and Buildings, 2021, 231: 110572.

第3章　多孔介质墙体动态热湿耦合传递模型求解

多孔介质围护结构动态热湿耦合传递模型是变系数的偏微分方程组，方程中待求解的温度与相对湿度或毛细压力具有强烈的非线性和耦合性，热、湿传递的控制方程需同时求解，大多数情况下无法直接获得精确的分析解，通常采用数值方法求解。用于求解多孔介质动态热湿耦合传递模型的数值方法有有限差分法[1-3]、有限容积法[4]、有限元法[5]、边界元法和迦辽金加权残值法[6]等。数值求解多孔介质动态热湿耦合传递模型，首先需要对控制方程及边界条件进行离散，然后设计算法来编程求解离散后所得到的代数方程。离散过程烦琐、复杂，需要较强的数学基础，程序算法设计和编写需要熟练掌握某种程序语言，这在很大程度上制约了多孔介质动态热湿耦合传递模型的求解算法及模拟程序的发展和应用。

随着计算机科学和计算技术的不断发展，开发出了许多实用的数值模拟软件，可以应用这些数值模拟软件来求解多孔介质热湿耦合传递方程。这些软件有用户友好型的图形用户接口，且有专门的偏微分方程求解模块，用这些软件来求解多孔介质动态热湿耦合传递模型，可以避免复杂的算法设计以及输入输出界面设计；同时还可以根据实际需要，对这些数值模拟软件中的求解模型进行修改和二次开发，有利于保持研究的延续性和连续性。本章介绍多孔介质动态热湿耦合传递模型的数值离散求解方法和应用数值模拟软件求解多孔介质动态热湿耦合传递模型的方法。

3.1　常用数值方法简介

数值求解偏微分方程是一个大的研究领域，它涉及数学与计算机科学。目前，常用的数值方法主要包括有限差分法、有限容积法、有限元法和边界元法。

1. 有限差分法

有限差分法是发展比较早、比较成熟的一种数值方法，也是数值方法中最为经典的方法。有限差分法求解的基本方法是将求解区域划分差分网格，对其在时间及空间上进行离散，用有限个数的网格节点来替代连续的求解区域，然后用偏微分方程的差商来代替其导数，推导出包含离散点上含有有限个未知数的差分方程，用离散的差分方程近似替代连续变量的偏微分方程及其边界条件，这样一来，求解偏微分方程就转化为求解代数方程组。差分方程的解即为偏微分方程的近似解。因此，关于有限差分法需要讨论以下问题：构造近似替代定解问题的差分方

程，即差分格式问题，差分格式包括向前差分、向后差分和中心差分；用差分方
程的解近似替代偏微分方程的解时产生了误差，需要对误差进行估计及讨论差分
解的收敛性问题；当初值有误差时，需要讨论其对以后各步解的影响大小，即稳
定性问题。Kalis[3]和 dos Santos 等[4]介绍了有限差分法在求解建筑围护结构动态热
湿耦合传递模型中的应用。有限差分法的优点在于计算简单、灵活，缺点在于规
则的差分网格划分，对于求解复杂边界条件的问题适应性差。

2. 有限容积法

有限容积法又称为控制体积法，具有计算效率高的特点。有限容积法求解的
基本方法是：对计算区域进行网格划分，把所计算的区域划分成多个互不重叠的
子区域，确定每个子区域中的节点位置，由该节点代表该控制体积，将待求解的
偏微分方程在控制体积内进行积分，从而得到一组离散方程。网格点上的因变量
即为离散方程中的未知数。为了计算出控制体积积分，首先需假设因变量在网格
点之间的变化规律。从选取积分区域的方法来看，有限容积法隶属于加权余量法
中的子域法，而就未知解的近似方法而言，有限容积法是一种局部近似的离散方
法。子域法加离散法是有限容积法的基本方法。离散方程的物理意义即为控制体
积内因变量的守恒原理。有限容积法要求离散方程中因变量对任意一组控制体积
都能满足积分守恒，因而在整个计算区域内，积分守恒都能得到满足。这正是有
限容积法吸引人的地方。其他一些离散方法，以有限差分法为例，只有在网格划
分极其细密时，其离散方程才会满足积分守恒；对于有限容积法，即使在网格划
分粗糙的情况下，离散方程也会满足积分守恒。从离散方法来看，有限容积法是
有限差分法与有限元法的中间物。有限差分法仅考虑了网格点上因变量的数值而
未考虑其在网格点之间如何变化。有限元法则必须假定因变量在网格节点间的变
化规律，即插值函数。有限容积法只寻求因变量的节点值，在这一点上与有限差
分法类似；而有限容积法在控制体积上积分时，需先假定因变量在网格点间的分
布，在这一层面上又与有限元法相似。有限容积法中，插值函数仅应用于计算控
制体积的积分，且偏微分方程中的不同项可以采用不同的插值函数。

3. 有限元法

有限元法是在古典 Ritz-Galerkin 变分方法的基础上，利用分片插值多项式作
为工具，迅速发展而来的一种数值方法，其基本方法为分片逼近。有限元法的求
解方法是将一个连续求解域任意分成许多适当形状的微小单元，并于各微小单元
分片构造插值函数，然后通过极值原理，将控制方程变换为微小单元上的有限元
方程，并将总体的极值当成各单元极值之和，得到嵌入指定边界条件的代数方程
组，通过求解这一方程组就得到了各节点处待求函数的值。有限元法的基础是极

值原理和划分插值，它吸取了有限差分法中的离散处理内核，且在变分量计算中采用选择逼近函数并对其在区域上进行积分的方法，是结合这两种方法取长补短的结果。有限元法的最大优点在于适用性广，特别适用于几何条件和物理条件比较复杂的边值问题；缺点在于需假定因变量在网格点间的变化规律，且其求解速度比有限容积法和有限差分法要慢很多。

4. 边界元法

边界元法也叫边界积分方程-边界元法，是在有限元法的启发下发展起来的。边界元法以边界积分方程为数学基础，采用相似于有限元法的划分单元离散技术，通过边界分元插值离散，将边界积分方程化为代数方程组进行求解。与有限元法在连续求解域内划分微小单元的处理方式不同，边界元法在定义域的边界上进行单元划分，因此与有限元法相比，边界元法的单元未知数少。边界元法中由于边界积分方程中采用解析基本解，与其他一般数值方法相比，其具有更高的精度。与区域解法相比，边界元法降低了求解问题的维数，从而使得边界元法便于模拟复杂的几何形状。由于同一边界线内部的有限域问题与外部的无限域问题差不多，边界元法非常便于处理无限域问题。边界元法以存在解析基本解为前提，对非均匀介质这类复杂问题无能为力，故其应用范围远不及有限元法广泛，而且一般情况下由边界元法所求解的代数方程组的系数矩阵为非对称满阵，这给解题规模带来了较大限制。对于非线性问题，当域内方程为非线性时，方程中将出现域内未知量，这将大大削弱边界元法的优势。

3.2　多孔介质墙体动态热湿耦合传递模型有限差分法求解

本节以墙体无空气渗透且以第 2 章以温度和相对湿度为驱动势的动态热湿耦合传递模型为例，介绍如何应用有限差分法离散和求解一维热湿耦合传递控制方程。

1. 离散方法确定

对多孔介质围护结构热湿耦合传递问题而言，由于围护结构长度和宽度远大于其厚度，可以将多孔介质围护结构热湿耦合传递视为一维问题进行求解。结合待求解方程组的求解难度与不同数值求解方法自身的特点，用有限差分法对第 2 章以温度和相对湿度为驱动势的动态热湿耦合传递模型进行离散。

用有限差分法对待定区域进行离散的方法主要包括外节点法和内节点法两大类。对于大部分一维问题，外节点法的优点在于当节点划分不均匀时，其计算误差比内节点法小。在求解多孔介质围护结构热湿耦合传递问题时，多层墙体各层的交界面上可能会出现冷凝现象，含湿量随相对湿度的变化率特别大，需要在交界面上设置节点以提高方程的求解精度。各层建筑材料厚度不统一，在节点划分上可能会出现不均匀的问题。考虑到这些因素，采用外节点法对求解区域进行离散。

2. 离散格式选择

在求解非稳态问题时，应用有限差分法对偏微分方程进行离散，有限差分法有三种差分格式：隐式差分格式、显式差分格式和加权隐式差分格式。

(1)隐式差分格式。隐式差分格式是对偏微分方程中的时间项向前进行差分。这种差分格式的特点在于其对时间步长无特殊要求，但每次求解时都需要反复迭代以达到收敛条件，计算时间长，浪费计算资源。

(2)显式差分格式。显式差分格式是对偏微分方程中的时间项向后进行差分，差分后可对方程组进行求解。这种差分格式对时间步长的选取要求严格，往往由于解的发散而得到不稳定的解。

(3)加权隐式差分格式。加权隐式差分格式是对偏微分方程中的时间项进行中央差分。这种差分格式结合了隐式差分格式和显式差分格式的优点，且对时间步长的选取无特殊要求。

因此，选择加权隐式差分格式来离散多孔介质热湿耦合传递控制方程。

3.2.1 内部节点离散方程

墙体中同种材料内部控制节点示意图如图 3.1 所示。

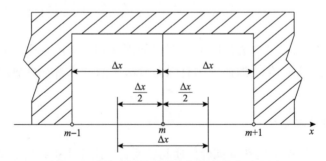

图 3.1 墙体中同种材料内部控制节点示意图

对多孔介质墙体材料动态热湿耦合传递方程(2.44)的系数做以下定义：

$$C = \rho c_{p} + \omega c_{pl} \tag{3.1}$$

$$D_{TT} = \lambda + h_{lv}\delta_{p}\frac{\partial p_{s}}{\partial T} \tag{3.2}$$

$$D_{T\varphi} = h_{lv}\delta_p p_s \tag{3.3}$$

$$D_{\varphi T} = \delta_p \varphi \frac{\partial p_s}{\partial T} + K_1 \rho_1 R_v \ln \varphi \tag{3.4}$$

$$D_{\varphi\varphi} = \delta_p p_s + K_1 \rho_1 R_v \frac{T}{\varphi} \tag{3.5}$$

由式(2.44)得到同种材料内部节点热、湿平衡离散方程,分别为

$$\frac{\theta}{\Delta x^2}[D_{TT,m}^{\tau-1}(T_{m+1}^{\tau} - T_m^{\tau}) - D_{TT,m-1}^{\tau-1}(T_m^{\tau} - T_{m-1}^{\tau}) + D_{T\varphi,m}^{\tau-1}(\varphi_{m+1}^{\tau} - \varphi_m^{\tau}) - D_{T\varphi,m-1}^{\tau-1}(\varphi_m^{\tau} - \varphi_{m-1}^{\tau})]$$

$$+ \frac{1-\theta}{\Delta x^2}[D_{TT,m}^{\tau-1}(T_{m+1}^{\tau-1} - T_m^{\tau-1}) - D_{TT,m-1}^{\tau-1}(T_m^{\tau-1} - T_{m-1}^{\tau-1}) + D_{T\varphi,m}^{\tau-1}(\varphi_{m+1}^{\tau-1} - \varphi_m^{\tau-1})$$

$$- D_{T\varphi,m-1}^{\tau-1}(\varphi_m^{\tau-1} - \varphi_{m-1}^{\tau-1})] - C_m^{\tau-1}\frac{T_m^{\tau} - T_m^{\tau-1}}{\Delta\tau} = 0$$

$$\tag{3.6}$$

$$\frac{\theta}{\Delta x^2}[D_{\varphi T,m}^{\tau-1}(T_{m+1}^{\tau} - T_m^{\tau}) - D_{\varphi T,m-1}^{\tau-1}(T_m^{\tau} - T_{m-1}^{\tau}) + D_{\varphi\varphi,m}^{\tau-1}(\varphi_{m+1}^{\tau} - \varphi_m^{\tau}) - D_{\varphi\varphi,m-1}^{\tau-1}(\varphi_m^{\tau} - \varphi_{m-1}^{\tau})]$$

$$+ \frac{1-\theta}{\Delta x^2}[D_{\varphi T,m}^{\tau-1}(T_{m+1}^{\tau-1} - T_m^{\tau-1}) - D_{\varphi T,m-1}^{\tau-1}(T_m^{\tau-1} - T_{m-1}^{\tau-1}) + D_{\varphi\varphi,m}^{\tau-1}(\varphi_{m+1}^{\tau-1} - \varphi_m^{\tau-1})$$

$$- D_{\varphi\varphi,m-1}^{\tau-1}(\varphi_m^{\tau-1} - \varphi_{m-1}^{\tau-1})] - \xi_m^{\tau-1}\frac{\varphi_m^{\tau} - \varphi_m^{\tau-1}}{\Delta\tau} = 0$$

$$\tag{3.7}$$

式中,Δx 为空间步长,m;$\Delta\tau$ 为时间步长,s。其中 $0 \le \theta \le 1$,当 $\theta = 1$ 时,式(3.6)与式(3.7)为隐式差分格式;当 $\theta = 0$ 时,两式为显式差分格式;当 $\theta = 1/2$ 时,两式为加权隐式差分格式。

3.2.2 材料交界面节点离散方程

不同多孔介质建筑材料的等温吸放湿曲线和毛细蓄湿曲线呈现不同的变化规律,因此在其交界面处的含湿量需要重新进行计算。为了使方程组在求解时得到更加可靠的解,需要在多层墙体的交界面处设置一个交界面节点,如图 3.2 所示。在计算时忽略不同材料在接触时的热阻和湿阻。

对于交界面上的各个参数值,可以用其前后两节点 E、F 的表达式来表示和计算。材料的定压比热容及密度等可取前后两种材料的算术平均值来表示交界面处对应的参数值,而材料导热系数、液态水传导率等可由调和平均值来表示交界

面处对应的参数值。

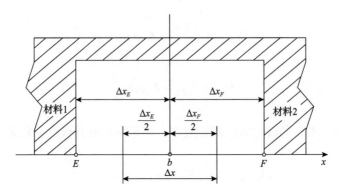

图 3.2　不同材料交界面处控制节点示意图

由能量方程，可得

$$\rho_b c_{p\,b} \frac{\Delta x_E + \Delta x_F}{2} = \rho_E c_{p\,E} \frac{\Delta x_E}{2} + \rho_F c_{p\,F} \frac{\Delta x_F}{2} \tag{3.8}$$

整理可得

$$\rho_b c_{p\,b} = \frac{\rho_E c_{p\,E} \Delta x_E + \rho_F c_{p\,F} \Delta x_F}{\Delta x_E + \Delta x_F} \tag{3.9}$$

同理可得

$$\rho_b = \frac{\rho_E \Delta x_E + \rho_F \Delta x_F}{\Delta x_E + \Delta x_F}, \quad \xi_b = \frac{\xi_E \Delta x_E + \xi_F \Delta x_F}{\Delta x_E + \Delta x_F}, \quad \Delta x_b = \frac{\Delta x_E + \Delta x_F}{2} \tag{3.10}$$

节点 E、F 处的导热系数可能是不同的，但流过 E、F、b 三节点的热流是相同的，根据傅里叶定律，可得

$$q_b = \frac{T_b - T_E}{\dfrac{\Delta x_E}{\lambda_E}} = \frac{T_F - T_b}{\dfrac{\Delta x_F}{\lambda_F}} = \frac{T_F - T_E}{\dfrac{\Delta x_F}{\lambda_F} + \dfrac{\Delta x_E}{\lambda_E}} \tag{3.11}$$

另外，按界面上导热系数的含义，应有

$$q_b = \frac{T_F - T_E}{\dfrac{\Delta x_b}{\lambda_b}} \tag{3.12}$$

由式 (3.11) 和式 (3.12)，可得

$$\frac{\Delta x_b}{\lambda_b} = \frac{\Delta x_F}{\lambda_F} + \frac{\Delta x_E}{\lambda_E} \tag{3.13}$$

于是，得到导热系数的调和平均值为

$$\lambda_b = \frac{\lambda_E \lambda_F (\Delta x_E + \Delta x_F)}{\lambda_E \Delta x_E + \lambda_F \Delta x_F} \tag{3.14}$$

假设节点 b 的控制容积内不存在水蒸气、液态水的相变，可得

$$K_{1b} = \frac{K_{1E} K_{1F} (\Delta x_E + \Delta x_F)}{K_{1E} \Delta x_E + K_{1F} \Delta x_F}, \quad \delta_{pb} = \frac{\delta_{pE} \delta_{pF} (\Delta x_E + \Delta x_F)}{\delta_{pE} \Delta x_E + \delta_{pF} \Delta x_F} \tag{3.15}$$

因此，交界面节点 b 的热平衡离散方程为

$$\frac{2\theta}{\Delta x_E + \Delta x_F} \left(D_{\mathrm{TT},b}^{\tau-1} \frac{T_{b+1}^{\tau} - T_b^{\tau}}{\Delta x_F} - D_{\mathrm{TT},b-1}^{\tau-1} \frac{T_b^{\tau} - T_{b-1}^{\tau}}{\Delta x_E} + D_{\mathrm{T}\varphi,b}^{\tau-1} \frac{\varphi_{b+1}^{\tau} - \varphi_b^{\tau}}{\Delta x_F} - D_{\mathrm{T}\varphi,b-1}^{\tau-1} \frac{\varphi_b^{\tau} - \varphi_{b-1}^{\tau}}{\Delta x_E} \right)$$

$$+ \frac{2(1-\theta)}{\Delta x_E + \Delta x_F} \left(D_{\mathrm{TT},b}^{\tau-1} \frac{T_{b+1}^{\tau-1} - T_b^{\tau-1}}{\Delta x_F} - D_{\mathrm{TT},b-1}^{\tau-1} \frac{T_b^{\tau-1} - T_{b-1}^{\tau-1}}{\Delta x_E} + D_{\mathrm{T}\varphi,b}^{\tau-1} \frac{\varphi_{b+1}^{\tau-1} - \varphi_b^{\tau-1}}{\Delta x_F} \right.$$

$$\left. - D_{\mathrm{T}\varphi,b-1}^{\tau-1} \frac{\varphi_b^{\tau-1} - \varphi_{b-1}^{\tau-1}}{\Delta x_E} \right) - C_b^{\tau-1} \frac{T_b^{\tau} - T_b^{\tau-1}}{\Delta \tau} = 0$$

$$\tag{3.16}$$

交界面节点 b 的湿平衡离散方程为

$$\frac{2\theta}{\Delta x_E + \Delta x_F} \left(D_{\varphi \mathrm{T},b}^{\tau-1} \frac{T_{b+1}^{\tau} - T_b^{\tau}}{\Delta x_F} - D_{\varphi \mathrm{T},b-1}^{\tau-1} \frac{T_b^{\tau} - T_{b-1}^{\tau}}{\Delta x_E} + D_{\varphi\varphi,b}^{\tau-1} \frac{\varphi_{b+1}^{\tau} - \varphi_b^{\tau}}{\Delta x_F} - D_{\varphi\varphi,b-1}^{\tau-1} \frac{\varphi_b^{\tau} - \varphi_{b-1}^{\tau}}{\Delta x_E} \right)$$

$$+ \frac{2(1-\theta)}{\Delta x_E + \Delta x_F} \left(D_{\varphi \mathrm{T},b}^{\tau-1} \frac{T_{b+1}^{\tau-1} - T_b^{\tau-1}}{\Delta x_F} - D_{\varphi \mathrm{T},b-1}^{\tau-1} \frac{T_b^{\tau-1} - T_{b-1}^{\tau-1}}{\Delta x_E} + D_{\varphi\varphi,b}^{\tau-1} \frac{\varphi_{b+1}^{\tau-1} - \varphi_b^{\tau-1}}{\Delta x_F} \right.$$

$$\left. - D_{\varphi\varphi,b-1}^{\tau-1} \frac{\varphi_b^{\tau-1} - \varphi_{b-1}^{\tau-1}}{\Delta x_E} \right) - \xi_b^{\tau-1} \frac{\varphi_b^{\tau} - \varphi_b^{\tau-1}}{\Delta \tau} = 0$$

$$\tag{3.17}$$

3.2.3　边界条件处理

建筑围护结构热湿耦合传递过程的边界条件大多属于第三类边界条件，而在边界处的温度和相对湿度或毛细压力均为待求解量。因此，方程个数与因变量个

数对应，使得方程组有且仅有唯一解，对边界条件做如下处理。

1. 外表面节点处理

如图 3.3 所示，在墙体外表面节点 n 处，墙体内无空气流动 $(m_a=0)$ 时，由式 (2.44)、式 (2.53) 和式 (2.55) 可得外表面节点热、湿平衡离散方程分别为

$$h_{lv}\beta_e(\varphi_e^\tau p_{s,e}^\tau - \varphi_n^\tau p_{s,n}^\tau) + g_r^\tau c_{pl}(T_{wdr}^\tau - T_n^\tau) + h_e(T_e^\tau - T_n^\tau) + \alpha q_{sol}$$

$$-\left(D_{TT,n-1}^{\tau-1}\frac{T_n^\tau - T_{n-1}^\tau}{\Delta x} + D_{T\varphi,n-1}^{\tau-1}\frac{\varphi_n^\tau - \varphi_{n-1}^\tau}{\Delta x}\right) - C_n^{\tau-1}\frac{T_n^\tau - T_n^{\tau-1}}{\Delta\tau}\frac{\Delta x}{2} = 0 \quad (3.18)$$

$$\beta_e(\varphi_e^\tau p_{s,e}^\tau - \varphi_n^\tau p_{s,n}^\tau) + g_r - \left(D_{\varphi T,n-1}^{\tau-1}\frac{T_n^\tau - T_{n-1}^\tau}{\Delta x} + D_{\varphi\varphi,n-1}^{\tau-1}\frac{\varphi_n^\tau - \varphi_{n-1}^\tau}{\Delta x}\right)$$

$$-\xi_n^{\tau-1}\frac{\varphi_n^\tau - \varphi_n^{\tau-1}}{\Delta\tau}\frac{\Delta x}{2} = 0 \quad (3.19)$$

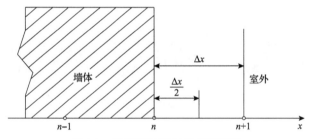

图 3.3　外表面处控制节点示意图

2. 内表面节点处理

如图 3.4 所示，在墙体内表面节点 1 处，墙体内无空气流动 $(m_a=0)$ 时，由式 (2.44)、式 (2.57) 和式 (2.58) 可得内表面节点热、湿平衡离散方程分别为

$$-h_{lv}\beta_i(\varphi_i^\tau p_{s,i}^\tau - \varphi_1^\tau p_{s,1}^\tau) - h_i(T_i^\tau - T_1^\tau) - \left(D_{TT,1}^{\tau-1}\frac{T_2^\tau - T_1^\tau}{\Delta x} + D_{T\varphi,1}^{\tau-1}\frac{\varphi_2^\tau - \varphi_1^\tau}{\Delta x}\right)$$

$$-C_1^{\tau-1}\frac{T_1^\tau - T_1^{\tau-1}}{\Delta\tau}\frac{\Delta x}{2} = 0 \quad (3.20)$$

$$-\beta_i(\varphi_i^\tau p_{s,i}^\tau - \varphi_1^\tau p_{s,1}^\tau) - \left(D_{\varphi T,1}^{\tau-1}\frac{T_2^\tau - T_1^\tau}{\Delta x} + D_{\varphi\varphi,1}^{\tau-1}\frac{\varphi_2^\tau - \varphi_1^\tau}{\Delta x}\right) - \xi_1^{\tau-1}\frac{\varphi_1^\tau - \varphi_1^{\tau-1}}{\Delta\tau}\frac{\Delta x}{2} = 0$$

$$(3.21)$$

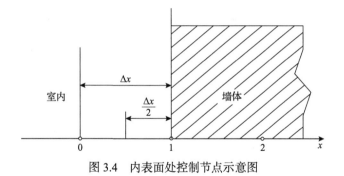

图 3.4　内表面处控制节点示意图

3.2.4　计算流程

由上述离散方程可知，N 个节点可以列出 $2N$ 个方程，对这 $2N$ 个方程求解即可得到各个节点在不同时刻的温度和相对湿度。该离散方程的一个显著特点是很多方程系数都包含待求的未知量，是典型的非线性方程组，因此首先需要对方程进行线性化处理。此处采用牛顿迭代法来处理该问题，首先根据假定的初始温湿度求出方程的系数，把非线性方程组化为线性方程组，再使用 Gauss 消元法对线性方程组进行求解。在每一个时间步长内，热湿传递系数及储存系数持续更新直到满足设定的收敛准则，具体的计算流程如图 3.5 所示。

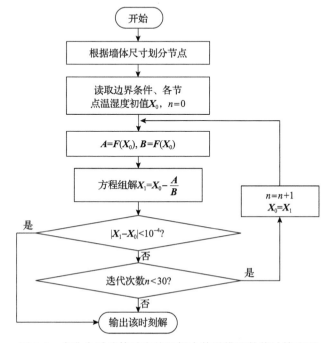

图 3.5　多孔介质墙体动态热湿耦合传递模型数值计算流程

(1)根据墙体各层材料厚度划分节点,输入或读取墙体各层材料参数和初始温湿度值。

(2)读取当前计算时刻的边界条件,更新各系数。

(3)对线性方程组进行求解,若满足收敛准则,保存或输出当前时刻结果,进入下一时刻计算;若不满足收敛准则,将本次迭代结果作为下次迭代"假设"解,继续迭代直到满足收敛准则或达到循环次数。

按照上述数值算法和计算流程,编写了求解以温度和相对湿度为驱动势的动态热湿耦合传递模型的 Fortran 程序和 C++计算模块。在应用该 Fortran 程序的模拟过程中,时间步长变化范围为 60~3600s,空间步长变化范围为 2~10mm,收敛准则为 10^{-4},最大迭代次数为 30 次。C++计算模块用于实现热湿耦合传递与建筑能耗的联合计算。

3.3　多孔介质墙体动态热湿耦合传递模型数值模拟软件求解

下面介绍如何应用某数值模拟软件(以下简称数值软件)求解建筑围护结构动态热湿耦合传递模型。该数值软件是一款基于有限元法的数值模拟软件,为求解线性或非线性、稳态或非稳态的偏微分方程或偏微分方程组提供了模拟软件。建筑墙体动态热湿耦合传递模型的控制方程包含湿传递控制方程、热传递控制方程和空气流动方程。空气流动方程的求解相对比较容易,可以用该数值软件内的泊松方程模型独立求解得到墙体内的压力分布,从而计算出通过墙体孔隙内的空气流量并将其作为热传递控制方程和湿传递控制方程的输入参数;而湿传递控制方程与热传递控制方程高度耦合,需要用该数值软件内系数形式的偏微分方程模型同时进行求解。

3.3.1　热湿耦合传递偏微分方程组的矩阵表示

在该数值软件建模工具中,方程可以矩阵形式或耦合方程的形式进行计算求解。第 2 章建立的动态热湿耦合传递模型可以在数值软件的偏微分方程模块界面中以系数矩阵形式进行描述。在偏微分方程模块中,系数矩阵形式的偏微分方程和边界条件表示为

$$\begin{cases} e_a \dfrac{\partial^2 u}{\partial t^2} + d_a \dfrac{\partial u}{\partial t} + \nabla(-c\nabla u - \alpha u + \gamma) + \beta\nabla u + au = f \\ -n(-c\nabla u - \alpha u + \gamma) = g - qu \end{cases} \tag{3.22}$$

式中,a 为吸收系数矩阵;c 为扩散系数矩阵;e_a 为质量系数矩阵;f 为源项矩阵;g 为边界通量/源矩阵;n 为朝外的单位向量;q 为边界吸收/阻抗项矩阵;u

为因变量矩阵；$\boldsymbol{\alpha}$ 为守恒通量对流系数矩阵；$\boldsymbol{\beta}$ 为对流系数矩阵；$\boldsymbol{\gamma}$ 为守恒通量源项矩阵；$\boldsymbol{d}_a$ 为阻尼系数矩阵。

式(3.22)的第一个方程为偏微分方程，第二个方程为纽曼边界条件。

1. 以相对湿度为湿驱动势的热湿耦合传递偏微分方程的系数矩阵表示

对比式(2.43)和式(3.22)，可得到以相对湿度为湿驱动势的动态热湿耦合传递模型的系数矩阵表达式。

质量系数矩阵 $\boldsymbol{e}_a$ 表示为

$$\boldsymbol{e}_a = \begin{bmatrix} 0 & 0 \\ 0 & 0 \end{bmatrix} \tag{3.23}$$

阻尼系数矩阵 $\boldsymbol{d}_a$ 表示为

$$\boldsymbol{d}_a = \begin{bmatrix} C & 0 \\ 0 & \xi \end{bmatrix} = \begin{bmatrix} \rho c_p + \omega c_{pl} & 0 \\ 0 & \dfrac{\partial \omega}{\partial \varphi} \end{bmatrix} \tag{3.24}$$

扩散系数矩阵 $\boldsymbol{c}$ 表示为

$$\boldsymbol{c} = \begin{bmatrix} \lambda + h_{lv}\delta_p\varphi\dfrac{\partial p_s}{\partial T} & h_{lv}\delta_p p_s \\ \delta_p\varphi\dfrac{\partial p_s}{\partial T} + K_1\rho_1 R_v \ln\varphi & \delta_p p_s + K_1\rho_1 R_v \dfrac{T}{\varphi} \end{bmatrix} \tag{3.25}$$

守恒通量对流系数矩阵 $\boldsymbol{\alpha}$ 表示为

$$\boldsymbol{\alpha} = \begin{bmatrix} 0 & 0 \\ 0 & 0 \end{bmatrix} \tag{3.26}$$

墙体内有空气流动时，对流系数矩阵 $\boldsymbol{\beta}$ 表示为

$$\boldsymbol{\beta} = \begin{bmatrix} c_{pa}m_a + 0.62\times10^{-5}h_{lv}m_a\varphi\dfrac{\partial p_s}{\partial T} & 0.62\times10^{-5}h_{lv}m_a p_s \\ 0.62\times10^{-5}m_a\varphi\dfrac{\partial p_s}{\partial T} & 0.62\times10^{-5}m_a p_s \end{bmatrix} \tag{3.27a}$$

墙体内无空气流动时，对流系数矩阵 $\boldsymbol{\beta}$ 表示为

$$\boldsymbol{\beta} = \begin{bmatrix} 0 & 0 \\ 0 & 0 \end{bmatrix} \tag{3.27b}$$

守恒通量源项矩阵 γ 表示为

$$\gamma = \begin{bmatrix} 0 \\ 0 \end{bmatrix} \tag{3.28}$$

吸收系数矩阵 $\boldsymbol{a}$ 表示为

$$\boldsymbol{a} = \begin{bmatrix} 0 & 0 \\ 0 & 0 \end{bmatrix} \tag{3.29}$$

源项矩阵 $\boldsymbol{f}$ 表示为

$$\boldsymbol{f} = \begin{bmatrix} 0 \\ 0 \end{bmatrix} \tag{3.30}$$

2. 以毛细压力为湿驱动势的热湿耦合传递偏微分方程的系数矩阵表示

对比式(2.51)与式(3.22)，可得以毛细压力为湿驱动势的动态热湿耦合传递模型的系数矩阵表达式。

质量系数矩阵 $\boldsymbol{e}_a$ 表示为

$$\boldsymbol{e}_a = \begin{bmatrix} 0 & 0 \\ 0 & 0 \end{bmatrix} \tag{3.31}$$

阻尼系数矩阵 $\boldsymbol{d}_a$ 表示为

$$\boldsymbol{d}_a = \begin{bmatrix} C & 0 \\ 0 & \zeta \end{bmatrix} = \begin{bmatrix} \rho c_p + \omega c_{pl} & 0 \\ 0 & \dfrac{\partial \omega}{\partial p_c} \end{bmatrix} \tag{3.32}$$

扩散系数矩阵 $\boldsymbol{c}$ 表示为

$$\boldsymbol{c} = \begin{bmatrix} \left(\lambda + h_v \delta_p \exp\left(-\dfrac{p_c}{\rho_1 R_v T}\right)\right)\dfrac{\partial p_s}{\partial T} & -h_1 K_1 - h_v \delta_p p_s \exp\left(-\dfrac{p_c}{\rho_1 R_v T}\right)\dfrac{1}{\rho_1 R_v T} \\ \delta_p \exp\left(-\dfrac{p_c}{\rho_1 R_v T}\right)\dfrac{\partial p_s}{\partial T} & -K_1 - \delta_p p_s \exp\left(-\dfrac{p_c}{\rho_1 R_v T}\right)\dfrac{1}{\rho_1 R_v T} \end{bmatrix} \tag{3.33}$$

守恒通量对流系数矩阵 $\boldsymbol{\alpha}$ 表示为

$$\boldsymbol{\alpha} = \begin{bmatrix} 0 & 0 \\ 0 & 0 \end{bmatrix} \tag{3.34}$$

墙体内有空气流动时，对流系数矩阵 $\boldsymbol{\beta}$ 表示为

$$\boldsymbol{\beta} = \begin{bmatrix} c_{\text{pa}}m_{\text{a}} + 0.62\times10^{-5}m_{\text{a}}h_{\text{v}}\exp\left(-\dfrac{p_{\text{c}}}{\rho_1 R_{\text{v}}T}\right)\dfrac{\partial p_{\text{s}}}{\partial T} & -0.62\times10^{-5}m_{\text{a}}h_{\text{v}}p_{\text{s}}\exp\left(-\dfrac{p_{\text{c}}}{\rho_1 R_{\text{v}}T}\right)\dfrac{1}{\rho_1 R_{\text{v}}T} \\ 0.62\times10^{-5}m_{\text{a}}\exp\left(-\dfrac{p_{\text{c}}}{\rho_1 R_{\text{v}}T}\right)\dfrac{\partial p_{\text{s}}}{\partial T} & -0.62\times10^{-5}m_{\text{a}}p_{\text{s}}\exp\left(-\dfrac{p_{\text{c}}}{\rho_1 R_{\text{v}}T}\right)\dfrac{1}{\rho_1 R_{\text{v}}T} \end{bmatrix}$$

$$(3.35\text{a})$$

墙体内无空气流动时，对流系数矩阵 $\boldsymbol{\beta}$ 表示为

$$\boldsymbol{\beta} = \begin{bmatrix} 0 & 0 \\ 0 & 0 \end{bmatrix} \tag{3.35b}$$

守恒通量源矩阵 $\boldsymbol{\gamma}$ 表示为

$$\boldsymbol{\gamma} = \begin{bmatrix} 0 \\ 0 \end{bmatrix} \tag{3.36}$$

吸收系数矩阵 $\boldsymbol{a}$ 表示为

$$\boldsymbol{a} = \begin{bmatrix} 0 & 0 \\ 0 & 0 \end{bmatrix} \tag{3.37}$$

源项矩阵 $\boldsymbol{f}$ 表示为

$$\boldsymbol{f} = \begin{bmatrix} 0 \\ 0 \end{bmatrix} \tag{3.38}$$

3. 边界条件方程的系数矩阵表示

对比建筑围护结构动态热湿耦合传递模型的室外边界条件表达式(2.53)和式(2.55)与式(3.22)中的边界条件，外表面边界吸收/阻抗项矩阵 $\boldsymbol{q}$ 表示为

$$\boldsymbol{q} = \begin{bmatrix} 0 & 0 \\ 0 & 0 \end{bmatrix} \tag{3.39}$$

墙体内有空气流动时，外表面边界通量/源矩阵 $\boldsymbol{g}$ 表示为

$$\boldsymbol{g} = \begin{bmatrix} h_{\text{e}}(T_{\text{e}} - T_{\text{surfe}}) + h_{\text{lv}}(g_{\text{e}} - g_{\text{r}}) + c_{\text{pa}}m_{\text{a}}(T_{\text{e}} - T_{\text{surfe}}) + \alpha q_{\text{sol}} + g_{\text{r}}c_{\text{pl}}(T_{\text{wdr}} - T_{\text{surfe}}) \\ \beta_{\text{e}}(\varphi_{\text{e}}p_{\text{s,e}} - \varphi_{\text{surfe}}p_{\text{s,surfe}}) + 0.62\times10^{-5}m_{\text{a}}(\varphi_{\text{e}}p_{\text{s,e}} - \varphi_{\text{surfe}}p_{\text{s, surfe}}) + g_{\text{r}} \end{bmatrix}$$

$$(3.40\text{a})$$

墙体内无空气流动时，外表面边界通量/源矩阵 $\boldsymbol{g}$ 表示为

$$\boldsymbol{g} = \begin{bmatrix} h_e(T_e - T_{surfe}) + h_{lv}(g_e - g_r) + \alpha q_{sol} + g_r c_{pl}(T_{wdr} - T_{surfe}) \\ \beta_e(\varphi_e p_{s,e} - \varphi_{surfe} p_{s,surfe}) + g_r \end{bmatrix} \quad (3.40b)$$

对比室内边界条件表达式(2.57)和式(2.58)与式(3.22)中的边界条件，内表面边界吸收/阻抗项矩阵 $\boldsymbol{q}$ 表示为

$$\boldsymbol{q} = \begin{bmatrix} 0 & 0 \\ 0 & 0 \end{bmatrix} \quad (3.41)$$

墙体内有空气流动时，内表面边界通量/源矩阵 $\boldsymbol{g}$ 可以表示为

$$\boldsymbol{g} = \begin{bmatrix} h_i(T_i - T_{surfi}) + h_v g_i + c_{pa} m_a(T_i - T_{surfi}) \\ \beta_i(\varphi_i p_{s,i} - \varphi_{surfi} p_{s,surfi}) + 0.62 \times 10^{-5} m_a(\varphi_i p_{s,i} - \varphi_{surfi} p_{s,surfi}) \end{bmatrix} \quad (3.42a)$$

墙体内无空气流动时，内表面边界通量/源矩阵 $\boldsymbol{g}$ 表示为

$$\boldsymbol{g} = \begin{bmatrix} h_i(T_i - T_{surfi}) + h_v g_i \\ \beta_i(\varphi_i p_{s,i} - \varphi_{surfi} p_{s,surfi}) \end{bmatrix} \quad (3.42b)$$

3.3.2　空气流动方程的系数矩阵表示

数值软件内的泊松方程模型用矩阵形式表示为

$$\begin{cases} \nabla(-c\nabla u) = f \\ u = r \end{cases} \quad (3.43)$$

式中，c 为扩散系数矩阵；f 为源项矩阵；r 为规定的边界值矩阵；u 为因变量矩阵。

式(3.43)第一个方程为泊松方程，第二个方程为狄里克雷边界条件。

空气流动方程(2.42)中的因变量 $u=p_a$ 是一维的，将空气流动方程(2.42)改写成泊松方程模型的形式，即

$$\nabla(-(-K_a)\nabla p_a) = 0 \quad (3.44)$$

扩散系数 $c = -K_a$，源项 $f = 0$。

根据式(2.56)，外表面狄里克雷边界条件表示为

$$p_{a,e} = f_e(t) \quad (3.45)$$

根据式(2.59)，内表面狄里克雷边界条件表示为

$$p_{a,i} = f_i(t) \tag{3.46}$$

3.3.3　数值模拟软件求解步骤与常见问题处理方法

1. 求解步骤

数值软件求解建筑墙体热湿耦合传递控制方程的基本步骤如下（下文中英文为数值软件菜单里的命令）：

(1) 确定仿真模拟的维数（Add Model→Model Wizard→Select Space Dimension→1D、2D 或 3D）；将空气流动方程定义为泊松方程，将热平衡方程和湿平衡方程定义为系数形式的偏微分方程（Add Physics→Mathematics→Classical PDEs→Poission's Equation (poeq)；Mathematics→PDE Interfaces→Coefficient Form PDE）；定义因变量（泊松方程因变量为空气压力 p_a，系数形式的偏微分方程因变量为温度 T 和相对湿度 φ 或毛细压力 p_c）。

(2) 设定求解区域的几何形状。①导入已经画好的图形文件，如 CAD 文件（Model→Import→Geometry Import→ECAD file）；②使用画图菜单在图形窗口内画出几何图形。

(3) 输入参数（材料参数、气象参数）。材料参数可以设为全局（Global Definitions）或局部的（Model→Definitions）；材料参数可以是常数（Global Definitions→Parameters）、变量（Global Definitions→Variables，Definitions→Variables）或函数（Global Definitions→Functions→Analytic/Interpolation/Piecewise；Model→Definitions→Functions→Analytic/Interpolation/Piecewise）；后处理过程的输出参数也可以定义为表达式或变量。

(4) 为每一子区域选择控制方程（Model→Poission's Equation/PDE→Domain Selection→Manual→1, 2, 3,…），然后输入控制方程的系数及相应的初始条件（Model→Poission's Equation/PDE→Initial Values）。

(5) 选择合适的边界条件（Model→Poission's Equation/PDE→Zero Flux/Dirichlet Boundary Condition/Flux/Periodic Conditions），输入相应的系数。

(6) 设定网格划分方式，可以用户自定义网格划分（Model→Mesh→User-controlled-mesh→Size），也可以采用预定义的网格划分方式（Model→Mesh→Coarse/Normal/Fine/Finer/Extra fine/Extremely fine），在数值软件中预定义的网格单元为三角形。

(7) 设定求解器的求解方式，可以是稳态的（Model→Study→Stationary），也可以是非稳态的（Model→Study→Time Dependent）。对于非稳态求解，用户需进一步设定求解的时间范围和时间步长，默认的时间步长为1s。

(8) 求解动态热湿耦合传递模型（Model→Study→Compute）。

(9) 后处理 (Model→Results→Data Sets) 及结果输出 (Model→Results→Derived Values→Plot/Export)。

2. 常见问题及处理方法

为了能高效地求得建筑墙体内温湿度分布，用数值软件求解热湿耦合传递控制方程的过程中需要注意以下几个方面的问题和相应的处理方法。

(1) 物理模型是实际过程的简化与抽象，应对物理模型进行适当的简化，例如，如果与 1D 模拟相比，2D 模拟不能提供更多重要的信息，那就用 1D 模拟来代替 2D 模拟。

(2) 合理地减少自由度。在离散的有限元模型中，自由度是因变量个数与节点数的乘积，它是衡量计算量的重要指标。

(3) 选择合适的参数输入形式。数值软件提供了多种参数输入形式，如常数、分析函数、插值函数、分段函数等。由于材料的热湿物性参数大多是温度和湿度的函数，常以函数的形式输入材料参数。值得注意的是，以函数的形式输入材料参数时尽量采用分析函数的形式，因为插值函数容易导致材料参数失真，给求解带来误差甚至导致不收敛。

(4) 初始值不一致的问题。在设置瞬态模型时，一个常见的问题是初始条件与边界条件不一致，找不到一致的初始值，最后导致计算结果不收敛。在进行瞬态模拟计算时最容易出现这种问题。可以用稳态模拟为瞬态模拟提供初始值，或者逐渐增加边界条件。对于建筑热湿耦合传递计算，当模拟计算时间较长时，尽量设置墙体内部初始温度、湿度或者含湿量是一致的，忽略计算刚开始前几个月的结果。这样不仅可以解决初始值不一致带来的不易收敛问题，还可以降低初始值对模拟结果的影响。

(5) 求解瞬态模型不收敛的问题。首先，要检查材料定义与变量设置是否正确、网格是否为空或内存是否溢出等，这些从报错信息就容易看出来。然后，根据报错信息判断是初始时刻就无法收敛还是计算一段时间后才不收敛的。如果是初始时刻就不能收敛，一般是物理场设置不当导致的。如果是计算中途不收敛，一般可以通过设置更小的相对容差或增加网格细化解决，但计算需要的时间也会明显增加。

(6) 选择合适的网格尺寸和时间步长。敏感性分析表明，网格尺寸和时间步长对收敛性是否有重大影响取决于所计算的现象。根据在热湿耦合传递模拟计算过程中的经验，若计算先进行一段时间然后突然出现不收敛的情况，通常应将容差设置得更小些。网格必须足够细化才能解析建模域中物理场的变化。如果网格过于粗放，求解器可能需要采用非常小的时间步长来减小误差。网格细化和容差细化是相辅相成的，通过容差细化与网格细化之间的调整配合最终达到求解收敛的目的。网格细化和容差细化是提高瞬态模型求解收敛性的重要方法。一般来说，分析雨水吸收问题时，为了计算收敛，需要选取精细的网格尺寸和更小的时间步长。

3.4　本　章　小　结

本章详细介绍了求解多孔介质墙体热湿耦合传递控制方程的有限差分法，通过比较选择加权隐式格式的离散多孔介质墙体热湿耦合传递控制方程，导出了以相对湿度为湿驱动势的热湿耦合传递控制方程在墙体内部节点、交界面节点及室外和室内壁面节点处的离散差分方程，介绍了应用有限差分法数值求解热湿耦合传递控制方程的计算流程。

本章还介绍了如何应用基于有限元法的数值模拟软件求解多孔介质墙体热湿耦合传递控制方程，导出了求解过程中两种湿驱动势的热湿耦合传递控制方程及对应边界条件的系数矩阵表达式，介绍了求解过程的步骤、常见问题及其处理方法。

参 考 文 献

[1] Budaiwi I, El-Diasty R, Abdou A. Modelling of moisture and thermal transient behaviour of multi-layer non-cavity walls. Building and Environment, 1999, 34(5): 537-551.

[2] Cunningham M J. Modelling of moisture transfer in structures—I. A description of a finite-difference nodal model. Building and Environment, 1990, 25(1): 55-61.

[3] Kalis H. Efficient finite-difference scheme for solving some heat transfer problems with convection in multilayer media. International Journal of Heat and Mass Transfer, 2000, 43(24): 4467-4474.

[4] dos Santos G H, Mendes N. Simultaneous heat and moisture transfer in soils combined with building simulation. Energy and Buildings, 2006, 38(4): 303-314.

[5] Khoshbakht M, Lin M W, Feickert C A. A finite element model for hygrothermal analysis of masonry walls with FRP reinforcement. Finite Elements in Analysis and Design, 2009, 45(8-9): 511-518.

[6] Lu X. Modelling of heat and moisture transfer in buildings—I. Model program. Energy and Buildings, 2002, 34(10): 1033-1043.

第4章　建筑墙体动态热湿耦合传递模型验证

多孔介质建筑围护结构中的热湿耦合传递机理复杂，在建立动态热湿耦合传递模型时通常都会根据研究的目的对实际物理现象和过程进行一定的假设与简化。因此，在应用动态热湿耦合传递模型之前，验证动态热湿耦合传递模型的准确性与适用性是一项非常重要的任务。Künzel 等[1]把动态热湿传递模型的验证分为三步：①模拟结果与解析解对比；②模拟结果与具有明确的材料物性参数和边界条件的实验室测试数据对比；③模拟结果与处于真实外部边界条件下的实测数据对比。本章将对建立的以相对湿度和毛细压力为湿驱动势的两个动态热湿耦合传递模型进行验证，包括理论验证(与解析解对比)、模型间验证(与其他模型模拟解对比)和双侧受控条件及真实气候条件下的试验验证。

4.1　模型验证准则

基于图 3.5 的计算流程编制 Fortran 程序，用自编 Fortran 程序和数值软件对以相对湿度为湿驱动势的模型进行数值求解，用数值软件对以毛细压力为湿驱动势的模型进行数值求解，将数值模拟结果与解析解、其他模型模拟解以及试验数据对比来验证两模型的准确性。

最大相对误差被用来评估模拟结果与解析解和其他模型模拟解之间的一致性，同时用平均误差(mean error，ME)和均方根误差(root mean square error，RMSE)评估模拟结果与试验数据之间的一致性。

平均误差为

$$\text{ME} = \frac{\sum\limits_{i=1}^{n} \left| y_{\text{mea},i} - y_{\text{sim},i} \right|}{n} \tag{4.1}$$

均方根误差为

$$\text{RMSE} = \sqrt{\frac{\sum\limits_{i=1}^{n} \left(y_{\text{mea},i} - y_{\text{sim},i} \right)^2}{n}} \tag{4.2}$$

式中，n 为数值点数量；y_{mea} 为试验测量值；y_{sim} 为模型模拟计算值。

4.2　理　论　验　证

用欧盟 HAMSTAD 基准案例 2[2]对以相对湿度和毛细压力为湿驱动势的两个动态热湿耦合传递模型进行理论验证。HAMSTAD 基准案例 2 描述了等温条件下单层各向同性墙体内部因环境湿度阶跃突变引起的湿分布及变化情况。由于室内外温度保持不变，可以得到该基准案例精确的分析解，对模型进行理论验证。图 4.1 为 HAMSTAD 基准案例 2 墙体结构示意图[2]。墙体厚度为 200mm，室内外环境的温度和相对湿度维持在 20℃和 95%长期不变，墙体与环境空气保持湿平衡，墙体材料的初始含湿量为 84.8kg/m³。在某时刻室内外环境空气相对湿度阶跃突变引起墙体内部湿迁移，外侧相对湿度由 95%突变为 45%，内侧相对湿度由 95%突变为 65%，室内外环境温度仍维持 20℃不变。在水蒸气分压力差作用下，墙体内的湿分通过水蒸气扩散的方式传递到周围低湿度环境中，随着时间的推移，墙体内部的含湿量会逐渐变小。HAMSTAD 基准案例 2 墙体材料热湿物性参数采用文献[2]的值，如表 4.1 所示，表面对流传热系数和传质系数分别为 25W/(m²·K) 和 1.0×10⁻³s/m，液态水渗透系数的计算式为[3]

$$K_1 = \frac{D_w \xi \varphi}{R_v T \rho_1} \tag{4.3}$$

式中，D_w 为液态水扩散率，m²/s；K_1 为液态水渗透系数，kg/(m·s·Pa)；R_v 为水蒸气气体常数，取 461.89J/(kg·K)；T 为温度，K；φ 为相对湿度，%；ρ_1 为液态水密度，取 1000kg/m³；ξ 为材料等温吸放湿曲线斜率，kg/m³。

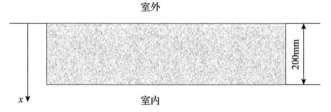

图 4.1　HAMSTAD 基准案例 2 墙体结构示意图[2]

表 4.1　HAMSTAD 基准案例 2 墙体材料热湿物性参数

热湿物性参数	参数值
干材料密度/(kg/m³)	ρ=525
定压比热容/[J/(kg·K)]	c_p=800
导热系数/[W/(m·K)]	λ=0.15

热湿物性参数	参数值
含湿量/(kg/m³)	$\omega = \dfrac{116}{\left(1 - \dfrac{1}{0.118}\ln\varphi\right)^{0.869}}$
水蒸气渗透系数/[kg/(m·s·Pa)]	$\delta_p = 1 \times 10^{-15}$
液态水扩散率/(m²/s)	$D_w = 6 \times 10^{-10}$

注：φ 为相对湿度，%。

以相对湿度为湿驱动势的模型使用 Fortran 程序和数值软件进行模拟计算，以毛细压力为湿驱动势的模型使用数值软件进行模拟计算。100h、300h、1000h 时墙体内的含湿量分布如图 4.2 所示。在 100h、300h、1000h 时，用以相对湿度为湿驱动势模型的 Fortran 程序计算结果与解析解的最大相对误差分别为 2.623%、1.072%、0.421%，以相对湿度为湿驱动势模型的数值软件计算结果与解析解的最大相对误差分别为 0.0013%、0.0004%、0.0007%，以毛细压力为湿驱动势模型的数值软件计算结果与解析解的最大相对误差分别为 1.236%、0.705%、0.375%。从图 4.2 可以看出，两模型的计算结果与解析解吻合良好，且 Fortran 程序与数值软件的模拟结果也是一致的。从最大相对误差可以看出，数值软件的计算精度比自编的 Fortran 程序高；以相对湿度为湿驱动势模型的计算精度比以毛细压力为湿驱动势模型高，这主要是因为解析解是以相对湿度为湿驱动势得到的。

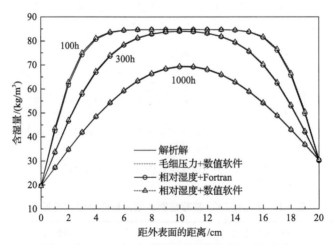

图 4.2　100h、300h、1000h 时墙体内的含湿量分布

相对湿度+数值软件:以相对湿度为湿驱动势模型的数值软件计算结果；毛细压力+数值软件:以毛细压力为湿驱动势模型的数值软件计算结果；相对湿度+Fortran:以相对湿度为湿驱动势模型的 Fortran 程序计算结果

4.3 模型间验证

用欧盟 HAMSTAD 基准案例 5[2]对第 2 章建立的分别以相对湿度和毛细压力为湿驱动势的两个动态热湿耦合传递模型进行模型间验证。HAMSTAD 基准案例 5 给出了在室内空气温湿度阶跃变化 60 天时间的计算条件下多个研究机构模拟计算得到的墙体内相对湿度和含湿量分布[2]，其中德累斯顿工业大学(Technische Universität Dresden, TUD)的模拟结果有代表性，用来作为模型间验证的比较基准。用第 2 章的两个模型和 Künzel 动态热湿耦合传递模型[4]模拟计算 HAMSTAD 基准案例 5，将模拟结果与 TUD 的模拟结果对比以验证第 2 章两个模型，同时比较第 2 章两个模型与 Künzel 模型计算结果的差异。HAMSTAD 基准案例 5 墙体结构示意图如图 4.3 所示，三层材料依次为 365mm 外部砖层、15mm 砂浆层和 40mm 内部保温层[2]。初始温度和相对湿度分别为 25℃和 60%，室外侧温度和相对湿度分别为 0℃和 80%，室内侧温度和相对湿度分别为 20℃和 60%，内表面和外表面对流传热系数分别为 8W/(m²·K) 和 25W/(m²·K)，内表面和外表面对流传质系数分别为 5.8823×10⁻⁸s/m 和 1.8382×10⁻⁷s/m。HAMSTAD 基准案例 5 墙体材料的热湿物性参数采用文献[2]的值如表 4.2~表 4.4 所示。用 Fortran 程序和数值软件分别对第 2 章两个模型和 Künzel 模型进行模拟，模拟条件持续 60 天，60 天后墙体内的相对湿度和含湿量分布如图 4.4 和图 4.5 所示。

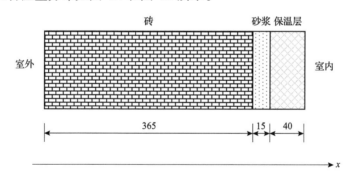

图 4.3 HAMSTAD 基准案例 5 墙体结构示意图(单位：mm)[2]

表 4.2 HAMSTAD 基准案例 5 墙体砖的热湿物性参数

热湿物性参数	参数值
干材料密度/(kg/m³)	$\rho = 1600$
定压比热容/[J/(kg·K)]	$c_p = 1000$
导热系数/[W/(m·K)]	$\lambda = 0.682 + 4.2\dfrac{\omega}{\rho_l}$

续表

热湿物性参数	参数值
含湿量/(kg/m³)	$\omega = 373.5 \times \left\{ \dfrac{0.46}{\left[1+\left(0.47\dfrac{p_c}{\rho_1 g}\right)^{1.5}\right]^{1-\frac{1}{1.5}}} + \dfrac{0.54}{\left[1+\left(0.2\dfrac{p_c}{\rho_1 g}\right)^{3.8}\right]^{1-\frac{1}{3.8}}} \right\}$
水蒸气渗透系数/[kg/(m·s·Pa)]	$\delta_p = \dfrac{26.1\times10^{-6}}{7.5 R_v T} \times \dfrac{1-\dfrac{\omega}{373.5}}{0.2+0.8\left(1-\dfrac{\omega}{373.5}\right)^2}$
液态水渗透系数/[kg/(m·s·Pa)]	$K_1 = \exp\left[-36.484+461.325\dfrac{\omega}{\rho_1}-5240\left(\dfrac{\omega}{\rho_1}\right)^2 \right.$ $\left. +29070\left(\dfrac{\omega}{\rho_1}\right)^3 - 74100\left(\dfrac{\omega}{\rho_1}\right)^4 + 69970\left(\dfrac{\omega}{\rho_1}\right)^5\right]$

注：g 为重力加速度，m/s²；p_c 为毛细压力，Pa；R_v 为水蒸气气体常数，取 461.89J/(kg·K)；T 为温度，K；ρ_1 为液态水密度，取 1000kg/m³。

表 4.3　HAMSTAD 基准案例 5 墙体轻质砂浆的热湿物性参数

热湿物性参数	参数值
干材料密度/(kg/m³)	$\rho = 230$
定压比热容/[J/(kg·K)]	$c_p = 920$
导热系数/[W/(m·K)]	$\lambda = 0.6 + 0.56\dfrac{\omega}{\rho_1}$
含湿量/(kg/m³)	$\omega = 700 \times \left\{ \dfrac{0.2}{\left[1+\left(0.5\dfrac{p_c}{\rho_1 g}\right)^{1.5}\right]^{1-\frac{1}{1.5}}} + \dfrac{0.8}{\left[1+\left(0.004\dfrac{p_c}{\rho_1 g}\right)^{3.8}\right]^{1-\frac{1}{3.8}}} \right\}$
水蒸气渗透系数/[kg/(m·s·Pa)]	$\delta_p = \dfrac{26.1\times10^{-6}}{50 R_v T} \dfrac{1-\dfrac{\omega}{700}}{0.2+0.8\left(1-\dfrac{\omega}{700}\right)^2}$
液态水渗透系数/[kg/(m·s·Pa)]	$K_1 = \exp\left[-40.425+83.319\dfrac{\omega}{\rho_1}-175.961\left(\dfrac{\omega}{\rho_1}\right)^2 + 123.863\left(\dfrac{\omega}{\rho_1}\right)^3\right]$

表 4.4　HAMSTAD 基准案例 5 墙体保温材料的热湿物性参数[2]

热湿物性参数	参数值
干材料密度/(kg/m³)	$\rho=212$
定压比热容/[J/(kg·K)]	$c_p=1000$
导热系数/[W/(m·K)]	$\lambda=0.06+0.56\dfrac{\omega}{\rho_1}$
含湿量/(kg/m³)	$\omega=871\times\left\{\dfrac{0.41}{\left[1+\left(0.006\dfrac{p_c}{\rho_1 g}\right)^{2.5}\right]^{1-\frac{1}{2.5}}}+\dfrac{0.59}{\left[1+\left(0.012\dfrac{p_c}{\rho_1 g}\right)^{2.4}\right]^{1-\frac{1}{2.4}}}\right\}$
水蒸气渗透系数/[kg/(m·s·Pa)]	$\delta_p=\dfrac{26.1\times10^{-6}}{5.6R_v T}\dfrac{1-\dfrac{\omega}{871}}{0.2+0.8\left(1-\dfrac{\omega}{871}\right)^2}$
液态水渗透系数/[kg/(m·s·Pa)]	$K_1=\exp\left[-46.245+294.506\dfrac{\omega}{\rho_1}-1439\left(\dfrac{\omega}{\rho_1}\right)^2\right.$ $\left.+3249\left(\dfrac{\omega}{\rho_1}\right)^3-3370\left(\dfrac{\omega}{\rho_1}\right)^4+1305\left(\dfrac{\omega}{\rho_1}\right)^5\right]$

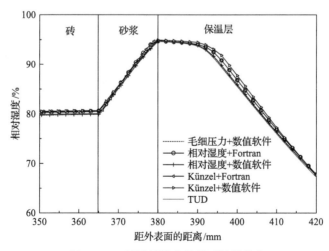

图 4.4　60 天后墙体内的相对湿度分布

毛细压力+数值软件:以毛细压力为湿驱动势模型的数值软件计算结果; 相对湿度+Fortran:为以相对湿度为湿驱动势模型的 Fortran 程序计算结果; 相对湿度+数值软件:以相对湿度为湿驱动势模型的数值软件计算结果; Künzel+Fortran:Künzel 模型的 Fortran 程序计算结果; Künzel+数值软件:Künzel 模型的数值软件计算结果; TUD:德累斯顿工业大学模拟结果

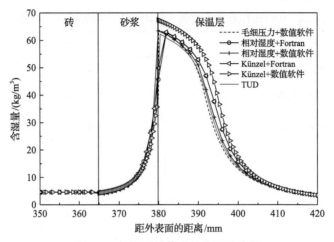

图 4.5   60 天后墙体内的含湿量分布

　　用自编 Fortran 程序和数值软件模拟以相对湿度为湿驱动势模型的相对湿度与 TUD 模拟结果的最大相对误差分别为 1.58%、0.54%，用数值软件模拟以毛细压力为湿驱动势模型的相对湿度与 TUD 模拟结果的最大相对误差为 0.48%。可以看出，在以相对湿度为湿驱动势的模型模拟中，Fortran 程序与数值软件的模拟结果是一致的，Fortran 程序模拟结果误差偏大一点，这是因为数值软件中有限元法的计算精度比 Fortran 程序中有限差分法高。用数值软件模拟 Künzel 模型得到的相对湿度与 TUD 模拟结果的最大相对误差约为 2.23%，用 Fortran 程序模拟 Künzel 模型得到的相对湿度与 TUD 模拟结果的最大相对误差约为 1.44%。用数值软件模拟三个模型，无论是墙体内的相对湿度还是含湿量，都与 TUD 模拟结果非常一致，说明以相对湿度和毛细压力为湿驱动势的模型在相对湿度低于 95% 的吸湿性范围内都是准确的。从图 4.4 和图 4.5 可以看出，Künzel 模型的模拟结果与 TUD 模拟结果的误差要比第 2 章两个模型的模拟结果的误差大一些。这主要是因为 Künzel 模型忽略了与温度梯度相关的液态水传递的影响，尽管与温度梯度相关的液态水传递量很小[3]。

4.4   双侧受控条件下试验验证

　　用双侧受控条件下四个墙体的试验数据[5]来验证以相对湿度和毛细压力为湿驱动势的两个动态热湿耦合传递模型。

4.4.1   试验测试与材料热湿物性参数

　　该试验在双气候室中完成，双气候室示意图如图 4.6 所示[5]。在试验过程中，通过将墙体样品安装在大型木框架上，同时测量四面 1m×1m 墙体内部和表面的温湿度，如图 4.7 所示。1#～4#墙体结构和传感器测点位置如图 4.8 所示[5]。试验中控制墙体两侧温湿度从最简单的等温边界条件变化到动态室内外温湿度条件。

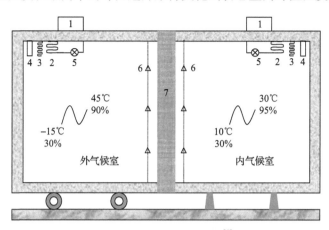

图 4.6　双气候室示意图[5]

1. 制冷机；2. 冷却盘管；3. 加热器；4. 汽化装置；5. 风扇；6. 传感器；7. 墙体

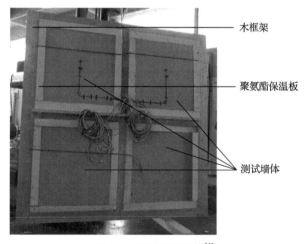

图 4.7　四组测试墙体[5]

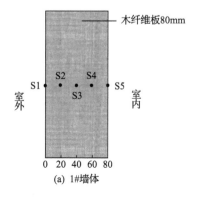

(a) 1#墙体

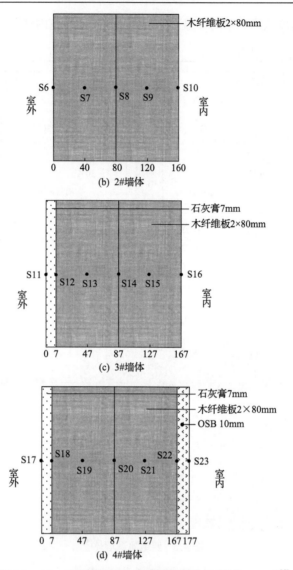

图 4.8　1#~4#墙体结构和传感器测点位置(单位：mm)[5]

　　试验中记录了气候室和墙体内部的温度与相对湿度参数。试验测量中采用 SHT75 温湿度传感器，其湿度测量范围为 0%~100%，温度测量范围为-40~ 123.8℃；湿度测量精度为±1.8%(20%~80%)，温度测量精度为±0.3℃(25℃)；温 度响应时间不大于 20s。共使用九个精度为±0.5℃的 T 型热电偶测量壁面温度，使 用 SHT75 温湿度传感器测量靠近墙面的湿度。

　　为了最大限度地减少紊流并确保沿测试墙壁的气流分布均匀，在气候室中安 装了细网。在距墙面 0.15m 处的三个不同高度(离地板 0.6m、1.25m 和 1.9m)处还测量了气候室中的空气流动速度。在内气候室中，使用 HD4V3TS2 型全向风速计，测量范围为 0～5m/s，测量精度为±0.03m/s。HD4V3TS2 型全向风速计不能在负温度下使用，因此使用两种类型的热线风速计测量外气候室中的空气流动速度。HD103T-O 型全向热线风速计测量范围为 0.05～0.99m/s 时，测量精度为±0.04m/s；测量范围为 1～5m/s 时，测量精度为±0.2m/s。EE75 型全向热线风速计测量范围为 0～10m/s，测量精度为±0.1m/s。

图 4.9 为 1#墙体气候室内外侧温湿度[5]。2#、3#、4#墙体气候室内外侧边界条件数据与 1#墙体基本相似，但由于气流分布不均匀，各墙体两侧的边界条件略有不同。试验测试时间为 2012 年 11 月 10 日 0:00～2013 年 4 月 3 日 0:00，分三个阶段进行，每个阶段为期三周。第一个阶段为第 506～1006h，模拟温和的恒温条件下墙体的热湿特性：室外侧空气温湿度分别为 20℃和 80%，室内侧空气温湿度分别为 20℃和 45%；第二个阶段为第 1581～2125h，模拟室外空气低温高湿条件下墙体的热湿特性，室外侧空气温湿度分别为 5℃和 80%，室内侧空气温湿度分别为 20℃和 60%；第三个阶段为第 2635～3100h，模拟室外空气温湿度周期性波动变化时墙体的热湿特性，室外侧空气温湿度分别在 5～15℃和 40%～80%范围内周期性波动，周期为 24h，室内侧空气温湿度分别为 20℃和 60%。从图 4.9 中观察到，第 506h、第 1581h 和第 2635h 气候室内侧空气温度和相对湿度出现较大的变化，这是由改变两侧温湿度条件引起的。试验中测量记录了每种墙体的气候室内外边界条件和墙体内部测点处的温湿度值。

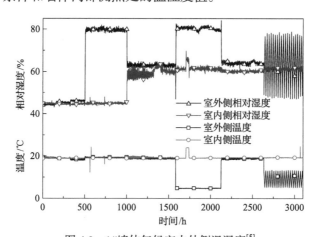

图 4.9　1#墙体气候室内外侧温湿度[5]

下面分别对比以相对湿度和毛细压力为湿驱动势的动态热湿耦合传递模型模拟结果与试验测量结果，验证两个动态热湿耦合传递模型是否能够准确预测等温条件和复杂的动态边界条件下墙体的热湿特性。用以相对湿度和毛细压力为湿驱动势的模型对四种墙体的热湿特性进行动态模拟，模拟计算中用到的墙体材料热湿物性参数取自 Vogelsang 等[6]的试验数据。图 4.10～图 4.12 分别为墙体材料木纤维板、石灰膏和定向刨花板 (oriented strand board，OSB) 的主要湿物性参数曲线[6]。测试墙体材料常用热物性参数如表 4.5 所示。测试墙体表面热质交换系数使用 Goesten[7]的推荐值，如表 4.6 所示。

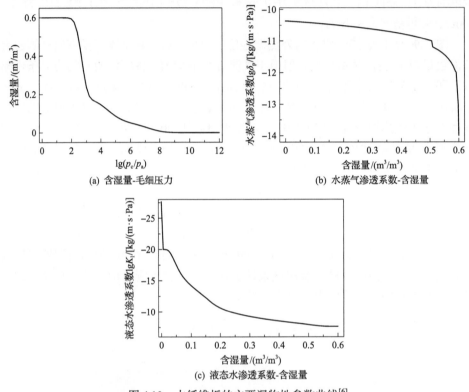

(a) 含湿量-毛细压力

(b) 水蒸气渗透系数-含湿量

(c) 液态水渗透系数-含湿量

图 4.10　木纤维板的主要湿物性参数曲线[6]

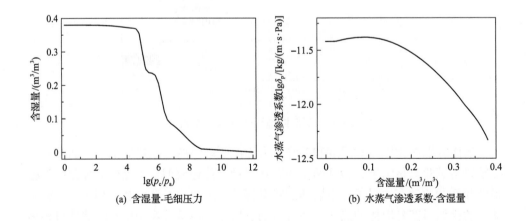

(a) 含湿量-毛细压力

(b) 水蒸气渗透系数-含湿量

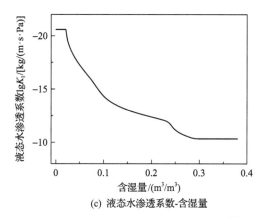

(c) 液态水渗透系数-含湿量

图 4.11　石灰膏的主要湿物性参数曲线[6]

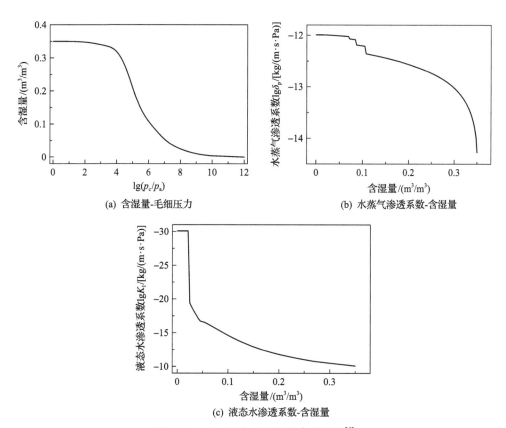

(a) 含湿量-毛细压力

(b) 水蒸气渗透系数-含湿量

(c) 液态水渗透系数-含湿量

图 4.12　OSB 的主要湿物性参数曲线[6]

表 4.5　测试墙体材料常用热物性参数[6]

材料	密度/(kg/m³)	定压比热容/[J/(kg·K)]	导热系数/[W/(m·K)]
木纤维板	150	2000	0.042
石灰膏	1520	850	0.8
OSB	630	1880	0.13

表 4.6　测试墙体表面热质交换系数[7]

测试墙体	h_e/[W/(m²·K)]	h_i/[W/(m²·K)]	β_e/(s/m)	β_i/(s/m)
1#	20	10	5.84×10^{-8}	1.84×10^{-8}
2#	16	7	5.84×10^{-8}	5.84×10^{-7}
3#	19	6	5.84×10^{-9}	5.84×10^{-9}
4#	19	4	5.84×10^{-9}	5.84×10^{-9}

4.4.2　1#墙体

如图 4.8(a)所示，1#墙体由单层 80mm 木纤维板组成，温湿度测点 S1、S2、S3、S4、S5 分别位于 0mm(外壁面)、20mm、40mm、60mm 和 80mm(内壁面)处。1#墙体内相对湿度和温度模拟计算时间为 2012 年 11 月 10 日 0:00～2013 年 4 月 3 日 0:00。1#墙体各测点位置相对湿度和温度模拟值与实测值对比如图 4.13 所示，1#墙体各测点位置相对湿度模拟值与实测值之间的平均误差和均方根误差如表 4.7 所示，1#墙体各测点位置温度模拟值与实测值之间的平均误差和均方根误差如表 4.8 所示。

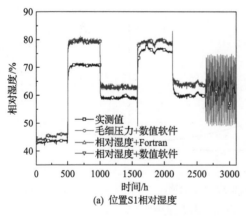

(a) 位置S1相对湿度

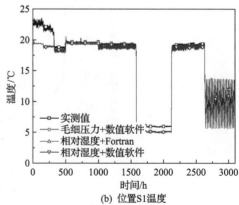

(b) 位置S1温度

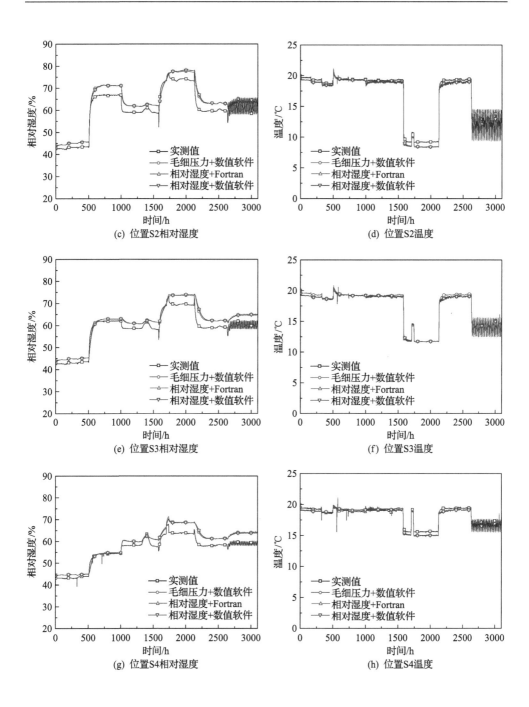

(c) 位置S2相对湿度

(d) 位置S2温度

(e) 位置S3相对湿度

(f) 位置S3温度

(g) 位置S4相对湿度

(h) 位置S4温度

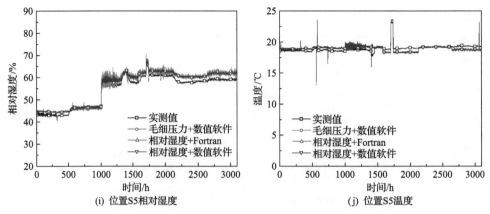

图 4.13　1#墙体各测点位置相对湿度和温度模拟值与实测值对比

表 4.7　1#墙体各测点位置相对湿度模拟值与实测值之间的平均误差和均方根误差

测点位置	ME/%			RMSE/%		
	相对湿度+ Fortran	相对湿度+ 数值软件	毛细压力+ 数值软件	相对湿度+ Fortran	相对湿度+ 数值软件	毛细压力+ 数值软件
外壁面(S1)	3.8	3.8	3.9	4.4	4.4	4.5
20mm(S2)	3.3	3.3	3.1	3.6	3.6	3.5
40mm(S3)	3.0	3.0	3.5	3.5	3.5	3.4
60mm(S4)	2.9	2.9	2.9	3.4	3.4	3.4
内壁面(S5)	1.9	1.9	2.2	2.2	2.1	2.3

表 4.8　1#墙体各测点位置温度模拟值与实测值之间的平均误差和均方根误差

测点位置	ME/℃			RMSE/℃		
	相对湿度+ Fortran	相对湿度+ 数值软件	毛细压力+ 数值软件	相对湿度+ Fortran	相对湿度+ 数值软件	毛细压力+ 数值软件
外壁面(S1)	0.9	0.9	0.9	1.2	1.2	1.2
20mm(S2)	0.5	0.5	0.5	0.6	0.6	0.6
40mm(S3)	0.2	0.2	0.4	0.3	0.3	0.3
60mm(S4)	0.4	0.4	0.4	0.5	0.5	0.4
内壁面(S5)	0.4	0.4	0.2	0.5	0.5	0.5

　　用 Fortran 程序和以相对湿度为湿驱动势的模型模拟的相对湿度与实测相对湿度的平均误差为 1.9%～3.8%，均方根误差为 2.2%～4.4%；用数值软件和以相对湿度为湿驱动势的模型模拟的相对湿度与实测相对湿度的平均误差为 1.9%～3.8%，均方根误差为 2.1%～4.4%；用数值软件和以毛细压力为湿驱动势的模型模拟的相对湿度与实测相对湿度的平均误差为 2.2%～3.9%，均方根误差为 2.3%～

4.5%。

用 Fortran 程序和以相对湿度为湿驱动势的模型模拟的温度与实测温度的平均误差为 0.2～0.9℃，均方根误差为 0.3～1.2℃；用数值软件和以相对湿度为湿驱动势的模型模拟的温度与实测温度的平均误差为 0.2～0.9℃，均方根误差为 0.3～1.2℃；用数值软件和以毛细压力为湿驱动势的模型模拟的温度与实测温度的平均误差为 0.2～0.9℃，均方根误差为 0.3～1.2℃。

4.4.3 2#墙体

如图 4.8(b)所示，2#墙体从外到内依次由两块 80mm 木纤维板组成，温湿度测点 S6、S7、S8、S9 和 S10 分别位于 0mm(外壁面)、40mm、80mm、120mm 和 160mm(内壁面)处，其中测点 S7 处试验数据缺失。2#墙体内相对湿度和温度模拟计算时间为 2012 年 11 月 10 日 0:00～2013 年 4 月 3 日 0:00。2#墙体各测点位置相对湿度和温度模拟值与实测值对比如图 4.14 所示，2#墙体各测点位置相对湿度模拟值与实测值之间的平均误差和均方根误差如表 4.9 所示，2#墙体各测点位置温度模拟值与实测值之间的平均误差和均方根误差如表 4.10 所示。

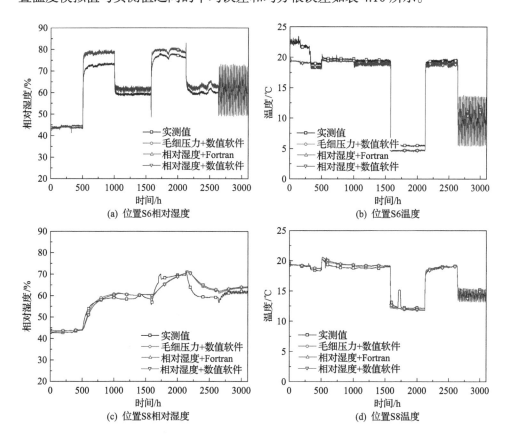

(a) 位置S6相对湿度

(b) 位置S6温度

(c) 位置S8相对湿度

(d) 位置S8温度

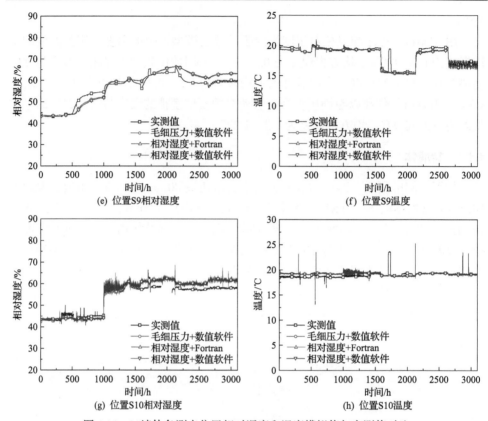

图 4.14　2#墙体各测点位置相对湿度和温度模拟值与实测值对比

表 4.9　2#墙体各测点位置相对湿度模拟值与实测值之间的平均误差和均方根误差

测点位置	ME/%			RMSE/%		
	相对湿度+ Fortran	相对湿度+ 数值软件	毛细压力+ 数值软件	相对湿度+ Fortran	相对湿度+ 数值软件	毛细压力+ 数值软件
外壁面(S6)	2.7	2.7	2.8	3.2	3.2	3.3
80mm(S8)	2.2	2.2	2.0	2.8	2.8	2.6
120mm(S9)	2.3	2.3	2.2	2.7	2.7	2.6
内壁面(S10)	2.4	2.3	2.1	2.7	2.7	2.5

表 4.10　2#墙体各测点位置温度模拟值与实测值之间的平均误差和均方根误差

测点位置	ME/℃			RMSE/℃		
	相对湿度+ Fortran	相对湿度+ 数值软件	毛细压力+ 数值软件	相对湿度+ Fortran	相对湿度+ 数值软件	毛细压力+ 数值软件
外壁面(S6)	0.8	0.8	0.8	1.1	1.1	1.1
80mm(S8)	0.3	0.3	0.3	0.4	0.4	0.5

续表

测点位置	ME/℃			RMSE/℃		
	相对湿度+ Fortran	相对湿度+ 数值软件	毛细压力+ 数值软件	相对湿度+ Fortran	相对湿度+ 数值软件	毛细压力+ 数值软件
120mm(S9)	0.3	0.3	0.3	0.4	0.4	0.5
内壁面(S10)	0.4	0.4	0.4	0.5	0.5	0.6

用 Fortran 程序和以相对湿度为湿驱动势的模型模拟的相对湿度和实测相对湿度的平均误差为 2.2%～2.7%，均方根误差为 2.7%～3.2%；用数值软件和以相对湿度为湿驱动势的模型模拟的相对湿度和实测相对湿度的平均误差为 2.2%～2.7%，均方根误差为 2.7%～3.2%；用数值软件和以毛细压力为湿驱动势的模型模拟的相对湿度和实测相对湿度的平均误差为 2.1%～2.8%，均方根误差为 2.5%～3.3%。

用 Fortran 程序和以相对湿度为湿驱动势的模型模拟的温度与实测温度的平均误差为 0.3～0.8℃，均方根误差为 0.4～1.1℃；用数值软件和以相对湿度为湿驱动势的模型模拟的温度与实测温度的平均误差为 0.3～0.8℃，均方根误差为 0.4～1.1℃；用数值软件和以毛细压力为湿驱动势的模型模拟的温度与实测温度的平均误差为 0.3～0.8℃，均方根误差为 0.5～1.1℃。

4.4.4　3#墙体

如图 4.8(c)所示，3#墙体从外到内依次由 7mm 石灰膏和两块 80mm 木纤维板组成，温湿度测点 S11、S12、S13、S14、S15 和 S16 分别位于 0mm(外壁面)、7mm、47mm、87mm、127mm 和 167mm(内壁面)处。3#墙体内相对湿度和温度模拟计算时间为 2012 年 11 月 10 日 0:00～2013 年 4 月 3 日 0:00。3#墙体各测点位置相对湿度和温度模拟值与实测值对比如图 4.15 所示，3#墙体各测点位置相对湿度模拟值与实测值之间的平均误差和均方根误差如表 4.11 所示，3#墙体各测点位置温度模拟值与实测值之间的平均误差和均方根误差如表 4.12 所示。

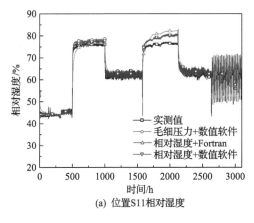

(a) 位置S11相对湿度

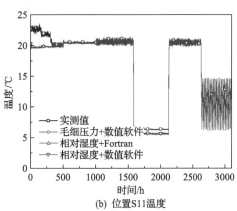

(b) 位置S11温度

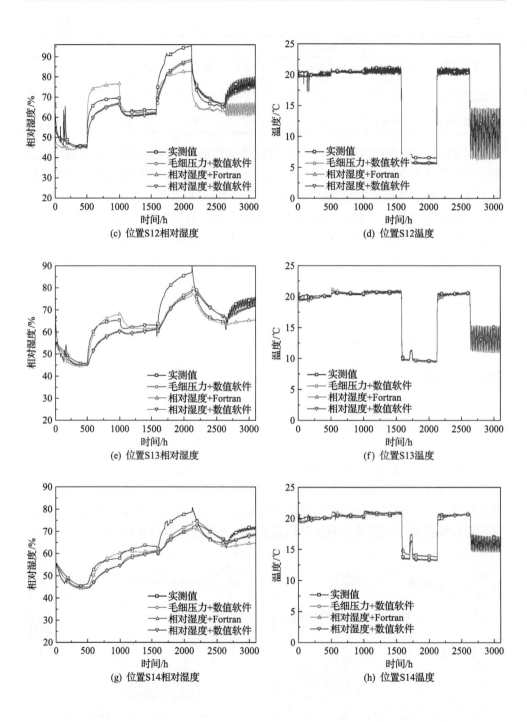

(c) 位置S12相对湿度

(d) 位置S12温度

(e) 位置S13相对湿度

(f) 位置S13温度

(g) 位置S14相对湿度

(h) 位置S14温度

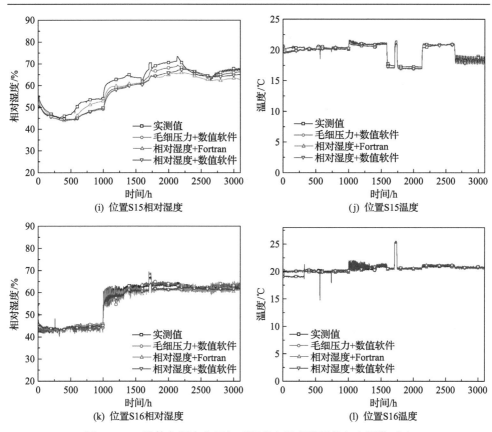

图 4.15 3#墙体各测点位置相对湿度和温度模拟值与实测值对比

表 4.11 3#墙体各测点位置相对湿度模拟值与实测值之间的平均误差和均方根误差

测点位置	ME/%			RMSE/%		
	相对湿度+ Fortran	相对湿度+ 数值软件	毛细压力+ 数值软件	相对湿度+ Fortran	相对湿度+ 数值软件	毛细压力+ 数值软件
外壁面(S11)	2.4	1.5	1.4	3.4	1.9	1.7
7mm(S12)	6.8	3.1	3.4	8.2	4.0	4.4
47mm(S13)	4.4	4.3	4.1	5.9	5.3	5.1
87mm(S14)	3.6	3.8	3.3	4.7	4.4	3.8
127mm(S15)	3.3	3.2	2.4	3.7	3.6	3.0
内壁面(S16)	2.1	1.2	1.1	3.3	1.4	1.2

表 4.12 3#墙体各测点位置温度模拟值与实测值之间的平均误差和均方根误差

测点位置	ME/℃			RMSE/℃		
	相对湿度+ Fortran	相对湿度+ 数值软件	毛细压力+ 数值软件	相对湿度+ Fortran	相对湿度+ 数值软件	毛细压力+ 数值软件
外壁面(S11)	0.6	0.6	0.6	0.9	0.9	0.9

测点位置	ME/℃			RMSE/℃		
	相对湿度+ Fortran	相对湿度+ 数值软件	毛细压力+ 数值软件	相对湿度+ Fortran	相对湿度+ 数值软件	毛细压力+ 数值软件
7mm(S12)	0.5	0.5	0.5	0.6	0.6	0.6
47mm(S13)	0.2	0.2	0.2	0.3	0.3	0.2
87mm(S14)	0.4	0.4	0.4	0.5	0.5	0.5
127mm(S15)	0.3	0.3	0.3	0.4	0.4	0.3
内壁面(S16)	0.3	0.3	0.3	0.4	0.4	0.4

用 Fortran 程序和以相对湿度为湿驱动势的模型模拟的相对湿度和实测相对湿度的平均误差为 2.1%～6.8%，均方根误差为 3.3%～8.2%；用数值软件和以相对湿度为湿驱动势的模型模拟的相对湿度和实测相对湿度的平均误差为 1.2%～4.3%，均方根误差为 1.4%～5.3%；用数值软件和以毛细压力为湿驱动势的模型模拟的相对湿度和实测相对湿度的平均误差为 1.1%～4.1%，均方根误差为 1.2%～5.1%。

用 Fortran 程序和以相对湿度为湿驱动势的模型模拟的温度与实测温度的平均误差为 0.2～0.6℃，均方根误差为 0.3～0.9℃；用数值软件和以相对湿度为湿驱动势的模型模拟的温度与实测温度的平均误差为 0.2～0.6℃，均方根误差为 0.3～0.9℃；用数值软件和以毛细压力为湿驱动势的模型模拟的温度与实测温度的平均误差为 0.2～0.6℃，均方根误差为 0.2～0.9℃。

4.4.5　4#墙体

如图 4.8(d)所示，4#墙体从外到内依次由 7mm 石灰膏、两块 80mm 木纤维板和 10mm OSB 组成，温湿度测点 S17、S18、S19、S20、S21、S22 和 S23 分别位于为 0mm(外壁面)、7mm、47mm、87mm、127mm、167mm 和 177mm(内壁面)处。4#墙体内相对湿度和温度模拟计算时间为 2012 年 11 月 10 日 0:00～2013 年 4 月 3 日 0:00。4#墙体各测点位置相对湿度和温度模拟值与实测值对比如图 4.16 所示，4#墙体各测点位置相对湿度模拟值与实测值之间的平均误差和均方根误差如表 4.13 所示，4#墙体各测点位置温度模拟值与实测值之间的平均误差和均方根误差如表 4.14 所示。

用 Fortran 程序和以相对湿度为湿驱动势的模型模拟的相对湿度和实测相对湿度的平均误差为 1.9%～6.5%，均方根误差为 2.4%～8.1%；用数值软件和以相对湿度为湿驱动势的模型模拟的相对湿度和实测相对湿度的平均误差为 1.1%～4.2%，均方根误差为 1.3%～5.3%；用数值软件和以毛细压力为湿驱动势的模型模拟的相对湿度和实测相对湿度的平均误差为 0.8%～3.5%，均方根误差为 1.0%～4.4%。

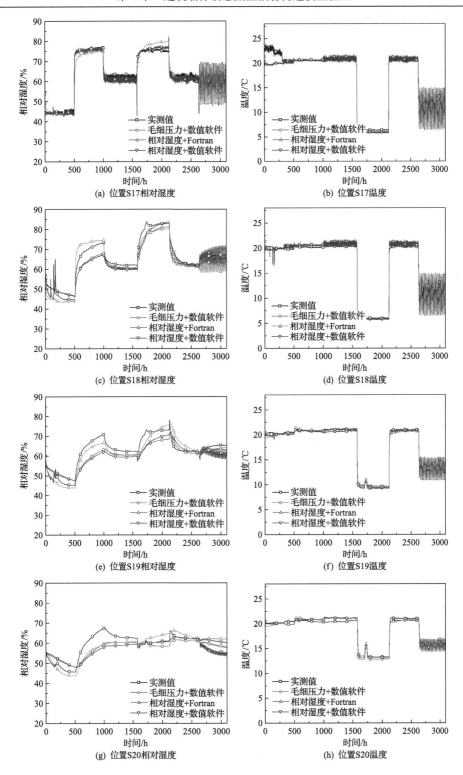

(a) 位置S17相对湿度

(b) 位置S17温度

(c) 位置S18相对湿度

(d) 位置S18温度

(e) 位置S19相对湿度

(f) 位置S19温度

(g) 位置S20相对湿度

(h) 位置S20温度

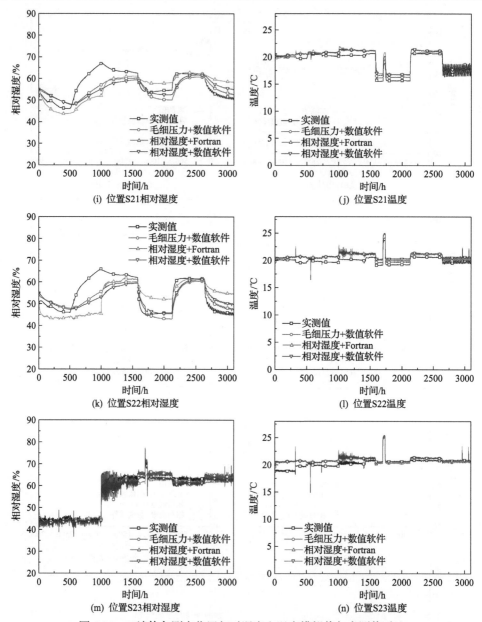

(i) 位置S21相对湿度　　　　　　　　(j) 位置S21温度

(k) 位置S22相对湿度　　　　　　　　(l) 位置S22温度

(m) 位置S23相对湿度　　　　　　　　(n) 位置S23温度

图 4.16　4#墙体各测点位置相对湿度和温度模拟值与实测值对比

　　用 Fortran 程序和以相对湿度为湿驱动势的模型模拟的温度与实测温度的平均误差为 0.3～0.7℃，均方根误差为 0.4～0.9℃；用数值软件和以相对湿度为湿驱动势的模型模拟的温度与实测温度的平均误差为 0.3～0.8℃，均方根误差为 0.4～0.9℃；用数值软件和以毛细压力为湿驱动势的模型模拟的温度与实测温度的平均误差为 0.3～0.6℃，均方根误差为 0.3～0.9℃。

表 4.13　4#墙体各测点位置相对湿度模拟值与实测值之间的平均误差和均方根误差

测点位置	ME/%			RMSE/%		
	相对湿度+ Fortran	相对湿度+ 数值软件	毛细压力+ 数值软件	相对湿度+ Fortran	相对湿度+ 数值软件	毛细压力+ 数值软件
外壁面(S17)	2.3	1.1	0.8	3.1	1.3	1.0
7mm(S18)	2.5	3.5	2.7	3.0	3.9	3.4
47mm(S19)	2.7	4.0	3.3	3.2	4.7	4.1
87mm(S20)	4.0	3.7	3.1	4.6	4.6	3.6
127mm(S21)	4.9	4.1	3.5	6.1	5.0	4.3
167mm(S22)	6.5	4.2	3.5	8.1	5.3	4.4
内壁面(S23)	1.9	1.6	1.0	2.4	1.8	1.3

表 4.14　4#墙体各测点位置温度模拟值与实测值之间的平均误差和均方根误差

测点位置	ME/℃			RMSE/℃		
	相对湿度+ Fortran	相对湿度+ 数值软件	毛细压力+ 数值软件	相对湿度+ Fortran	相对湿度+ 数值软件	毛细压力+ 数值软件
外壁面(S17)	0.5	0.5	0.5	0.9	0.9	0.9
7mm(S18)	0.5	0.5	0.5	0.6	0.6	0.6
47mm(S19)	0.3	0.3	0.3	0.4	0.4	0.3
87mm(S20)	0.3	0.3	0.4	0.4	0.4	0.5
127mm(S21)	0.7	0.7	0.6	0.8	0.8	0.6
167mm(S22)	0.7	0.8	0.6	0.8	0.9	0.7
内壁面(S23)	0.5	0.6	0.5	0.8	0.8	0.8

4.5　实际气候条件下试验验证

用 Odgaard 等[8]测得的试验数据验证以相对湿度和毛细压力为湿驱动势的动态热湿耦合传递模型，并对比两个模型模拟结果的差别。这个试验是在有风驱雨条件下进行的，在降雨量大时墙体内部含湿量会达到超吸湿状态。因此，该试验数据可以验证哪个模型在超吸湿条件下更准确和更适用。

4.5.1　试验测试及材料热湿物性参数

Odgaard 等[8]的试验旨在研究透湿保温材料对砖砌墙体热湿特性的影响，在发表的论文中提供了有关试验设计、仪器、气候条件和材料特性的一些详细信息。试验现场图如图 4.17 所示[9]。在试验仓外立面上设置 8 个尺寸为 948mm(宽)×1987mm(高)的测量墙面，用于对比研究不同墙体结构的热湿性能。试验测试墙体朝向西南方向，来自大西洋的西南季风是该地区的主导风向，西南立面受风驱雨的影响最为明显。降雨过后，强烈的南向太阳辐射驱动湿气沿着墙体厚度方向向室内迁移。

图 4.17　试验现场图[9]

　　试验采用 HYT221 温湿度传感器测量，并记录温度和相对湿度，采样时间间隔为 10min。HYT 温湿度传感器的工作温度范围为–40～125℃，相对湿度范围为 0～100%，精度分别为±1.8%和±0.2℃。迟滞性为＜±1%，线性误差为＜±1%，温度误差为 0.05%RH/K(0～60℃)，工作电压为 2.7～5.5V，工作电流(标称值)为＜22μA。在每个测试墙体多个测点位置安装传感器，将传感器安装并嵌入每个试验墙体内不同测点位置处。安装前，HYT221 温湿度传感器用收缩橡胶密封(传感区域除外)，钻孔用硅酮密封胶和小挡板密封，以防止硅酮覆盖传感器头。除墙体内和内外壁面的传感器外，在集装箱内、外侧空气中安装了测量室内和室外空气温湿度的传感器。通过安装在集装箱顶部的雨量计记录降雨量测量值。墙体结构从 2014 年 12 月～2015 年 4 月中旬进行了外部强制干燥，试验于 2015 年 5 月 1 日正式进行，数据记录截至 2017 年 6 月 30 日[8]。全年使用对流加热器和加湿器保持室内空气温度为 20℃和相对湿度为 60%。在试验装置中并未进行室内除湿和降温，因此在试验过程中可能会因较高的温度或相对湿度而使室内空气温湿度波动。试验测量的第一年作为稳定时期。

　　2#墙体是具有内保温系统、无疏水化处理的墙体，选择 2#墙体作为对比验证对象，其结构示意图如图 4.18 所示。试验墙体从外到内的组成依次为 1½砖(348mm)+10mm 石灰砂浆+8mm 轻质砂浆+100mm 保温板+80cm 轻质砂浆。沿着墙体厚度方向从室外到室内四个测点 P1、P2、P3、P4 分别位于 54mm、177mm、353mm 和 464mm 的位置(详见附录)。由于墙体表面受到风驱雨的影响，在 Tommy 等[10]的试验中墙壁内的相对湿度非常高，最大相对湿度长时间持续在 99.9%。测点 P1、P2、P3 处的最大相对湿度长时间持续在 99.9%，测点处含湿量进入超吸湿区。测点 P4 处的相对湿度长时间持续在 60%～80%，测点处含湿量处于吸湿区。测点

P1、P2、P3、P4 处的试验结果满足验证超吸湿条件下动态热湿耦合传递模型的准确性。

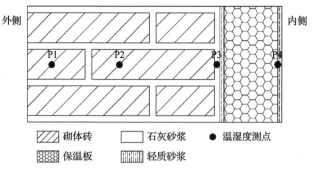

图例：
- ▨ 砌体砖　　□ 石灰砂浆　　● 温湿度测点
- ▦ 保温板　　▨ 轻质砂浆

图 4.18　2#墙体的结构示意图

　　图 4.19 为测试墙体内外侧气象和环境参数逐时数据,墙体测试时间为 2015 年 5 月 6 日 0:00～2017 年 7 月 1 日 0:00。将图 4.18 中的测点 P1、P2、P3 和 P4 的试验数据用于验证建立的动态热湿耦合传递模型,模拟计算中用到的墙体材料热湿物性参数取自 Vogelsang 等[6]的试验数据。测试墙体材料的常用热物性参数如表 4.15 所示。图 4.20～图 4.23 分别为砖、石灰砂浆、轻质砂浆和保温板的主要湿物性参数曲线[6]。为了消除初始条件对模拟结果的影响,截去了前三个月的模拟结果。

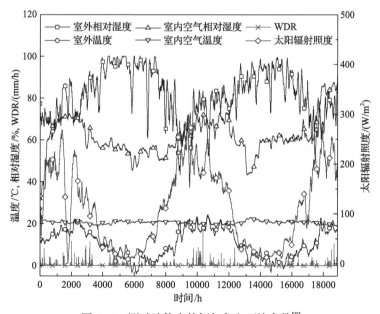

图 4.19　测试墙体内外侧气象和环境参数[8]

表 4.15　测试墙体材料的常用热物性参数

墙体材料	密度/(kg/m³)	定压比热容/[J/(kg·K)]	导热系数/[W/(m·K)]
砖	1643	942	0.6
石灰砂浆	1243.3	998	0.44
轻质砂浆	830	815	0.155
保温板	98.5	1331	0.038

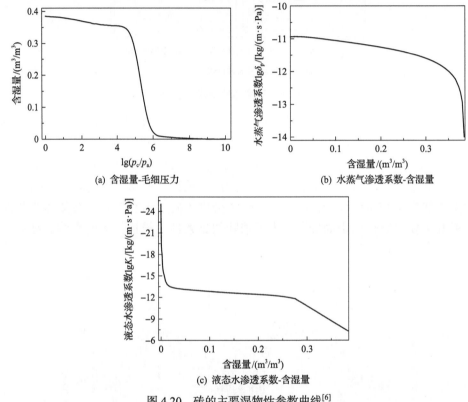

(a) 含湿量-毛细压力

(b) 水蒸气渗透系数-含湿量

(c) 液态水渗透系数-含湿量

图 4.20　砖的主要湿物性参数曲线[6]

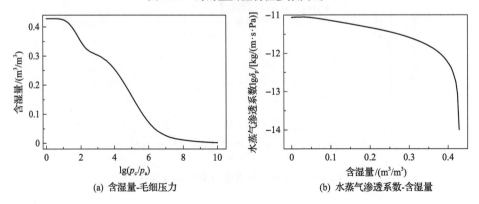

(a) 含湿量-毛细压力

(b) 水蒸气渗透系数-含湿量

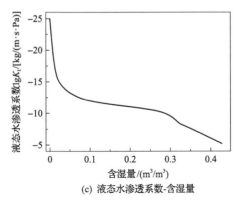

(c) 液态水渗透系数-含湿量

图 4.21　石灰砂浆的主要湿物性参数曲线[6]

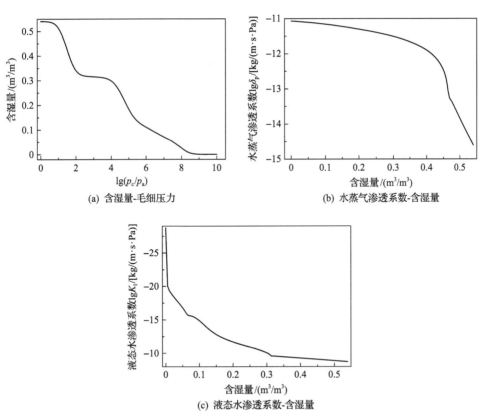

(a) 含湿量-毛细压力

(b) 水蒸气渗透系数-含湿量

(c) 液态水渗透系数-含湿量

图 4.22　轻质砂浆的主要湿物性参数曲线[6]

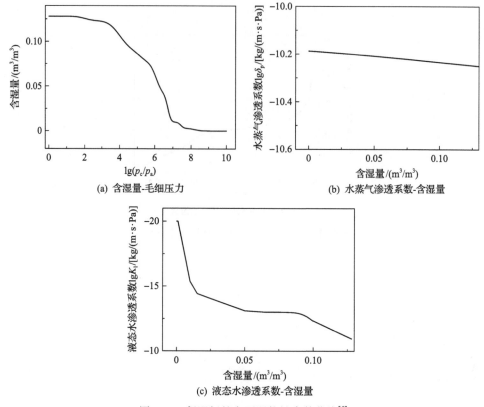

图 4.23　保温板的主要湿物性参数曲线[6]

4.5.2　模拟值与实测值对比

测试墙体各测点位置相对湿度和温度模拟值与实测值对比如图 4.24 所示，对比时间为 2015 年 8 月 1 日 0:00～2017 年 7 月 1 日 0:00，其中包含第 2 章建立的以相对湿度为湿驱动势的模型和以毛细压力为湿驱动势的模型模拟结果之间的对比。测试墙体各测点位置相对湿度和温度模拟值与实测值之间的平均误差和均方根误差如表 4.16 和表 4.17 所示。

以毛细压力为湿驱动势的模型模拟得到的相对湿度与实测相对湿度的平均误差范围为 1.3%～4.0%，均方根误差范围为 2.1%～6.2%。

以相对湿度为湿驱动势的模型模拟得到的相对湿度与实测相对湿度的平均误差范围为 5.8%～7.5%，均方根误差范围为 7.1%～8.9%。

以毛细压力为湿驱动势的模型模拟得到的温度与实测温度的平均误差范围为 1.0～1.5℃，均方根误差范围为 1.1～2.1℃。

以相对湿度为湿驱动势的模型模拟得到的温度与实测温度的平均误差范围为 1.0～1.9℃，均方根误差范围为 1.0～2.6℃。

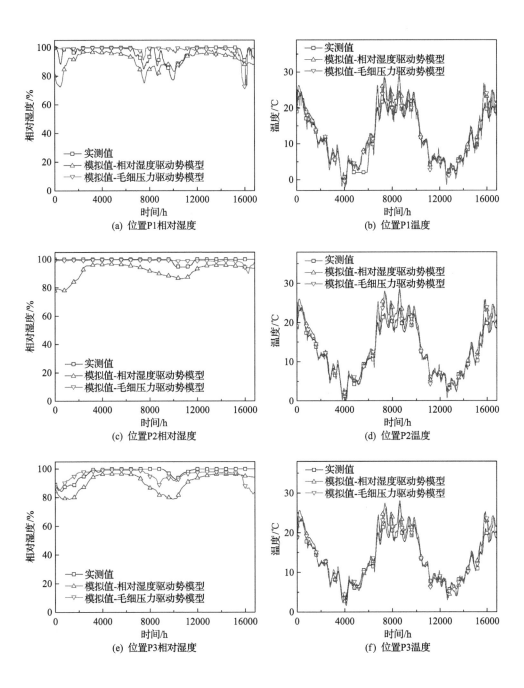

(a) 位置P1相对湿度

(b) 位置P1温度

(c) 位置P2相对湿度

(d) 位置P2温度

(e) 位置P3相对湿度

(f) 位置P3温度

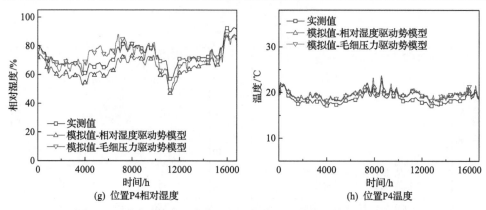

(g) 位置P4相对湿度　　　　　　　　　　(h) 位置P4温度

图 4.24　测试墙体各测点位置相对湿度和温度模拟值与实测值对比

表 4.16　测试墙体各测点位置相对湿度模拟值与实测值之间的平均误差和均方根误差

测点位置	ME/%		RMSE/%	
	相对湿度驱动势	毛细压力驱动势	相对湿度驱动势	毛细压力驱动势
P1	5.8	3.7	7.1	6.2
P2	7.5	1.3	8.9	2.1
P3	7.0	3.2	8.1	4.6
P4	7.2	4.0	7.4	5.1

表 4.17　测试墙体不同测点位置温度模拟值与实测值之间的平均误差和均方根误差

测点位置	ME/℃		RMSE/℃	
	相对湿度驱动势	毛细压力驱动势	相对湿度驱动势	毛细压力驱动势
P1	1.9	1.5	2.6	2.1
P2	1.6	1.1	2.2	1.6
P3	1.5	1.0	2.0	1.3
P4	1.0	1.0	1.0	1.1

　　根据表 4.16 和表 4.17 的结果,以毛细压力为湿驱动势的模型模拟的墙体内四个测点位置相对湿度最大平均误差为 4.0%,相对湿度最大均方根误差为 6.2%,温度最大平均误差为 1.5℃,温度最大均方根误差为 2.1℃;以相对湿度为湿驱动势的模型模拟的墙体内四个测点位置相对湿度最大平均误差为 7.5%,相对湿度最大均方根误差为 8.9%,温度最大平均误差为 1.9℃,温度最大均方根误差为 2.6℃。以毛细压力为湿驱动势的模型可以更加准确地计算多孔介质建筑墙体内的相对湿度和温度分布。特别地,有风驱雨的墙体内相对湿度接近 100%时,以毛细压力为湿驱动势的模型模拟得到的墙体内相对湿度比以相对湿度为湿驱动势的模型模拟得到的结果更接近实测值。

4.6　误　差　分　析

在 4.4 节和 4.5 节的两个试验验证案例中，通过模型的模拟值与实测值对比，分别验证了以相对湿度和毛细压力为湿驱动势的动态热湿耦合传递模型的准确性。但是，模拟值和实测值之间仍然存在一定的误差，且相对湿度的误差比温度的误差更大。下面分析误差的来源。

1) 测量方法和传感器的误差

温湿度传感器通过钻孔插入测试材料中，可能会改变材料中温度场和湿度场的分布，从而影响测量的准确性。

在模拟中，对实测值中的奇异值进行平滑处理，也会导致模拟值和实测值之间的误差。

2) 材料特性及输入参数的差异

无论是双侧受控条件下还是实际气候条件下的试验墙体，模拟中所用的材料湿物性参数都取自 Vogelsang 等[6]的试验数据，这些湿物性参数与试验材料的物性参数有所不同。试验中的材料不仅是各向异性，而且是温湿度相关的。在模拟中材料被视为各向同性且仅为与相对湿度相关。在双侧受控条件下的试验中，各测点位置的初始值是不同的，而模拟中各测点位置的初始值取值相同。这些都有可能导致模拟值与实测值之间的误差。

3) 模型的差异

还有一个重要的误差来源，就是以相对湿度为湿驱动势的模型在高相对湿度区间不能准确描述多孔介质建筑材料中的湿传递过程。多孔介质建筑材料中的湿传递存在两种流动——水蒸气扩散和液态水迁移。在低相对湿度区间(吸湿区)，湿传递以水蒸气扩散为主，此时使用相对湿度作为湿驱动势是合理的。但随着相对湿度的增加，附着在孔隙中的液态水越来越多，毛细压力驱动下的液态水迁移作用越来越强。当相对湿度达到或超过 95%时(超吸湿区)，湿传递以液态水迁移为主，此时的主要驱动势是毛细压力。在吸湿区与超吸湿区之间的一段范围内，水蒸气扩散和液态水迁移能够共存[11]。因此，随着相对湿度的增加，以相对湿度为湿驱动势的模型越来越不准确，模拟值与实测值之间的误差越来越大。显然，以毛细压力为湿驱动势的模型在超吸湿区具有很好的准确性，适合模拟分析风驱雨条件下多孔介质建筑围护结构热湿耦合传递过程。

4.7　本　章　小　结

本章通过理论验证、模型间验证和试验验证三种方法分别验证了以相对湿度和毛细压力为湿驱动势的动态热湿耦合传递模型的准确性和适用性。通过两个模型的模拟结果与欧盟 HAMSTAD 基准案例 2 的解析解对比进行理论验证,通过两个模型模拟欧盟 HAMSTAD 基准案例 5 的结果与 Künzel 模型和 TUD 的模拟结果对比进行模型间验证,通过双侧受控条件和实际气候条件下的试验数据对两个模型进行了试验验证。

在欧盟 HAMSTAD 两个基准案例中,墙体材料含湿量较低,以相对湿度和毛细压力为湿驱动势的两个模型模拟结果与对比值之间相差很小,两个模型之间也相差很小。在双侧受控条件的试验验证中,以毛细压力为湿驱动势的动态热湿耦合传递模型模拟的相对湿度的平均误差范围为 0.8%~4.1%,相对湿度的均方根误差范围为 1.0%~5.1%,温度的平均误差范围为 0.2~0.9℃,温度的均方根误差范围为 0.3~1.2℃。而以相对湿度为湿驱动势的动态热湿耦合传递模型用数值软件模拟的相对湿度的平均误差范围为 1.1%~4.3%,相对湿度的均方根误差范围为 1.3%~5.3%,温度的平均误差范围为 0.2~0.9℃,温度的均方根误差范围为 0.3~1.2℃。

在有风驱雨实际气候条件的试验验证中,以毛细压力为湿驱动势的动态热湿耦合传递模型模拟的相对湿度的平均误差范围为 1.3%~4.0%,相对湿度的均方根误差范围为 2.1%~6.2%,温度的平均误差范围为 1.0~1.5℃,温度的均方根误差范围为 1.1~2.1℃。而以相对湿度为湿驱动势的动态热湿耦合传递模型模拟的相对湿度的平均误差范围为 5.8%~7.5%,相对湿度的均方根误差范围为 7.1%~8.9%,温度的平均误差范围为 1.0~1.9℃,温度的均方根误差范围为 1.0~2.6℃。因此,以毛细压力为湿驱动势的动态热湿耦合传递模型适用于风驱雨(超吸湿)条件下建筑围护结构热湿特性模拟分析。

参 考 文 献

[1] Künzel H M, Karagiozis A. Hygrothermal behaviour and simulation in buildings//Hall M R. Materials for Energy Efficiency and Thermal Comfort in Buildings. Cambridge: Woodhead Publishing, 2010.

[2] Hagentoft C E. HAMSTAD, Methodology of HAM-modeling. Gothenburg: Chalmers University of Technology, 2002.

[3] Dong W Q, Chen Y M, Bao Y, et al. Response to comment on "A validation of dynamic hygrothermal model with coupled heat and moisture transfer in porous building materials and envelopes". Journal of Building Engineering, 2022, 47: 103936.

[4] Künzel H M. Simultaneous Heat and Moisture Transport in Building Components. Suttgart: Fraunhofer IRB Verlag, 1995.

[5] Rafidiarison H, Rémond R, Mougel E. Dataset for validating 1-D heat and mass transfer models within building walls with hygroscopic materials. Building and Environment, 2015, 89: 356-368.

[6] Vogelsang S, Fechner H, Nicolai A. Delphin 6 material file specification. Dresden: Technische Universität Dresden, Institut für Bauklimatik, 2013.

[7] Goesten A. Hygrothermal Simulation Model Damage as a Result of Insulating Historical Buildings. Eindhoven: Eindhoven University of Technology, 2016.

[8] Odgaard T, Bjarløv S P, Rode C. Influence of hydrophobation and deliberate thermal bridge on hygrothermal conditions of internally insulated historic solid masonry walls with built in wood. Energy and Buildings, 2018, 173: 530-546.

[9] Jensen N F, Bjarløv S P, Rode C, et al. Hygrothermal assessment of internally insulated solid masonry walls fitted with exterior hydrophobization and deliberate thermal bridge//The 6th International Conference on Autoclaved Aerated Concrete, Potsdam, 2018.

[10] Tommy O, Peter B S, Carsten R. Influence of hydrophobation and deliberate thermal bridge on hygrothermal conditions of internally insulated historic solid masonry walls with built in wood. Energy and Buildings, 2018, 173: 530-546.

[11] Tariku F, Kumaran K, Fazio P. Transient model for coupled heat, air and moisture transfer through multilayered porous media. International Journal of Heat and Mass Transfer, 2010, 53 (15-16): 3035-3044.

第 5 章　建筑墙体热湿特性和能耗影响分析

为了优化建筑围护结构节能设计，评估供热和空调系统的能效及预测气候变化对建筑围护结构的未来热湿性能与能耗的影响[1]，通常采用能耗模拟工具（EnergyPlus、DOE-2、DeST 等）来计算建筑冷热负荷和能耗。以 EnergyPlus 为例，软件中目前尚未考虑风驱雨对建筑围护结构传递冷热负荷的影响。一些能耗模拟工具中仍采用纯导热模型计算围护结构传递的冷热负荷。这会降低建筑能耗模拟的准确性，降低建筑围护结构节能优化设计的准确性。

我国南方地区是典型的多雨湿热气候地区。建筑墙体大多采用多孔吸湿性材料，围护结构通常同时受到室内外温湿度差、太阳辐射和风驱雨等多重因素的影响，风驱雨是其中的一个重要因素。因此，要准确评估建筑墙体传递的冷热负荷及其对能耗的影响，需要考虑风驱雨量对墙体传递的显热和潜热负荷的影响。在炎热的夏季，风驱雨对围护结构表面具有蒸发冷却降温作用。夏季，受到风驱雨的影响，墙体表面温度降低，可以减少墙体传递的冷负荷。冬季，在风驱雨的影响下，多孔介质建筑外围护结构易发生湿累积，引起材料含湿量增加，降低围护结构的保温性能，增加墙体传递的热负荷。

夏热冬冷地区全年高湿，降雨量大，夏季需空调，冬季需供热。以夏热冬冷地区为例分析多孔介质墙体热湿特性及建筑能耗，非常具有代表性。下面将以夏热冬冷地区的长沙市为例，分析热湿耦合传递对多孔介质建筑墙体热湿特性及建筑能耗的影响。为了对比分析有无风驱雨的湿传递对建筑墙体内部和表面温湿度变化以及建筑墙体传递的冷热负荷的影响，在有风驱雨（coupled heat and moisture transfer with wind driven rain，CHM-WDR）、无风驱雨（coupled heat and moisture transfer without wind driven rain，CHM-NOR，即无风驱雨条件下考虑了室内外温湿度差导致的热湿耦合传递）、纯导热（heat transfer，TH）三种模拟情形下，对比不同朝向墙体内部和表面温湿度变化，对比夏季空调期和冬季供热期墙体传递冷热负荷的差别，对比分析风驱雨对单位面积外墙传热产生的供热空调能耗的影响。

5.1　动态热湿耦合传递模型与瞬态导热模型

5.1.1　动态热湿耦合传递模型

在有风驱雨情景下，需用适用于超吸湿条件下的动态热湿耦合传递模型。这里采用第 2 章建立的适用于超吸湿(湿相对度>95%, 超吸湿区)条件下的以毛细压力为湿驱动势的动态热湿耦合传递模型模拟分析在有无湿传递、有无风驱雨情形下多孔介质建筑墙体内部和表面温湿度变化及热湿耦合传递对冷热负荷与能耗的影响。

5.1.2　瞬态导热模型

在无风驱雨且不考虑湿传递及墙体材料热物性参数为定值的条件下, 墙体中热传递过程可用纯瞬态导热模型描述, 其控制方程为

$$\rho c_{\mathrm{p}} \frac{\partial T}{\partial t} = \lambda \nabla^2 T \tag{5.1}$$

式中, c_{p} 为材料定压比热容, J/(kg·K); T 为温度, K; t 为时间, s; λ 为材料在干燥状态下的导热系数, W/(m·K); ρ 为材料在干燥状态下的密度, kg/m³。

室外侧边界条件为

$$q_{\mathrm{e}} = h_{\mathrm{e}}(T_{\mathrm{e}} - T_{\mathrm{surfe}}) + \alpha q_{\mathrm{sol}} \tag{5.2}$$

式中, h_{e} 为墙体外表面对流传热系数, W/(m²·K); q_{e} 为墙体外表面湿流量, kg/(m²·s); q_{sol} 为墙体外表面接收到的太阳辐射照度, W/m²; T_{e} 为室外空气温度, K; T_{surfe} 为墙体外表面温度, K; α 为墙体外表面的太阳辐射吸收率。

室内侧边界条件为

$$q_{\mathrm{i}} = h_{\mathrm{i}}(T_{\mathrm{i}} - T_{\mathrm{surfi}}) \tag{5.3}$$

式中, h_{i} 为墙体内表面对流传热系数, W/(m²·K); q_{i} 为墙体内表面热流量, W/m²; T_{i} 为室内空气温度, K; T_{surfi} 为墙体内表面温度, K。

5.2　冷热负荷和能耗计算模型

5.2.1　空调期墙体传递的冷负荷

空调期墙体传递的冷负荷可以表示为

$$q_{\mathrm{s,c}} = h_{\mathrm{i}}(T_{\mathrm{surfi}} - T_{\mathrm{i}}) \tag{5.4}$$

$$q_{\mathrm{l,c}} = h_{\mathrm{lv}} \beta_{\mathrm{i}}(\varphi_{\mathrm{surfi}} p_{\mathrm{s,surfi}} - \varphi_{\mathrm{i}} p_{\mathrm{s,i}}) \tag{5.5}$$

$$q_{\mathrm{c}} = q_{\mathrm{s,c}} + q_{\mathrm{l,c}} \tag{5.6}$$

式中, $p_{\mathrm{s,i}}$ 为室内饱和水蒸气分压力, Pa; $p_{\mathrm{s,surfi}}$ 为墙体内表面饱和水蒸气分压力, Pa; q_{c} 为空调期墙体传递的瞬时全热负荷, W/m²; $q_{\mathrm{l,c}}$ 为空调期墙体传递的瞬时

潜热负荷，W/m^2；$q_{s,c}$ 为空调期墙体传递的瞬时显热负荷，W/m^2；φ_i 为室内空气相对湿度，%；φ_{surfi} 为墙体内侧表面相对湿度，%。

空调期墙体传递的总冷负荷为

$$Q_c = Q_{s,c} + Q_{l,c} \tag{5.7}$$

$$Q_{s,c} = \sum_{k=t_1}^{t_2} q_{s,c}(k) \tag{5.8}$$

$$Q_{l,c} = \sum_{k=t_1}^{t_2} q_{l,c}(k) \tag{5.9}$$

式中，Q_c 为空调期单位面积外墙传递的总冷负荷，W/m^2；$Q_{s,c}$ 为空调期单位面积外墙传递的显热负荷总和，W/m^2；$Q_{l,c}$ 为空调期单位面积外墙传递的潜热负荷总和，W/m^2；t_1 和 t_2 分别表示空调期开始与结束的时刻。

5.2.2 供热期墙体传递的热负荷

供热期墙体传递的热负荷可以表示为

$$q_{s,h} = h_i(T_i - T_{surfi}) \tag{5.10}$$

$$q_{l,h} = h_{lv}\beta_i(\varphi_i p_{s,i} - \varphi_{surfi} p_{s,surfi}) \tag{5.11}$$

$$q_h = q_{s,h} + q_{l,h} \tag{5.12}$$

式中，h_{lv} 为水蒸气的汽化潜热，$h_{lv}=(2500-2.4\theta)\times10^3 J/kg$，其中 θ 为摄氏温度，℃；q_h 为供热期墙体传递的瞬时全热负荷，W/m^2；$q_{l,h}$ 为供热期墙体传递的瞬时潜热负荷，W/m^2；$q_{s,h}$ 为供热期墙体传递的瞬时显热负荷，W/m^2；β_i 为墙体内侧表面对流传质系数，s/m。

供热期墙体传递的总热负荷为

$$Q_h = Q_{s,h} + Q_{l,h} \tag{5.13}$$

$$Q_{s,h} = \sum_{k=t_3}^{t_4} q_{s,h}(k) \tag{5.14}$$

$$Q_{l,h} = \sum_{k=t_3}^{t_4} q_{l,h}(k) \tag{5.15}$$

式中，Q_h 为供热期单位面积外墙传递的总热负荷，W/m^2；$Q_{s,h}$ 为供热期单位面积外墙传递的显热负荷总和，W/m^2；$Q_{l,h}$ 为供热期单位面积外墙传递的潜热负荷总和，W/m^2；t_3 和 t_4 分别表示供热期开始与结束的时刻。

5.2.3　单位面积外墙传热产生的全年供热空调能耗

对于夏热冬冷地区，空调期空调系统应采用电驱动冷水机组，供热期采用空气源热泵机组或燃气锅炉。计算设计建筑全年供热和空调总耗电量时，空调期由单位面积外墙传热产生的空调能耗可表示为[2]

$$E_c = \frac{Q_c}{3.6 \times 10^6 SCOP_c} \tag{5.16}$$

式中，E_c 为由单位面积外墙传热产生的空调能耗，$kW \cdot h/m^2$；Q_c 为空调期单位面积外墙传递的总冷负荷，W/m^2；$SCOP_c$ 为空调供冷系统的综合性能系数。

供热期采用空气源热泵机组时，由单位面积外墙传热产生的供热能耗可表示为[2]

$$E_h = \frac{Q_h}{3.6 \times 10^6 SCOP_h} \tag{5.17}$$

式中，E_h 为由单位面积外墙传热产生的供热能耗，$kW \cdot h/m^2$；Q_h 为供热期单位面积外墙传递的总热负荷，W/m^2；$SCOP_h$ 为空气源热泵机组的综合性能系数。

供热期采用燃气锅炉，由单位面积外墙传热产生的供热能耗可表示为[2]

$$E_h = \frac{Q_h}{3.6 \times 10^6 \eta q_1 q_2} \varepsilon_z \tag{5.18}$$

式中，q_1 为标准天然气热值，取 $9.87 kW \cdot h/m^3$；q_2 为发电煤耗，取 $0.36 kgce/(kW \cdot h)$；ε_z 为天然气与标准煤折算系数，取 $1.21 kgce/m^3$；η 为燃气锅炉供热综合效率。

5.3　墙体结构与气候边界条件

5.3.1　模拟分析的墙体结构

砖墙和混凝土墙是夏热冬冷地区常用的围护结构形式，因此以砖墙和混凝土墙为例，模拟分析热湿耦合传递对墙体热湿特性、冷热负荷和能耗的影响。

模拟计算的墙体由内向外依次为 20mm 砂浆、240mm 砖（或混凝土）、20mm 砂浆和 80mm 外保温材料，如图 5.1 所示。墙体材料砖、砂浆和保温材料的热湿物性参数如表 4.2～表 4.4 所示。混凝土的热湿物性参数如表 5.1 所示[3]。这些墙体材料具有显著的热湿传递特点。

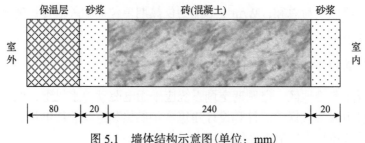

图 5.1　墙体结构示意图(单位：mm)

表 5.1　混凝土的热湿物性参数[3]

热湿物性参数	参数值
干材料密度/(kg/m³)	$\rho=2280$
定压比热容/[J/(kg·K)]	$c_p=800$
导热系数/[W/(m·K)]	$\lambda=1.5+15.8\dfrac{\omega}{\rho_1}$
含湿量/(kg/m³)	$\omega=\dfrac{146}{[1+(8\times10^{-8}p_c)^{1.6}]^{0.375}}$
水蒸气渗透系数/[kg/(m·s·Pa)]	$\delta_p=\dfrac{26.1\times10^{-6}}{200R_vT}\dfrac{1-\dfrac{\omega}{146}}{0.497+0.503\left(1-\dfrac{\omega}{146}\right)^2}$
液态水渗透系数/[kg/(m·s·Pa)]	$K_1=\exp[-39.2619+0.0704(\omega-73)$ $-1.7420\times10^{-4}(\omega-73)^2-2.7953\times10^{-6}(\omega-73)^3$ $-1.1566\times10^{-7}(\omega-73)^4+2.5969\times10^{-9}(\omega-73)^5]$

注：p_c 为毛细压力，Pa；R_v 为水蒸气气体常数，取 461.89J/(kg·K)；T 为温度，K；ρ_1 为液态水密度，取 1000kg/m³。

5.3.2　室外气候边界条件

　　现有模拟分析用典型气象年数据中尚未给出各城市的降雨量和风速风向数据。为了模拟和对比分析纯导热和有无风驱雨条件下湿传递对建筑墙体热湿性能和能耗的影响，从长沙市气象站获取了 2017 年 11 月 1 日 0:00～2018 年 11 月 1 日 0:00 含有降雨量和风速风向的气象数据。图 5.2 为从长沙市气象站获得的室外气象数据。长沙属于亚热带季风气候，夏季炎热，冬季寒冷，全年空气相对湿度较高。年平均气温为 18.1℃，年平均降雨量为 1136.2mm。最冷的月份出现在 1 月，月平均温度为 4.8℃。冬天经常有长时间的小雨。5 月下旬以后，室外气温将明显上升。夏季日平均气温在 30℃以上为 85 天。7 月和 8 月，由于潮湿的东南季风，降雨量较大。最大月平均相对湿度为 80%，出现在降雨较多的 8 月。夏季降雨量明显要比冬季高，3～5 月降雨量明显增加，9～10 月降雨量显著减少，5 月初～8 月底是多雨的夏季。夏季盛行东南风，冬季盛行西北风。

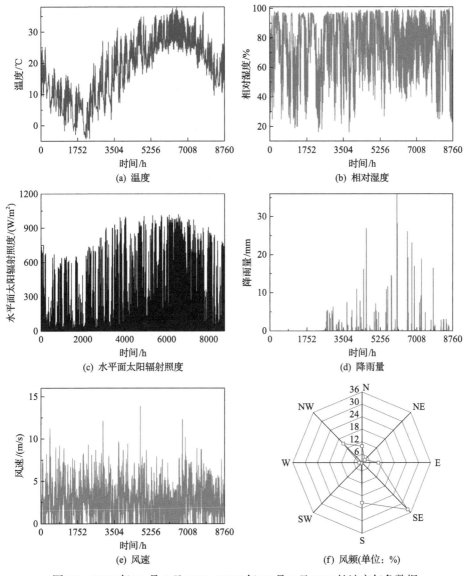

图 5.2　2017 年 11 月 1 日 0:00～2018 年 11 月 1 日 0:00 长沙市气象数据

　　图 5.3 为采用直散分离模型[4]由实测太阳辐射值计算得到的长沙市各朝向墙体表面接收到的太阳辐射照度，计算时间为 2017 年 11 月 1 日 0:00～2018 年 11 月 1 日 0:00。东、南、西、北向墙体表面全年平均太阳辐射照度分别为 68W/m²、102.9W/m²、125W/m² 和 50W/m²。夏季(6 月、7 月和 8 月)东、南、西、北向墙体表面平均太阳辐射照度分别为 98.7W/m²、92.2W/m²、184W/m² 和 75.2W/m²，冬季(12 月、1 月和 2 月)东、南、西、北向墙体表面平均太阳辐射照度分别为 38.2W/m²、111.4W/m²、81.6W/m² 和 28.4W/m²。

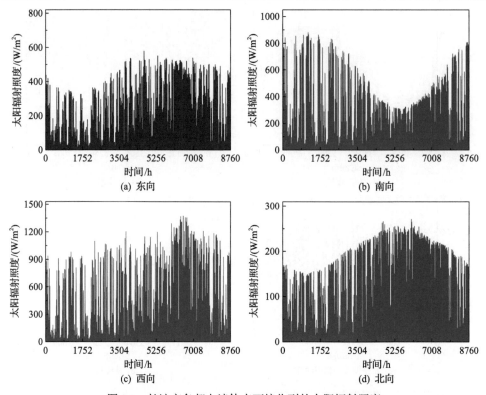

图 5.3　长沙市各朝向墙体表面接收到的太阳辐射照度

各朝向墙体外表面接收到的风驱雨量用改进的风驱雨量模型［见式 (2.111)］计算.图 5.4 为夏季各朝向墙体表面风驱雨量,计算时间为 2018 年 6 月 1 日 0:00～2018 年 9 月 1 日 0:00.图 5.5 为冬季各朝向墙体表面风驱雨量, 计算时间为 2017 年 12 月 1 日 0:00～2018 年 3 月 1 日 0:00.夏季东、南、西、北向墙体表面的峰值风驱雨量分别为 $0.8g/(m^2 \cdot s)$、$1.5g/(m^2 \cdot s)$、$2.0g/(m^2 \cdot s)$ 和 $1.5g/(m^2 \cdot s)$, 冬季东、南、西、北向墙体表面的峰值风驱雨量分别为 $0.1g/(m^2 \cdot s)$、$0.05g/(m^2 \cdot s)$、$0.33g/(m^2 \cdot s)$ 和 $0.65g/(m^2 \cdot s)$.各朝向墙体表面夏、冬两季累计捕获的风驱雨量如表 5.2 所示.由表可知, 夏季东、南、西、北向墙体表面累计捕获的风驱雨量分别为 17.6mm、17.6mm、50.0mm 和 59.5mm,冬季四个朝向墙体表面累计捕获的风驱雨量分别为 1.0mm、0.5mm、33.3mm 和 66.6mm.在四个朝向墙体表面的风驱雨强度上, 全年风驱雨量最多的是北向墙体, 其次是西、南、东向墙体.这是由于西北朝向是风与降雨同时发生最频繁的方向.在多雨潮湿的我国南方地区, 预测建筑围护结构的热湿性能时, 需要将风驱雨与动态热湿耦合传递模型结合起来.在室外侧边界条件中引入风驱雨项, 在室外侧能量边界条件中考虑风驱雨的显热, 在室外侧质量边界条件中考虑风驱雨带来的湿分.

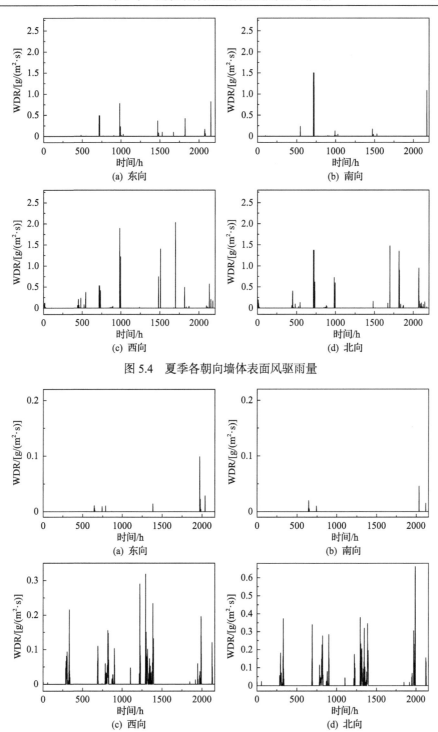

图 5.4　夏季各朝向墙体表面风驱雨量

图 5.5　冬季各朝向墙体表面风驱雨量

表 5.2　各朝向墙体表面夏、冬两季累计捕获的风驱雨量　　　（单位：mm）

季节	东向	南向	西向	北向
夏季	17.6	17.6	50.0	59.5
冬季	1.0	0.5	33.3	66.6

墙体外表面对流传热系数根据式 (2.70) 计算，墙体外表面对流传质系数由 Lewis 关系式给出。

5.3.3　室内气候边界条件

墙体的内表面与外表面具有相似的边界条件，但墙体内表面没有太阳辐射和风驱雨。夏季空调模拟计算时间为 5 月 1 日 0:00～9 月 21 日 0:00，设定室内空气温度为 26℃，相对湿度为 60%。冬季供热模拟计算时间为 12 月 1 日 0:00～次年 3 月 1 日 0:00，设定室内空气温度为 18℃，相对湿度为 50%。在模拟空调（供热）期开始时，墙体的初始温度为 26℃（18℃），墙体的初始相对湿度为 60%（50%）。为消除初始条件的影响，模拟计算时间比空调（供热）期开始时间提前约两个月。

墙体内表面对流传热系数为 8.72W/(m²·K)，墙体内表面对流传质系数由 Lewis 关系式给出。

5.4　墙体内外表面温度和相对湿度

墙体中温湿度是了解湿迁移对墙体热湿性能和能耗影响的关键参数。下面给出在有无湿迁移和有无风驱雨情形下长沙市砖墙各朝向的部分温湿度参数变化情况。无湿迁移是指纯导热情形；无风驱雨有湿迁移，简称无风驱雨，是指在室内外空气温湿度和太阳辐射条件下的热湿耦合传递；有风驱雨是指在室内外空气温湿度、风驱雨和太阳辐射条件下的热湿耦合传递。

5.4.1　夏季墙体外表面温度

图 5.6 为纯导热、无风驱雨和有风驱雨三种情形下夏季砖墙各朝向外表面温度的部分模拟结果。

夏季砖墙东向外表面温度对比时间段为 7 月 12 日 0:00～7 月 15 日 0:00。在 7 月 12 日 1:00,墙体外表面出现最大风驱雨量，为 0.80g/(m²·s)。在 7 月 13 日 10:00，纯导热、无风驱雨和有风驱雨情形下墙体外表面温度分别为 37.2℃、35.5℃和 33.2℃。此时，无风驱雨和有风驱雨情形下墙体外表面温度比纯导热情形分别降低了 1.7℃和 4.0℃。

夏季砖墙南向外表面温度对比时间段为 7 月 1 日 0:00～7 月 4 日 0:00。在 7 月 1 日 1:00,墙体外表面出现最大风驱雨量，为 1.50g/(m²·s)。在 7 月 2 日 14:00，

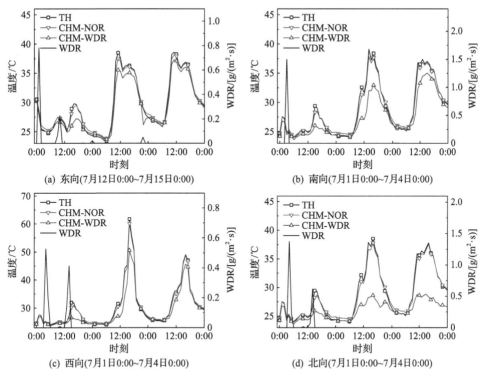

(a) 东向(7月12日0:00~7月15日0:00)

(b) 南向(7月1日0:00~7月4日0:00)

(c) 西向(7月1日0:00~7月4日0:00)

(d) 北向(7月1日0:00~7月4日0:00)

图 5.6　夏季砖墙各朝向外表面温度的部分模拟结果

纯导热、无风驱雨和有风驱雨情形下墙体外表面温度分别为 39.1℃、37.9℃和 32.0℃。此时，无风驱雨和有风驱雨情形下墙体外表面温度比纯导热情形分别降低了 1.2℃和 7.1℃。

夏季砖墙西向外表面温度对比时间段为 7 月 1 日 0:00~7 月 4 日 0:00。在 7 月 1 日 4:00，墙体外表面出现最大风驱雨量，为 0.53g/(m²·s)。在 7 月 2 日 16:00，纯导热、无风驱雨和有风驱雨情形下墙体外表面温度分别为 61.7℃、60.1℃和 50.6℃。此时，无风驱雨和有风驱雨情形下墙体外表面温度比纯导热情形分别降低了 1.6℃和 11.1℃。

夏季砖墙北向外表面温度对比时间段为 7 月 1 日 0:00~7 月 4 日 0:00。在 7 月 1 日 4:00，墙体外表面出现最大风驱雨量，为 1.37g/(m²·s)。在 7 月 2 日 16:00，纯导热、无风驱雨和有风驱雨情形下墙体外表面温度分别为 38.5℃、37.8℃和 28.6℃。此时，无风驱雨和有风驱雨情形下墙体外表面温度比纯导热情形分别降低了 0.7℃和 9.9℃。

夏季受风驱雨影响，墙体外表面温度比纯导热情形明显降低。这是由于降雨后雨水的蒸发冷却作用，墙体外表面温度显著降低。

夏季纯导热情形下，墙体外表面温度从高到低依次为西、南、东、北向。这主要是因为西向和南向墙体在室外高温时刻同时叠加了较大的外表面太阳辐射照度；而东向出现较大太阳辐射时室外气温还未达到当日高温，北向墙体外表面太阳辐射照度较小。

夏季受风驱雨影响，墙体外表面温度降低，降低幅度从高到低依次为北、西、南、东向。北向墙体外表面温度降低幅度较大，这主要是由于北向风驱雨较多，北向太阳辐射照度较小。在风驱雨的影响下，北向墙体表面蒸发冷却降温效果较为明显。

5.4.2 夏季墙体外表面相对湿度

图 5.7 为无风驱雨和有风驱雨两种情形下夏季砖墙各朝向外表面相对湿度的部分模拟结果。

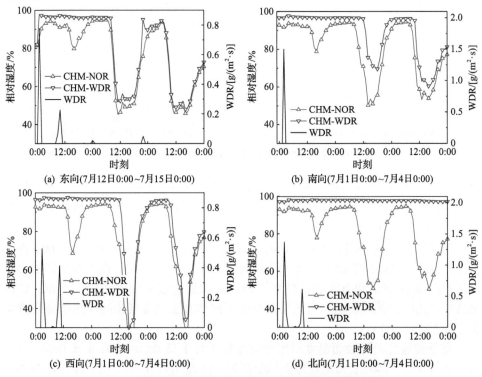

图 5.7 夏季砖墙各朝向外表面相对湿度的部分模拟结果

夏季砖墙东向外表面相对湿度对比时间段为 7 月 12 日 0:00～7 月 15 日 0:00。在 7 月 12 日 1:00，墙体外表面出现最大风驱雨量，为 0.80g/(m²·s)。无风驱雨情形下墙体外表面平均相对湿度为 76.2%，有风驱雨情形下墙体外表面平均相对湿度为 80.6%。在 7 月 12 日 1:00，无风驱雨情形下墙体外表面相对湿度为 85.5%，有风驱雨情形下墙体外表面相对湿度为 97.7%，此时是对比时间段里相对湿度增加最大的时刻，有风驱雨情形下墙体外表面相对湿度比无风驱雨情形增加 12.2%。

夏季砖墙南向外表面相对湿度对比时间段为 7 月 1 日 0:00～7 月 4 日 0:00。在 7 月 1 日 1:00，墙体外表面出现最大风驱雨量，为 1.50g/(m²·s)。无风驱雨情形下墙体外表面平均相对湿度为 81.4%，有风驱雨情形下墙体外表面平均相对湿度为 89.1%，比无风驱雨情形增加 7.7%。在 7 月 2 日 13:00，无风驱雨情形下墙体外表面相对湿度为 63.3%，有风驱雨情形下墙体外表面相对湿度为 89.4%，此时是对比时间段里相对湿度增加最大的时刻，有风驱雨情形下墙体外表面相对湿度比无风驱雨情形增加 26.1%。

夏季砖墙西向外表面相对湿度对比时间段为 7 月 1 日 0:00～7 月 4 日 0:00。在 7 月 1 日 4:00，墙体外表面出现最大风驱雨量，为 0.53g/(m²·s)。无风驱雨情形下墙体外表面平均相对湿度为 77.7%，有风驱雨情形下墙体外表面平均相对湿度为 85.0%，比无风驱雨情形增加 7.3%。在 7 月 1 日 16:00，无风驱雨情形下墙体外表面相对湿度为 68.5%，有风驱雨情形下墙体外表面相对湿度为 97.1%，此时是对比时间段里相对湿度增加最大的时刻，有风驱雨情形下墙体外表面相对湿度比无风驱雨情形增加 28.6%。

夏季砖墙北向外表面相对湿度对比时间段为 7 月 1 日 0:00～7 月 4 日 0:00。在 7 月 1 日 4:00，墙体外表面出现最大风驱雨量，为 1.37g/(m²·s)。无风驱雨情形下墙体外表面平均相对湿度为 81.4%，有风驱雨情形下墙体外表面平均相对湿度为 97.6%，比无风驱雨情形增加 16.2%。在 7 月 3 日 16:00，无风驱雨情形下墙体外表面相对湿度为 50.4%，有风驱雨情形下墙体外表面相对湿度为 97.2%，此时是对比时间段里相对湿度增加最大的时刻，有风驱雨情形下墙体外表面相对湿度比无风驱雨情形增加 46.8%。

夏季有风驱雨情形下墙体外表面相对湿度比无风驱雨情形明显增加，墙体外表面吸收的雨水是墙体外表面相对湿度增加的原因。

夏季有风驱雨情形下墙体外表面干燥速率从大到小依次为西、南、东、北向，西向墙体外表面干燥速率最大，北向墙体外表面干燥速率最小。这主要是因为西向太阳辐射照度较大，北向太阳辐射照度较小，在风驱雨和较小太阳辐射照度的影响下，北向墙体表面相对湿度持续较高。

从图 5.6 可以看出，有风驱雨情形和无风驱雨情形墙体外表面温度存在显著差异，这主要是风驱雨的雨水经太阳加热导致的墙体表面水分蒸发冷却作用所致。图 5.8 为夏季砖墙各朝向外表面湿流密度的部分模拟结果，图中正值表示墙体外表面吸收水分，负值表示墙体外表面放出水分。东向对比时间段为 7 月 13 日 0:00～7 月 15 日 0:00，南向对比时间段为 7 月 2 日 0:00～7 月 4 日 0:00，西向对比时间段为 7 月 2 日 0:00～7 月 4 日 0:00，北向对比时间段为 7 月 2 日 0:00～7 月 4 日 0:00。查看气象数据发现 6 月 30 日 19:00～7 月 1 日 15:00 有一场大雨，随后几天是晴天。有风驱雨情形下墙体外表面的水分通量远大于无风驱雨情形。白天，太阳辐射加热墙体表面会导致墙体表面水分蒸发。当雨天转为晴天时，墙体外表面的雨水蒸发会带走热量，降低墙体外表面的温度。因此，夏季风驱雨对墙体具有降温作用。

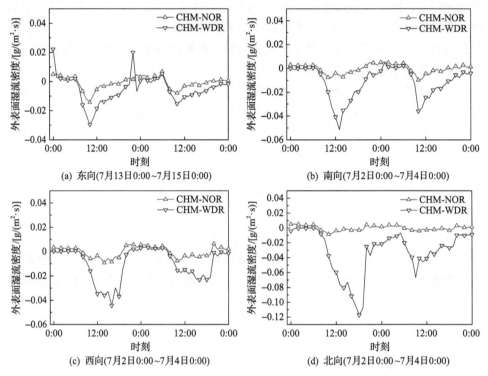

图 5.8　夏季砖墙各朝向外表面湿流密度的部分模拟结果

5.4.3　夏季墙体内表面相对湿度

在围护结构热湿特性分析中需要模拟分析墙体内表面相对湿度动态变化情况。在该分析案例中模拟分析了全年各朝向各时刻砖墙内表面沿厚度方向的相对湿度分布情况。图 5.9 比较了风驱雨事件后某时刻(东向为 7 月 13 日 12:00，南、西、北向为 7 月 2 日 16:00)有风驱雨和无风驱雨情形下砖墙内部相对湿度分布情况。风驱雨事件后有风驱雨情形下砖墙内部平均相对湿度明显高于无风驱雨情形。无风驱雨情形下东、南、西、北向墙体内表面的平均相对湿度分别为69.1%、66.9%、64.0%和66.3%，有风驱雨情形下东、南、西、北向墙体内表面的平均相对湿度分别为74.1%、73.6%、81.3%和93.4%，比无风驱雨情形分别增加 5.0%、6.7%、17.3%和 27.1%，这是风驱雨引起的墙体内湿分积聚所致。因此，在预测围护结构内部和表面温湿度时，需要考虑风驱雨的影响。

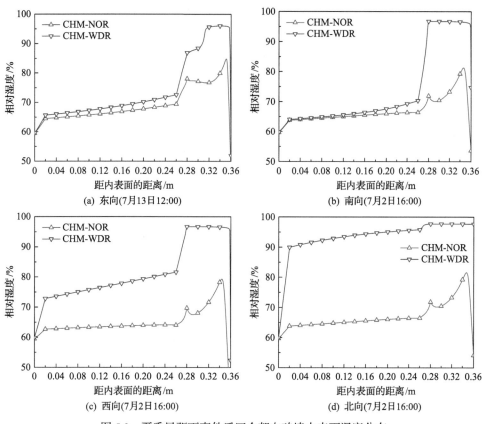

图 5.9　夏季风驱雨事件后四个朝向砖墙内表面湿度分布

5.4.4　冬季墙体外表面温度

图 5.10 为纯导热、无风驱雨和有风驱雨三种情形下冬季砖墙各朝向外表面温度的部分模拟结果。

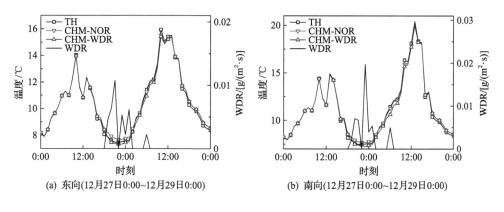

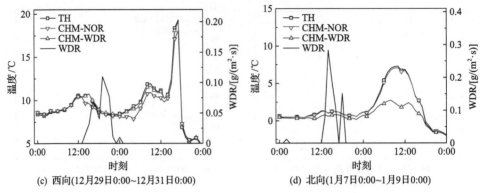

(c) 西向(12月29日0:00~12月31日0:00)　　　　(d) 北向(1月7日0:00~1月9日0:00)

图 5.10　冬季砖墙各朝向外表面温度的部分模拟结果

冬季砖墙东向外表面温度对比时间段为 12 月 27 日 0:00~12 月 29 日 0:00。在 12 月 27 日 21:00，墙体外表面出现最大风驱雨量，为 0.011g/(m²·s)。在 12 月 28 日 10:00，纯导热、无风驱雨和有风驱雨情形下墙体外表面温度分别为 15.9℃、15.5℃和 15.4℃，无风驱雨和有风驱雨情形下墙体外表面温度比纯导热情形分别降低了 0.4℃和 0.5℃。

冬季砖墙南向外表面温度对比时间段为 12 月 27 日 0:00~12 月 29 日 0:00。在 12 月 27 日 23:00，墙体外表面出现最大风驱雨量，为 0.02g/(m²·s)。在 12 月 28 日 6:00，纯导热、无风驱雨和有风驱雨情形下墙体外表面温度分别为 11.4℃、11.3℃和 10.6℃，无风驱雨和有风驱雨情形下墙体外表面温度比纯导热情形分别降低了 0.1℃和 0.8℃。

冬季砖墙西向外表面温度对比时间段为 12 月 29 日 0:00~12 月 31 日 0:00。在 12 月 29 日 19:00，墙体外表面出现最大风驱雨量，为 0.11g/(m²·s)。在 12 月 30 日 17:00，纯导热、无风驱雨和有风驱雨情形下墙体外表面温度分别为 19.3℃、19.1℃和 18.0℃，无风驱雨和有风驱雨情形下墙体外表面温度比纯导热情形分别降低了 0.2℃和 1.3℃。

冬季砖墙北向外表面温度对比时间段为 1 月 7 日 0:00~1 月 9 日 0:00。在 1 月 7 日 14:00，墙体外表面出现最大风驱雨量，为 0.28g/(m²·s)。在 1 月 8 日 10:00，纯导热、无风驱雨和有风驱雨情形下墙体外表面温度分别为 7.3℃、7.1℃和 2.0℃，无风驱雨和有风驱雨情形下墙体外表面温度比纯导热情形分别降低了 0.2℃和 5.3℃。

冬季在有风驱雨的影响下，墙体外表面温度比纯导热情形明显降低。冬季温度相对较低的雨水冷却作用是墙体外表面温度降低的原因。

5.4.5　冬季墙体外表面相对湿度

图 5.11 为无风驱雨和有风驱雨两种情形下冬季砖墙各朝向墙体外表面相对湿度的部分模拟结果。

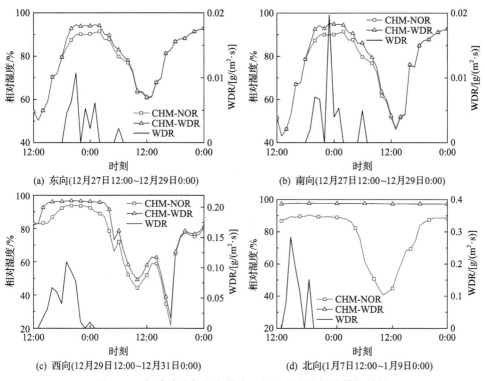

图 5.11　冬季砖墙各朝向外表面相对湿度的部分模拟结果

冬季砖墙东向外表面相对湿度对比时间段为 12 月 27 日 12:00~12 月 29 日 0:00。在 12 月 27 日 21:00，墙体外表面出现最大风驱雨量，为 0.011g/(m²·s)。无风驱雨情形下墙体外表面平均相对湿度为 78.4%，有风驱雨情形下墙体外表面平均相对湿度为 79.6%，比无风驱雨情形增加 1.2%。

冬季砖墙南向外表面相对湿度对比时间段为 12 月 27 日 12:00~12 月 29 日 0:00。在 12 月 27 日 23:00，墙体外表面出现最大风驱雨量，为 0.02g/(m²·s)。无风驱雨情形下墙体外表面平均相对湿度为 75.3%，有风驱雨情形下墙体外表面平均相对湿度为 77.0%，比无风驱雨情形增加 1.7%。

冬季砖墙西向外表面相对湿度对比时间段为 12 月 29 日 12:00~12 月 31 日 0:00。在 12 月 29 日 19:00，墙体外表面出现最大风驱雨量，为 0.11g/(m²·s)。无风驱雨情形下墙体外表面平均相对湿度为 72.8%，有风驱雨情形下墙体外表面平均相对湿度为 77.4%，比有风驱雨情形增加 4.6%。

冬季砖墙北向外表面相对湿度对比时间段为 1 月 7 日 12:00~1 月 9 日 0:00。在 1 月 7 日 14:00，墙体外表面出现最大风驱雨量，为 0.28g/(m²·s)。无风驱雨情形下墙体外表面平均相对湿度为 77.2%，有风驱雨情形下墙体外表面平均相对湿度为 97.5%，比无风驱雨情形增加 20.3%。

冬季在风驱雨的影响下，墙体外表面相对湿度比无风驱雨情形明显增加。显然，墙体外表面吸收雨水是墙体外表面相对湿度增加的原因。冬季忽略风驱雨的影响会明显低估墙体外表面的相对湿度。

5.5　冷热负荷和能耗

5.5.1　冷负荷

长沙市夏季空调模拟计算时间为 2018 年 5 月 1 日 0:00～2018 年 9 月 21 日 0:00。

1. 砖墙

图 5.12 为纯导热、无风驱雨和有风驱雨三种情形下空调期砖墙各朝向传递的冷负荷随时间的变化情况。三种情形下空调期砖墙各朝向传递的冷负荷如表 5.3 所示。

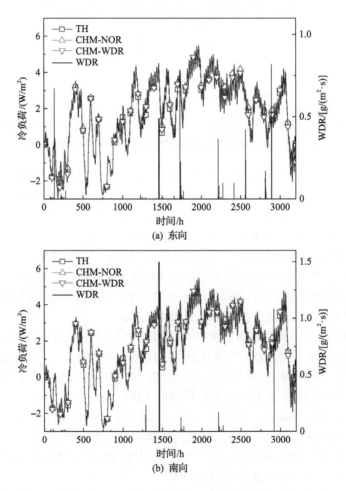

(a) 东向

(b) 南向

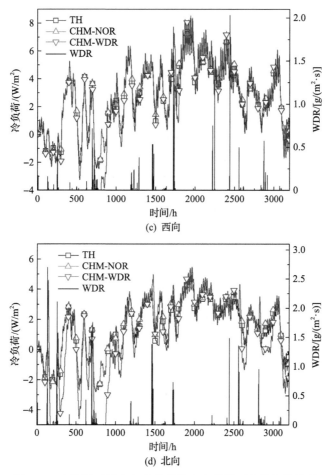

图 5.12　空调期砖墙各朝向传递的冷负荷随时间的变化情况

表 5.3　空调期砖墙各朝向传递的冷负荷

朝向	模型	峰值冷负荷 /(W/m²)	相对于纯考虑导热峰值冷负荷变化/%	总冷负荷 /(W/m²)	相对于纯考虑导热总冷负荷变化/%	平均冷负荷 /(W/m²)	相对于纯考虑导热平均冷负荷变化/%	潜热负荷 /(W/m²)	潜热负荷/总冷负荷/%
东	TH	5.27	—	5514.7	—	1.61	—	—	—
	CHM-NOR	5.35	1.52	5985.8	8.54	1.74	8.07	276.7	4.62
	CHM-WDR	5.46	3.61	5378.2	−2.48	1.57	−2.48	421.5	7.84
南	TH	5.06	—	5438.4	—	2.03	—	—	—
	CHM-NOR	5.14	1.58	5905.8	8.59	2.19	7.88	280.6	4.75
	CHM-WDR	5.49	8.50	5534.9	1.77	2.05	0.99	459.7	8.31
西	TH	7.70	—	8870.5	—	2.58	—	—	—
	CHM-NOR	7.74	0.52	9337.3	5.26	2.72	5.43	265.3	2.84
	CHM-WDR	8.51	10.52	8172.7	−7.87	2.38	−7.75	746.9	9.14

朝向	模型	峰值冷负荷/(W/m²)	相对于纯考虑导热峰值冷负荷变化/%	总冷负荷/(W/m²)	相对于纯考虑导热总冷负荷变化/%	平均冷负荷/(W/m²)	相对于纯考虑导热平均冷负荷变化/%	潜热负荷/(W/m²)	潜热负荷/总冷负荷/%
北	TH	4.83	—	4570.6	—	1.74	—	—	—
	CHM-NOR	4.91	1.66	5042.7	10.33	1.90	9.20	277.7	5.51
	CHM-WDR	5.45	12.84	2464.6	−46.08	1.26	−27.59	1423.2	57.75

纯导热情形下，空调期东、南、西、北向砖墙传递的峰值冷负荷分别为 5.27W/m²、5.06W/m²、7.70W/m² 和 4.83W/m²。与纯导热情形相比，无风驱雨情形下东、南、西、北向砖墙传递的峰值冷负荷分别增加了 1.52%、1.58%、0.52% 和 1.66%，有风驱雨情形下东、南、西、北向砖墙传递的峰值冷负荷分别增加了 3.61%、8.50%、10.52%和12.84%。

无风驱雨情形下，空调期东、南、西、北向砖墙传递的潜热负荷分别占各自朝向砖墙传递的总冷负荷的 4.62%、4.75%、2.84%和5.51%；有风驱雨情形下东、南、西、北向砖墙传递的潜热负荷分别占各自朝向砖墙传递的总冷负荷的 7.84%、8.31%、9.14%和57.75%。

纯导热情形下，空调期东、南、西、北向砖墙传递的平均冷负荷分别为 1.61W/m²、2.03W/m²、2.58W/m² 和 1.74W/m²。与纯导热情形相比，无风驱雨情形下东、南、西、北向砖墙传递的平均冷负荷分别增加了 8.07%、7.88%、5.43%和9.20%，有风驱雨情形下东、南、西、北向砖墙传递的平均冷负荷分别增加了–2.48%、0.99%、–7.75%和–27.59%。

纯导热情形下，空调期东、南、西、北向砖墙传递的总冷负荷分别为 5514.7W/m²、5438.4W/m²、8870.5W/m² 和 4570.6W/m²。与纯导热情形相比，无风驱雨情形下东、南、西、北向砖墙传递的总冷负荷分别增加了 8.54%、8.59%、5.26%和 10.33%，有风驱雨情形下东、南、西、北向砖墙传递的总冷负荷分别增加了–2.48%、1.77%、–7.87%和–46.08%。

空调期有风驱雨情形下墙体传递的冷负荷减少，主要是风驱雨后墙体表面水分蒸发冷却作用所致。墙体外表面的湿气蒸发会带走热量，降低墙体外表面的温度。空调期雨水蒸发和吸热作用将减少墙体传递的冷负荷。

纯导热情形下，空调期各朝向砖墙传递的总冷负荷从大到小依次为西、东、南、北向，西向砖墙传递的总冷负荷最大，北向砖墙传递的总冷负荷最小。这主要是因为西向墙体外表面接收到的太阳辐射照度较大，北向墙体外表面接收到的太阳辐射照度较小。

有风驱雨情形下，空调期各朝向砖墙传递的总冷负荷降低幅度从大到小依次为北、西、东、南向。北向墙体传递的总冷负荷降低幅度较大，这主要是由于北向风驱雨量较多，雨水蒸发冷却带走的热量多。

2. 混凝土墙

图 5.13 为纯导热、无风驱雨和有风驱雨三种情形下空调期混凝土墙各朝向传

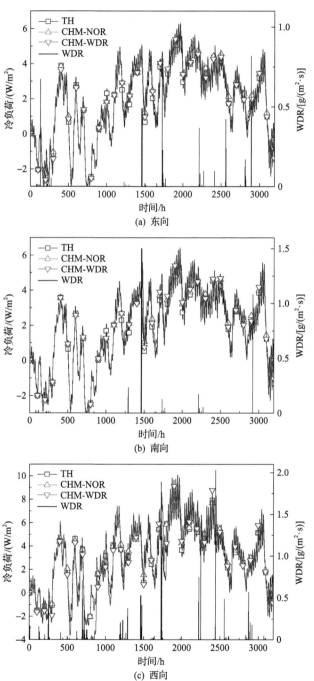

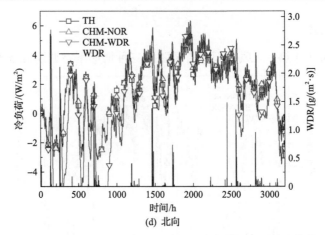

图 5.13 空调期混凝土墙各朝向传递的冷负荷随时间的变化情况

递的冷负荷随时间的变化情况。三种情形下空调期混凝土墙各朝向传递的冷负荷如表 5.4 所示。

表 5.4 空调期混凝土墙各朝向传递的冷负荷

朝向	模型	峰值冷负荷/(W/m²)	相对于纯考虑导热峰值冷负荷变化/%	总冷负荷/(W/m²)	相对于纯考虑导热总冷负荷变化/%	平均冷负荷/(W/m²)	相对于纯考虑导热平均冷负荷变化/%	潜热负荷/(W/m²)	潜热负荷/总冷负荷/%
东	TH	5.93	—	6131.9	—	1.79	—	—	—
	CHM-NOR	6.02	1.52	6647.9	8.42	1.94	8.38	22.2	0.33
	CHM-WDR	6.32	6.58	6073.3	−0.96	1.77	−1.12	19.9	0.33
南	TH	5.73	—	6074.2	—	2.27	—	—	—
	CHM-NOR	5.79	1.05	6560.5	8.01	2.43	7.05	22.8	0.35
	CHM-WDR	6.41	11.87	6321.5	4.07	2.35	3.52	21.5	0.34
西	TH	8.78	—	10002.0	—	2.91	—	—	—
	CHM-NOR	9.04	2.96	10385.2	3.83	3.03	4.12	31.1	0.30
	CHM-WDR	10.1	15.03	9430.2	−5.72	2.75	−5.50	33.7	0.36
北	TH	5.47	—	5102.8	—	1.94	—	—	—
	CHM-NOR	5.54	1.28	5594.0	9.63	2.11	8.76	18.6	0.33
	CHM-WDR	6.31	15.36	2539.8	−50.23	1.39	−28.35	10.9	0.43

纯导热情形下，空调期东、南、西、北向混凝土墙传递的峰值冷负荷分别为 $5.93W/m^2$、$5.73W/m^2$、$8.78W/m^2$ 和 $5.47W/m^2$。与纯导热情形相比，无风驱雨情形下东、南、西、北向混凝土墙传递的峰值冷负荷分别增加了 1.52%、1.05%、2.96%、1.28%，有风驱雨情形下东、南、西、北向混凝土墙传递的峰值冷负荷分别增加 6.58%、11.87%、15.03%和 15.36%。

无风驱雨情形下，空调期东、南、西、北向混凝土墙传递的潜热负荷分别占各自朝向混凝土墙传递的总冷负荷的 0.33%、0.35%、0.30%和 0.33%；有风驱雨情形下，东、南、西、北向混凝土墙传递的潜热负荷分别占各自朝向混凝土墙传递的总冷负荷的 0.33%、0.34%、0.36%和 0.43%。

纯导热情形下，空调期东、南、西、北向混凝土墙传递的平均冷负荷分别为 1.79W/m²、2.27W/m²、2.91W/m²、1.94W/m²。与纯导热情形相比，无风驱雨情形下东、南、西、北向混凝土墙传递的平均冷负荷分别增加了 8.38%、7.05%、4.12%和 8.76%，有风驱雨情形下东、南、西、北向混凝土墙传递的平均冷负荷分别增加了−1.12%、3.52%、−5.50%和−28.35%。

纯导热情形下，空调期东、南、西、北向混凝土墙传递的总冷负荷分别为 6131.9W/m²、6074.2W/m²、10002.0W/m² 和 5102.8W/m²。与纯导热情形相比，无风驱雨情形下东、南、西、北向混凝土墙传递的总冷负荷分别增加了 8.42%、8.01%、3.83%、9.63%，有风驱雨情形下东、南、西、北向混凝土墙传递的总冷负荷分别增加了−0.96%、4.07%、−5.72%和−50.23%。

与纯导热情形相比，无风驱雨情形下空调期四个朝向混凝土墙传递的总冷负荷均是增加的，但有风驱雨情形下空调期除南向外，其他朝向混凝土墙传递的总冷负荷均是降低的。这主要是墙体表面接收到的雨水蒸发冷却作用所致。

纯导热情形下，空调期东、南、西、北向砖墙传递的总冷负荷分别为 5514.7W/m²、5438.4W/m²、8870.5W/m² 和 4570.6W/m²，空调期东、南、西、北向混凝土墙传递的总冷负荷分别为 6131.9W/m²、6074.2W/m²、10002.0W/m² 和 5102.8W/m²。

有风驱雨情形下，空调期东、南、西、北向砖墙传递的总冷负荷分别为 5378.2W/m²、5534.9W/m²、8172.7W/m² 和 2464.6W/m²，空调期东、南、西、北向混凝土墙传递的总冷负荷分别为 6073.3W/m²、6321.5W/m²、9430.2W/m² 和 2539.8W/m²。

空调期东、南、西、北向砖墙传递的冷负荷略低于混凝土墙传递的冷负荷，这主要是因为砖的导热系数比混凝土小，砖墙的热阻大于混凝土墙。

5.5.2　热负荷

长沙市冬季供热模拟计算时间为 2017 年 12 月 1 日 0:00～2018 年 3 月 1 日 0:00。

1. 砖墙

图 5.14 为纯导热、无风驱雨和有风驱雨三种情形下供热期砖墙各朝向传递的热负荷随时间的变化情况。三种情形下供热期砖墙各朝向传递的热负荷如表 5.5 所示。

纯导热情形下，供热期东、南、西、北向砖墙传递的峰值热负荷分别为 10.65W/m²、10.54W/m²、10.57W/m² 和 10.66W/m²。与纯导热情形相比，无风驱雨情形下东、南、西、北向砖墙峰值热负荷分别增加了 3.94%、3.80%、3.88%和

4.03%,有风驱雨情形下东、南、西、北向砖墙峰值热负荷分别增加了 4.04%、3.80%、87.89% 和 104.03%。

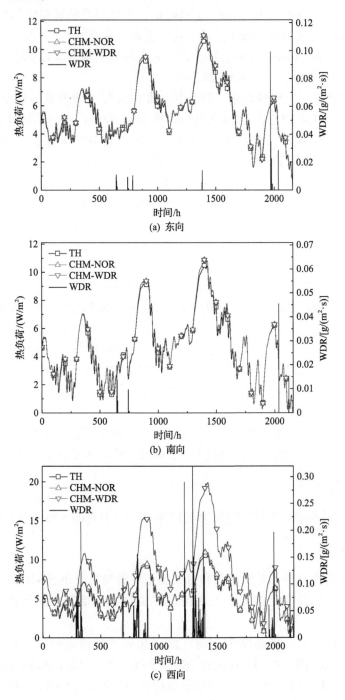

(a) 东向

(b) 南向

(c) 西向

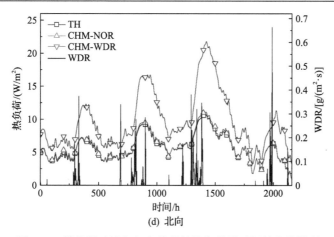

(d) 北向

图 5.14 供热期砖墙各朝向传递的热负荷随时间的变化情况

表 5.5 供热期砖墙各朝向传递的热负荷

朝向	模型	峰值热负荷/(W/m²)	相对于纯考虑导热峰值热负荷变化/%	总热负荷/(W/m²)	相对于纯考虑导热总热负荷变化/%	平均热负荷/(W/m²)	相对于纯考虑导热平均热负荷变化/%	潜热负荷/(W/m²)	潜热负荷/总热负荷/%
东	TH	10.65	—	12017.2	—	5.56	—	—	—
	CHM-NOR	11.07	3.94	12368.2	2.92	5.73	3.06	83.1	0.67
	CHM-WDR	11.08	4.04	12396.0	3.15	5.74	3.23	83.8	0.68
南	TH	10.54	—	9952.2	—	4.61	—	—	—
	CHM-NOR	10.94	3.80	10264.7	3.14	4.75	3.04	89.1	0.87
	CHM-WDR	10.94	3.80	10275.0	3.24	4.76	3.25	89.4	0.87
西	TH	10.57	—	10782.1	—	4.99	—	—	—
	CHM-NOR	10.98	3.88	11111.1	3.05	5.14	3.01	85.9	0.77
	CHM-WDR	19.86	87.89	17604.8	63.28	8.15	63.33	235.5	1.34
北	TH	10.66	—	12274.9	—	5.68	—	—	—
	CHM-NOR	11.09	4.03	12632.7	2.91	5.85	2.99	82.9	0.66
	CHM-WDR	21.75	104.03	21055.5	71.53	9.75	71.65	389.7	1.85

纯导热情形下，供热期东、南、西、北向砖墙传递的平均热负荷分别为 5.56W/m²、4.61W/m²、4.99W/m² 和 5.68W/m²。与纯导热情形相比，无风驱雨情形下东、南、西、北向砖墙传递的平均热负荷分别增加了 3.06%、3.04%、3.01% 和 2.99%，有风驱雨情形下东、南、西、北向砖墙传递的平均热负荷分别增加 3.23%、3.25%、63.33% 和 71.65%。

纯导热情形下，供热期东、南、西、北向砖墙传递的总热负荷分别为 12017.2W/m²、9952.2W/m²、10782.1W/m²、12274.9W/m²。与纯导热情形相比，无风驱雨情形下东、南、西、北向砖墙传递的总热负荷分别增加了 2.92%、3.14%、3.05% 和 2.91%，有风驱雨情形下东、南、西、北向砖墙传递的总热负荷分别增加了 3.15%、3.24%、63.28%和 71.53%。

无风驱雨情形下，供热期东、南、西、北向砖墙传递的潜热负荷分别占各自朝向砖墙传递的总热负荷的 0.67%、0.87%、0.77%、0.66%。有风驱雨情形下，供热期东、南、西、北向砖墙传递的潜热负荷分别占各自朝向砖墙传递的总热负荷的 0.68%、0.87%、1.34%、1.85%。长沙供热期砖墙传递的潜热负荷较小。

长沙供热期有风驱雨情形下，砖墙传递的总热负荷增加主要是以导热形式传递的显热负荷增加。干燥多孔介质建筑材料由于导热系数相对较低，可以提供良好的保温效果。但是，长沙供热期受风驱雨的影响，多孔介质墙体材料吸湿后会增加墙体含湿量，减小外围护结构热阻，降低其保温能力，增加墙体向室外环境的散热损失。

2. 混凝土墙

图 5.15 为纯导热、无风驱雨和有风驱雨三种情形下供热期混凝土墙各朝向传递的热负荷随时间的变化情况。三种情形下供热期混凝土墙各朝向传递的热负荷如表 5.6 所示。

纯导热情形下，供热期东、南、西、北向混凝土墙传递的峰值热负荷分别为 $11.87W/m^2$、$11.75W/m^2$、$11.78W/m^2$ 和 $11.89W/m^2$。与纯导热情形相比，无风驱雨情形下东、南、西、北向混凝土墙传递的峰值热负荷分别增加了 4.13%、3.66%、3.90%和 4.12%，有风驱雨情形下东、南、西、北向混凝土墙传递的峰值热负荷分别增加了 4.21%、3.74%、105.01%和 138.60%。

纯导热情形下，供热期东、南、西、北向混凝土墙传递的平均热负荷分别为 $6.18W/m^2$、$5.10W/m^2$、$5.53W/m^2$ 和 $6.31W/m^2$。与纯导热情形相比，无风驱雨情形下东、南、西、北向混凝土墙传递的平均热负荷分别增加了 3.07%、3.53%、3.44%和 3.17%，有风驱雨情形下东、南、西、北向混凝土墙传递的平均热负荷分别增加了 3.24%、3.73%、73.24%和 92.23%。

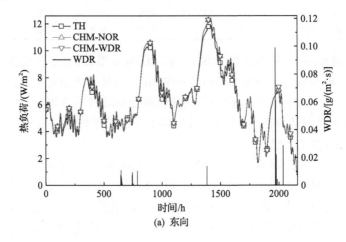

(a) 东向

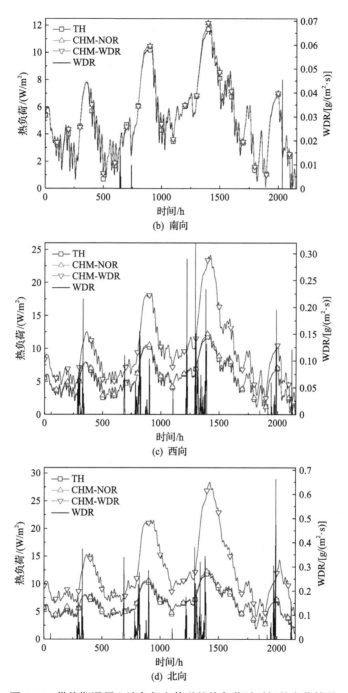

图 5.15　供热期混凝土墙各朝向传递的热负荷随时间的变化情况

表 5.6　供热期混凝土墙各朝向传递的热负荷

朝向	模型	峰值热负荷/(W/m²)	相对于纯考虑导热峰值热负荷变化/%	总热负荷/(W/m²)	相对于纯考虑导热总热负荷变化/%	平均热负荷/(W/m²)	相对于纯考虑导热平均热负荷变化/%	潜热负荷/(W/m²)	潜热负荷/总热负荷/%
东	TH	11.87	—	13339.4	—	6.18	—	—	—
	CHM-NOR	12.36	4.13	13757.3	3.13	6.37	3.07	34.1	0.26
	CHM-WDR	12.37	4.21	13790.6	3.38	6.38	3.24	34.2	0.25
南	TH	11.75	—	11017.4	—	5.10	—	—	—
	CHM-NOR	12.18	3.66	11409.4	3.56	5.28	3.53	27.4	0.24
	CHM-WDR	12.19	3.74	11420.9	3.66	5.29	3.73	27.5	0.24
西	TH	11.78	—	11946.5	—	5.53	—	—	—
	CHM-NOR	12.24	3.90	12352.5	3.40	5.72	3.44	30.0	0.24
	CHM-WDR	24.15	105.01	20692.8	73.21	9.58	73.24	51.2	0.25
北	TH	11.89	—	13631.0	—	6.31	—	—	—
	CHM-NOR	12.38	4.12	14052.8	3.09	6.51	3.17	35.0	0.25
	CHM-WDR	28.37	138.60	26202.7	92.23	12.13	92.23	67.3	0.26

纯导热情形下，供热期东、南、西、北向混凝土墙传递的总热负荷分别为 13339.4W/m²、11017.4W/m²、11946.5W/m² 和 13631.0W/m²。与纯导热情形相比，无风驱雨情形下东、南、西、北向混凝土墙传递的总热负荷分别增加了 3.13%、3.56%、3.40%和3.09%，有风驱雨情形下东、南、西、北向混凝土墙传递的总热负荷分别增加了3.38%、3.66%、73.21%和92.23%。

对于混凝土墙体，供热期墙体传递的潜热负荷很小；供热期风驱雨会明显增加墙体的含湿量，减小墙体热阻，降低墙体保温能力，引起墙体传热负荷增加。

纯导热情形下，供热期东、南、西、北向砖墙传递的总热负荷分别为12017.2W/m²、9952.2W/m²、10782.1W/m² 和12274.9W/m²，供热期东、南、西、北向混凝土墙传递的总热负荷分别为 13339.4W/m²、11017.4W/m²、11946.5W/m² 和 13631.0W/m²。

有风驱雨情形下，供热期东、南、西、北向砖墙传递的总热负荷分别为12396.0W/m²、10275.0W/m²、17604.8W/m² 和21055.5W/m²，供热期东、南、西、北向混凝土墙传递的总热负荷分别为 13790.6W/m²、11420.9W/m²、20692.8W/m² 和26202.7W/m²。

供热期东、南、西、北向砖墙传递的热负荷均略低于各朝向混凝土墙传递的热负荷，这是因为砖的导热系数比混凝土小，砖墙的热阻大于混凝土墙。

对于长沙市建筑墙体，一方面，与纯导热情形相比，在无风驱雨情形下但有湿迁移影响时，四个朝向墙体传递的总热负荷显著增加；另一方面，与纯导热情形相比，有风驱雨情形下四个朝向墙体传递的总冷负荷明显减少。空调期墙体因风驱雨获取雨水的蒸发冷却作用，降低了墙体传递的冷负荷。供热期墙体因风驱雨捕获雨水，增加了建筑材料的含湿量，降低了墙体的热阻，增加了墙体传递的热负荷。长沙市风驱雨对不同朝向墙体的影响程度由高到低依次为北、西、南、东向，风驱雨对北向墙体的影响比其他三个朝向墙体更为明显。如表 5.2 所示，长沙北向墙体受风驱雨影响较大，其外表面暴露在更多的雨水中。这是因为长沙的西北方向风和雨同时出现的频率更高。墙体朝向对其表面温湿度分布有显著的影响。空调期风驱雨的影响有利于减少墙体传递的总冷负荷，但是供热期风驱雨会导致墙体传递的热负荷明显增加。模拟计算结果表明，在预测建筑围护结构传递的冷热负荷时，应考虑风驱雨的影响。

5.5.3　能耗

1. 砖墙

假定长沙市空调期采用电驱动冷水机组供冷，供热期采用燃气锅炉供热，纯导热、无风驱雨和有风驱雨三种情形下各朝向单位面积砖墙传热产生的能耗如表 5.7 所示。

表 5.7　单位面积砖墙传热产生的能耗

朝向	模型	空调能耗/(kW·h/m²)	相对于纯考虑导热空调能耗变化/%	供热能耗/(kW·h/m²)	相对于纯考虑导热供热能耗变化/%	全年供热空调能耗/(kW·h/m²)	相对于纯考虑导热总能耗变化/%
东	TH	2205.9	—	5456.4	—	7662.3	—
	CHM-NOR	2394.3	8.54	5615.8	2.92	8010.1	4.54
	CHM-WDR	2151.3	−2.48	5628.4	3.15	7779.7	1.53
南	TH	2175.4	—	4518.8	—	6694.2	—
	CHM-NOR	2362.3	8.59	4660.7	3.14	7023.0	4.91
	CHM-WDR	2214.0	1.77	4665.4	3.24	6879.3	2.77
西	TH	3548.2	—	4895.6	—	8443.8	—
	CHM-NOR	3734.9	5.26	5045.0	3.05	8779.9	3.98
	CHM-WDR	3269.1	−7.87	7993.5	63.28	11262.6	33.38
北	TH	1828.2	—	5573.4	—	7401.7	—
	CHM-NOR	2017.1	10.33	5735.9	2.92	7753.0	4.75
	CHM-WDR	985.84	−46.08	9560.3	71.53	10546.1	42.48

纯导热情形下，东、南、西、北向砖墙传热产生的空调能耗分别为 2205.9kW·h/m²、2175.4kW·h/m²、3548.2kW·h/m² 和 1828.2kW·h/m²。无风驱雨情形下，东、南、西、北向砖墙传热产生的空调能耗分别为 2394.3kW·h/m²、2362.3kW·h/m²、3734.9kW·h/m² 和 2017.1kW·h/m²，比纯导热情形分别增加了

8.54%、8.59%、5.26%、10.33%。有风驱雨情形下，东、南、西、北向砖墙传热产生的空调能耗分别为 2151.3kW·h/m²、2214.0kW·h/m²、3269.1kW·h/m² 和985.84kW·h/m²，比纯导热情形分别增加了–2.48%、1.77%、–7.87%、–46.08%。

纯导热情形下，东、南、西、北向砖墙传热产生的供热能耗分别为5456.4kW·h/m²、4518.8kW·h/m²、4895.6kW·h/m² 和 5573.4kW·h/m²。无风驱雨情形下，东、南、西、北向砖墙传热产生的供热能耗分别为 5615.8kW·h/m²、4660.7kW·h/m²、5045.0kW·h/m² 和 5735.9kW·h/m²，比纯导热情形分别增加了2.92%、3.14%、3.05%、2.92%。有风驱雨情形下，东、南、西、北向砖墙传热产生的供热能耗分别为 5628.4kW·h/m²、4665.4kW·h/m²、7993.5kW·h/m²、9560.3kW·h/m²，比纯导热情形分别增加了3.15%、3.24%、63.28%、71.53%。

纯导热情形下，东、南、西、北向砖墙传热产生的全年供热空调能耗分别为7662.3kW·h/m²、6694.2kW·h/m²、8443.8kW·h/m² 和 7401.7kW·h/m²。无风驱雨情形下，东、南、西、北向砖墙传热产生的全年供热空调能耗分别为 8010.1kW·h/m²、7023.0kW·h/m²、8779.9kW·h/m² 和 7753.0kW·h/m²，比纯导热情形分别增加了4.54%、4.91%、3.98%和4.75%。有风驱雨情形下，东、南、西、北向砖墙传热产生的全年供热空调能耗分别为 7779.7kW·h/m²、6879.3kW·h/m²、11262.6kW·h/m² 和 10546.1kW·h/m²，比纯导热情形分别增加了1.53%、2.77%、33.38%、42.48%。

空调期由于雨水的蒸发冷却作用，降低了墙体传递的冷负荷，从而减小了单位面积砖墙传热产生的空调能耗。供热期建筑多孔介质外围护结构吸收雨水，雨水蒸发增加热损失，同时建筑材料的含湿量、墙体的热阻降低，增加了墙体传递的热负荷，从而增加了单位面积砖墙传热产生的供热能耗。

在有风驱雨作用时，单位面积砖墙传热产生的全年供热空调能耗增加幅度从大到小依次为北、西、南、东向。北向和西向砖墙传热产生的全年供热空调能耗增加了很多，这主要是由于北向和西向墙体供热期捕获的风驱雨量较多，雨水的蒸发增加了墙体的热损失；同时墙体外表面吸收较多的水分，墙体内部含湿量较高，墙体材料导热系数增加，保温性能降低。对于北向墙体，接收到的太阳辐射照度较小，墙体吸收雨水后难以干燥，墙体材料含湿量更高，墙体材料的保温性能更差。

2. 混凝土墙

假定长沙市空调期采用电驱动冷水机组供冷，供热期采用燃气锅炉供热，纯导热、无风驱雨和有风驱雨三种情形下单位面积混凝土墙传热产生的能耗如表 5.8 所示。

纯导热情形下，东、南、西、北向混凝土墙传热产生的空调能耗分别为2452.8kW·h/m²、2429.7kW·h/m²、4000.8kW·h/m² 和 2041.1kW·h/m²。无风驱雨情

表 5.8　单位面积混凝土墙传热产生的能耗

朝向	模型	空调能耗 /(kW·h/m²)	相对于纯考虑导热空调能耗变化/%	供热能耗 /(kW·h/m²)	相对于纯考虑导热供热能耗变化/%	全年供热空调能耗 /(kW·h/m²)	相对于纯考虑导热总能耗变化/%
东	TH	2452.8	—	6056.8	—	8509.5	—
	CHM-NOR	2659.2	8.42	6246.5	3.13	8905.7	4.66
	CHM-WDR	2429.3	−0.96	6261.6	3.38	8691.0	2.13
南	TH	2429.7	—	5002.5	—	7432.1	—
	CHM-NOR	2624.2	8.01	5180.4	3.56	7804.6	5.01
	CHM-WDR	2528.6	4.07	5185.7	3.66	7714.3	3.80
西	TH	4000.8	—	5424.3	—	9425.1	—
	CHM-NOR	4154.1	3.83	5608.7	3.40	9762.7	3.58
	CHM-WDR	3772.1	−5.72	9395.6	73.21	13167.7	39.71
北	TH	2041.1	—	6189.2	—	8230.3	—
	CHM-NOR	2237.6	9.63	6380.7	3.09	8618.3	4.71
	CHM-WDR	1015.9	−50.23	11897.4	92.23	12913.3	56.90

形下，东、南、西、北向混凝土墙传热产生的空调能耗分别为 2659.2kW·h/m²、2624.2kW·h/m²、4154.1kW·h/m² 和 2237.6kW·h/m²，比纯导热情形分别增加了 8.42%、8.01%、3.83%和9.63%。有风驱雨情形下，东、南、西、北向混凝土墙传热产生的空调能耗分别为 2429.3kW·h/m²、2528.6kW·h/m²、3772.1kW·h/m² 和 1015.9kW·h/m²，比纯导热情形分别增加了−0.96%、4.07%、−5.72%和−50.23%。

纯导热情形下，东、南、西、北向混凝土墙传热产生的供热能耗分别为 6056.8kW·h/m²、5002.5kW·h/m²、5424.3kW·h/m² 和 6189.2kW·h/m²。无风驱雨情形下，东、南、西、北向混凝土墙传热产生的供热能耗分别为 6246.5kW·h/m²、5180.4kW·h/m²、5608.7kW·h/m² 和 6380.7kW·h/m²，比纯导热情形分别增加了 3.13%、3.56%、3.40%、3.09%。有风驱雨情形下，东、南、西、北向混凝土墙传热产生的供热能耗分别为 6261.6kW·h/m²、5185.7kW·h/m²、9395.6kW·h/m² 和 11897.4kW·h/m²，比纯导热情形分别增加了 3.38%、3.66%、73.21%、92.23%。

纯导热情形下，东、南、西、北向混凝土墙传热产生的全年供热空调能耗分别为 8509.5kW·h/m²、7432.1kW·h/m²、9425.1kW·h/m² 和 8230.3kW·h/m²。无风驱雨情形下，东、南、西、北向混凝土墙传热产生的全年供热空调能耗分别为 8905.7kW·h/m²、7804.6kW·h/m²、9762.7kW·h/m² 和 8618.3kW·h/m²，比纯导热情形分别增加了 4.66%、5.01%、3.58%、4.71%。有风驱雨情形下，东、南、西、北向混凝土墙传热产生的全年供热空调能耗分别为 8691.0kW·h/m²、7714.3kW·h/m²、13167.7kW·h/m² 和 12913.3kW·h/m²，比纯导热情形分别增加了 2.13%、3.80%、39.71%、56.90%。

纯导热情形下单位面积东、南、西、北向混凝土墙传热产生的全年供热空调能耗略高于砖墙传递产生的全年供热空调能耗。这主要是由于砖的导热系数比混凝土小，砖墙的热阻大于混凝土墙。

通过对比分析夏热冬冷地区长沙市建筑外墙在有无湿迁移和有无风驱雨条件下的冷热负荷和能耗，可知无风驱雨条件下的湿迁移对冷热负荷和能耗的影响较小，而有风驱雨条件下的湿迁移对冷热负荷和能耗的影响较大。不考虑风驱雨影响，会导致明显低估冬季墙体传递的热负荷，高估夏季墙体传递的冷负荷。在降雨充沛的南方湿热地区，风驱雨对建筑围护结构传递冷热负荷和能耗的影响显著。在建筑冷热负荷和能耗分析计算中，特别是在长期建筑能耗分析中，需要考虑风驱雨对围护结构传递冷热负荷和能耗的影响。

5.6 本 章 小 结

现有的动态热湿耦合传递模型通常都不能准确模拟风驱雨对建筑围护结构热湿性能的影响。有风驱雨情形下，需用适用于超吸湿条件下的动态热湿耦合传递模型。本章采用适用于超吸湿(湿相对度>95%，超吸湿区)条件下的以毛细压力为湿驱动势的动态热湿耦合传递模型。从长沙市气象站获取含有降雨和风速风向数据的实际气象数据，用改进的风驱雨模型计算不同朝向墙体表面接收到的风驱雨量，建立模拟分析风驱雨影响建筑墙体热湿特性和建筑能耗的边界条件。

模拟计算有风驱雨、无风驱雨和纯导热三种情形下长沙市砖墙和混凝土墙不同朝向墙体表面温湿度，计算夏季空调期和冬季供热期墙体传递的冷热负荷及其单位面积外墙传热产生的供热空调能耗。对比结果表明：

(1)夏季，有风驱雨时东、南、西、北向砖墙外表面温度比纯导热情形最高分别降低 4.0℃、7.1℃、11.1℃、9.9℃；有风驱雨时东、南、西、北向砖墙外表面相对湿度比未考虑驱雨风但考虑热湿耦合传递时最大分别增加 12.2%、26.2%、28.6%、46.8%。

(2)有风驱雨时，空调期东、南、西、北向砖墙传递的总冷负荷比纯导热情形分别增加了−2.48%、1.77%、−7.87%、−46.08%；供热期东、南、西、北向砖墙传递的总热负荷比纯导热情形分别增加了 3.15%、3.24%、63.28%和 71.53%；东、南、西、北向单位面积砖墙传热产生的全年供热空调能耗比纯导热情形分别增加了 1.53%、2.77%、33.38%、42.48%。

(3)在有无风驱雨及纯导热情况下，混凝土墙表现出的热湿特性和能耗性能的变化趋势与砖墙一样，只是数值上略有差别。

总体看来，风驱雨在夏季对墙体有蒸发冷却降温作用，有利于降低夏季墙体传递的冷负荷，在冬季明显增大了墙体传递的热负荷，而且导致单位面积墙体传热产生的全年供热空调能耗明显增加。风驱雨是影响建筑能耗的重要气候因素，是准确模拟分析建筑能耗需要考虑的重要因素。

参 考 文 献

[1] Fang A M, Chen Y M, Wu L. Transient simulation of coupled heat and moisture transfer through multi-layer walls exposed to future climate in the hot and humid Southern China area. Sustainable Cities and Society, 2020, 52: 101812.

[2] 中华人民共和国住房和城乡建设部, 中华人民共和国国家质量监督检验检疫总局. 建筑节能与可再生能源利用通用规范(GB 55015—2021). 北京: 中国建筑工业出版社, 2021.

[3] Hagentoft C E. HAMSTAD, Methodology of HAM-modeling. Gothenburg: Chalmers University of Technology, 2002.

[4] Liu B Y H, Jordan R C. The interrelationship and characteristic distribution of direct diffuse and total solar radiation. Solar Energy, 1960, 4(3): 1-19.

第6章 考虑热湿耦合传递的墙体保温层厚度优化

为了节约建筑能源消耗、保护生态环境、应对气候变化、降低建筑碳排放，我国新实施的《建筑节能与可再生能源利用通用规范》（GB 55015—2021）[1]要求新建居住建筑和公共建筑平均设计能耗水平应在 2016 年执行的节能设计标准的基础上分别降低 30%和 20%。建筑外墙作为建筑围护结构的重要组成部分，其热工性能的好坏直接影响室内外环境间的热量传递，从而影响供热期和空调期的能耗。虽然我国自 20 世纪 80 年代初期开始探索建筑节能，但我国建筑墙体的热工性能普遍较差，尤其是南方地区，因为这一区域历史上不属于规定的供热区域，保温隔热问题不受重视，外墙的单位面积能耗是同纬度发达国家的 4～5 倍，屋顶的单位面积能耗是同纬度发达国家的 2.5～5.5 倍。而该地区建筑围护结构采用多孔介质建筑材料，其热工和能耗性能受到室外高湿和风驱雨的影响，需要探究热湿耦合传递对墙体保温隔热性能的影响。

6.1 墙体保温隔热形式

保温墙体属于复合墙体，包括结构层和保温层。结构层是指建筑中承重受力的墙体层，通常称为基层；保温层是由保温隔热材料构成的非承重层。按照基层和保温层在复合墙体中的相对位置，外墙保温可划分为三种形式：外墙内保温，即保温层在基层室内一侧；外墙夹芯保温，即保温层处于两层基层之间；外墙外保温，即保温层在基层室外空气一侧。

1. 外墙内保温

外墙内保温是指在外墙的内侧安装绝热材料，减少室内环境的热损失。其特点如下：

（1）施工方便。外墙内保温在室内施工，较为安全方便，劳动强度较低，同时可避免寒冷、酷暑和雨雪等天气对施工的影响，有利于提高施工效率。但施工中需要注意保温材料的防潮，通常要待结构层干燥后再进行保温层的安装。

（2）不影响建筑的外观。采用外墙内保温时，保温层在结构层内侧，因此可以任意选择建筑的外墙饰面。

（3）内保温墙体外侧的结构层密度大，蓄热能力强，因而室内温度波动较大。

(4)外墙主体结构直接暴露在温差和相对湿度变化大的室外大气环境中,使得墙体承受的变形应力大,这容易引起墙体或保温层开裂。外墙内保温使得外墙和内墙分隔成两个不同的温度场。这意味着楼板与内墙等内围护结构受室外空气温度变化的影响小,一直处于相对稳定的室内环境中,假设夏季房间温度在 26～28℃,冬季房间温度在 8～18℃,则年温差变化为 10℃左右。而建筑外墙却是直接暴露在不断变化的室外环境中,也就是说年温差变化可达到 50℃。通常,环境温度每变化 10℃就会使混凝土材料发生万分之一的胀缩,当外墙结构层随室外空气温度胀缩时,容易导致保温层产生裂缝。

(5)由于内保温墙体的绝热层设在内侧,这会占据建筑的使用面积,对于既有建筑改造,施工时会影响居住者的正常生活。同时室内的一些设备如暖气片、空调器、管道和窗帘杆等需要悬挂和固定在墙体上,这将破坏保温层,从而影响其保温隔热性能。

(6)外墙内保温存在热桥,这会降低墙体的保温隔热性能。

2. 外墙夹芯保温

外墙夹芯保温通常应用在混凝土框架结构中,在两面墙体之间内置绝热材料。其特点如下:

(1)在施工方面,夹芯保温可在施工现场制作,也可以预制,由于保温层和外墙主体是一起施工完成的,不需要等到墙体干燥以后再安装保温层,可缩短施工周期,提高施工效率。但其对混凝土浇筑要求较高,若浇筑不连续、均匀,混凝土的侧压力会使夹芯保温层在拆模后发生变形甚至错茬。

(2)在造价方面,由于用保温材料代替加气混凝土作为填充材料,外墙夹芯保温的造价较低。

(3)外墙夹芯保温的构造为两层刚性材料之间夹着强度较弱的保温层,这种构造降低了建筑的抗震强度。

(4)楼板接缝处有热桥存在,降低了墙体的热工性能。

3. 外墙外保温

外墙外保温是指在外墙的外侧安装绝热材料,它不仅能提高外墙的保温隔热性能,还保护了建筑的外墙面,使其免于遭受室外气候,如风、雨、雪、日晒、冷、热,甚至环境污染等的侵蚀。外墙外保温在满足了建筑节能要求的同时还减少了建筑的维护费用。

在我国,外墙外保温技术是应用最广泛的一种保温技术,其理论及应用研究也是最多的。外墙外保温主要有以下优点:

(1)外墙外保温可以避免热桥的产生。由于外保温避免了热桥，在寒冷的冬季，在保温层厚度相同的条件下，外保温的热损失比内保温要减少约 20%，同时外保温避免了热桥部位结露，甚至发霉和淌水。

(2)由于外保温墙体内侧的结构层热容大，蓄热能力强，使室外气候变化引起的室内温度变化减缓，因而室内温度较为稳定，室内热环境较为舒适。

(3)外墙外侧的保温层减小了室外各种气候因素对墙体结构的侵蚀，保护了内部的砖墙或混凝土墙。室外气候变化引起外墙内部较大的温度变化主要发生在保温层内，内部墙体温度变化平缓，热应力减小，从而降低了主体墙产生变形、裂缝和破损的风险。因此，外墙外保温可以降低建筑的维护费用，延长其使用寿命，减少建筑生命周期成本。

(4)外墙外保温的绝热材料贴在主体墙的外侧，且相对于内保温来说，外保温的保温隔热性能高很多，因而在满足相同节能指标的条件下，外保温的保温层厚度要小很多，因此外保温可以大大减小墙体厚度，从而增加有效使用面积。

(5)外墙外保温可以使建筑外壁面更为美观，尤其是在既有建筑改造时，能使房屋面貌焕然一新。

(6)外墙外保温的保温层在主体墙体外侧，旧房改造时，不会影响居民的日常生活。

(7)在装修时，内保温层容易遭到破坏，壁面上难吊挂物件，安装窗帘盒、空调末端、散热器等相当困难，而采用外保温时这些问题均不存在。

(8)外墙外保温的综合经济效益高。尽管外保温工程每平方米的造价相对于内保温来说要高一些，但相比内保温，外保温能增加近 2% 的使用面积，从而使外保温工程单位使用面积造价更低。

外墙外保温亦有不足之处：

(1)外墙外保温在室外施工，施工较为复杂，施工难度较高，且安全性较差，同时需兼顾建筑的外观装饰。

(2)施工受到天气因素限制，如冬季、雨季。

6.2　墙体保温层厚度优化方法

保温材料导热系数低，墙体保温是提高围护结构热工性能，减少供热、空调能耗，实现建筑节能的一个重要且有效的方法，但它也会增加建设成本。如图 6.1 所示，在保温层寿命周期内，外墙传热引起的供热、空调能耗费用随着保温层厚度的增加而降低，但保温成本随着保温层厚度的增加而增加，总费用存在一个最小值，而这一最小值所对应的保温层厚度称为最佳保温层厚度。优化墙体保温层厚度可降低生命周期成本。

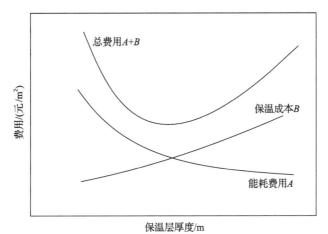

图 6.1　保温层厚度与费用的关系

6.2.1　外墙传热引起的供热空调能耗费用

外墙传热引起的供热空调能耗费用为外墙传热引起的能耗与能源单价的乘积，分为空调能耗费用和供热能耗费用两部分。

空调期单位面积外墙空调能耗费用 $E_{\mathrm{w,c}}$（元/m²）可表示为

$$E_{\mathrm{w,c}} = C_{\mathrm{E}} E_{\mathrm{c}} \tag{6.1}$$

式中，C_{E} 为电价，元/(kW·h)；E_{c} 为空调期由单位面积外墙传热产生的空调能耗，(kW·h)/m²，按式(5.16)计算。

供热期采用空气源热泵机组供热时，单位面积外墙供热能耗费用 $E_{\mathrm{w,h}}$（元/m²）可表示为

$$E_{\mathrm{w,h}} = C_{\mathrm{E}} E_{\mathrm{h}} \tag{6.2}$$

式中，E_{h} 为采用空气源热泵机组供热时由单位面积外墙传热产生的供热能耗，(kW·h)/m²，按式(5.17)计算。

采用燃气锅炉供热时，单位面积外墙供热能耗费用 $E_{\mathrm{w,h}}$（元/m²）可表示为

$$E_{\mathrm{w,h}} = C_{\mathrm{F}} \frac{Q_{\mathrm{h}}}{\eta \mathrm{LHV}} \tag{6.3}$$

式中，C_{F} 为燃料的单价，元/kg；LHV 为燃料的低热燃烧值，W/kg；Q_{h} 为供热期单位面积外墙传递的总热负荷，W/m²，按式(5.13)计算；η 为燃气锅炉供热综合效率。

6.2.2 经济分析模型

Duffie 等[2]提出了 P_1-P_2 经济分析模型, 该模型考虑了资金的现值, 其表达式为

$$P_1 = \mathrm{PWF}\left(N_e, i, d\right) = \sum_{j=1}^{N_e} \frac{(1+i)^{j-1}}{(1+d)^j} = \begin{cases} \dfrac{1}{d-i}\left[1 - \dfrac{(1+i)^{N_e}}{1+d}\right], & i \neq d \\[3mm] \dfrac{N_e}{1+i}, & i = d \end{cases} \tag{6.4}$$

$$P_2 = D + (1-D)\frac{\mathrm{PWF}(N_{\min}, 0, d)}{\mathrm{PWF}(N_L, 0, m)} + M_s \mathrm{PWF}(N_e, i, d) - \frac{R_s}{(1+d)^{N_e}} \tag{6.5}$$

式中, P_1 为外墙传热引起的供热空调能耗费用在经济分析年限内的现值因子; PWF 为现值因子; N_e 为经济分析年限, 取保温层的寿命周期; i 为银行存款利率; d 为通胀率; P_2 为经济分析年限内保温层支出资金总额与其初投资之比; D 为首付比例; $N_{\min}$ 为经济分析年限与贷款年限中的较小值; N_L 为贷款年限; M_s 为年维修费与初投资之比; m 为贷款利率; R_s 为再售价与初投资之比。

寿命周期内总投资现值 LCT(元/m²) 为供热空调能耗费用现值与保温材料投资之和:

$$\mathrm{LCT} = P_1\left(E_{w,c} + E_{w,h}\right) + P_2 C_{ins} x_{ins} + \begin{cases} C_p, & x_{ins} \neq 0 \\ 0, & x_{ins} = 0 \end{cases} \tag{6.6}$$

式中, C_{ins} 为保温材料单价, 元/m³; C_p 为其他综合费用, 元/m², 包括人工费、保温系统其他材料费和不可预见费用等; x_{ins} 为保温层的厚度, m。当寿命周期内总投资现值 LCT 最小时, 保温层厚度即为最佳保温层厚度 x_{op}。

寿命周期内净现值 LCS(元/m²) 为外墙不保温与保温时寿命周期内总投资现值 LCT 之差:

$$\mathrm{LCS} = \mathrm{LCT}_{un} - \mathrm{LCT}_{in} = P_1\left(\Delta E_{w,c} + \Delta E_{w,h}\right) - \left(P_2 C_{ins} x_{ins} + C_p\right) \tag{6.7}$$

式中, LCT_{in} 为外墙保温时寿命周期内的总投资现值, 元/m²; LCT_{un} 为外墙不保温时寿命周期内的总投资现值, 元/m²; $\Delta E_{w,c}$ 和 $\Delta E_{w,h}$ 分别为外墙保温时空调期和供热期所节省的能耗费用, W/m²。

6.3 墙体保温层厚度优化计算

针对保温层厚度优化开展了大量研究，其中大部分研究采用度日法来计算外墙传热引起的供热空调能耗[3-13]，小部分研究采用非稳态导热模型来估算外墙传热引起的供热空调能耗[14-18]。由于度日法是一种稳态求解方法，其计算结果可能存在较大的误差。Ozel[18]的研究结果表明，与非稳态导热模型法相比，用度日法计算的外墙传热引起的冷负荷被低估了 55%，最佳保温层厚度被低估了 43.5%。因此，为了使优化结果更加准确，计算外墙传热引起的负荷时需考虑非稳态作用的影响。

虽然非稳态导热模型法考虑了非稳态作用的影响，但我国夏热冬冷地区建筑围护结构长期暴露在高温、高湿、多雨的热湿气候环境中，温度和相对湿度剧烈变化，从而导致外墙内湿传递与积累现象普遍存在且显著。外墙内的湿传递和积累会增加墙体的热容，降低其传热热阻，对墙体的热工性能有显著影响。为了准确计算外墙传热引起的供热空调能耗，不仅需要考虑非稳态作用的影响，还需要考虑该地区墙体内湿传递对墙体传热性能的影响。本章采用墙体动态热湿耦合传递模型来计算外墙传热引起的供热空调能耗，然后采用 P_1-P_2 经济分析模型对其进行寿命周期总投资现值分析，并根据寿命周期总投资现值最低来确定最佳保温层厚度。

1. 典型城市的选取

根据供热度日数和空调度日数（HDD18 和 CDD26）不同，我国夏热冬冷地区细分为 4 个子区域[19]，相应的划分准则如表 6.1 所示。在每一个子区域分别选取一个典型城市作为研究对象，选取的典型城市分别为成都（30.67°N，104.02°E）、上海（31.40°N，121.45°E）、长沙（28.22°N，112.92°E）和韶关（24.68°N，113.60°E）。

表 6.1 夏热冬冷地区子区域划分准则

气候区域	子区域	划分准则	典型城市
夏热冬冷地区	A	1000≤HDD18<2000 CDD26≤50	成都
	B	1000≤HDD18<2000 50<CDD26≤150	上海
	C	1000≤HDD18<2000 150<CDD26≤300	长沙
	D	600≤HDD18<1000 100<CDD26≤300	韶关

注：HDD18 为基准温度为 18℃时的供热度日数；CDD26 为基准温度为 26℃时的空调度日数。

2. 墙体构造及其物性参数

南方地区居住建筑中常用砖墙，以砖墙为研究对象，研究用挤塑聚苯乙烯（expanded polystyrene, EPS）保温材料对外墙进行外保温时的最佳保温层厚度。保温墙体结构示意图如图 6.2 所示，由内向外依次为 20mm 石灰水泥砂浆、240mm 红砖、EPS 保温材料和 20mm 水泥砂浆。墙体各层材料的热湿物性参数采用文献[20]的值，如表 6.2 所示，液态水渗透系数 K_l 用式(4.3)计算。

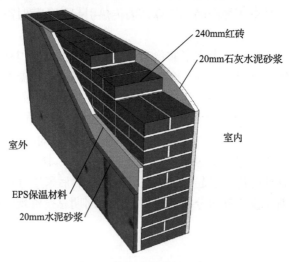

图 6.2　保温墙体结构示意图

表 6.2　墙体各层材料的热湿物性参数

材料	干材料密度 /(kg/m³)	定压比热容 /[J/(kg·K)]	导热系数 /[W/(m·K)]	含湿量 /(kg/m³)	水蒸气渗透系数 /[kg/(m·s·Pa)]	液态水扩散率 /(m²/s)
水泥砂浆	1807	840	$1.965 + 0.0045\omega$	$\dfrac{\varphi}{0.0001 + 0.025\varphi - 0.22\varphi^2}$	5.467×10^{-11}	$1.4\times10^{-9}e^{0.027\omega}$
红砖	1923.4	920	$0.44 + 0.0042\omega$	$\dfrac{\varphi}{0.0163 + 0.096\varphi - 0.0885\varphi^2}$	2.6×10^{-11}	$7.4\times10^{-9}e^{0.0316\omega}$
石灰水泥砂浆	1600	1050	$0.81 + 0.0031\omega$	$\dfrac{\varphi}{0.0077 + 0.0135\varphi + 0.0067\varphi^2}$	1.2×10^{-11}	$2.7\times10^{-9}e^{0.0204\omega}$
EPS	30	1470	$0.0331 + 0.00123\omega$	$\dfrac{\varphi}{0.07086 + 0.9647\varphi - 0.5277\varphi^2}$	1.1×10^{-11}	—

注：φ 为相对湿度，%；ω 为含湿量，kg/m³。

3. 室内外边界条件

室外气象资料取自建筑热环境分析专用气象数据集[21]。夏季室内空气温度为 26℃，相对湿度为 60%；冬季室内空气温度为 18℃，相对湿度为 50%。供冷时间为 6 月 15 日 0:00～9 月 1 日 0:00，供热时间为 12 月 1 日 0:00～次年 3 月 1 日 0:00[22]。墙体的内表面和外表面对流传热系数分别取 8.72W/(m²·K) 和 23.26W/(m²·K)[23]，对流传质系数分别取 18.5×10⁻⁹s/m 和 140×10⁻⁹s/m[24]。

4. 经济性分析参数及其他参数

表 6.3 为经济性分析参数取值。假设家用供热、空调设备为空气源热泵，制冷额定能效比取 2.3，供热额定能效比 1.9[22]。电价取 0.588 元/(kW·h)，EPS 板价格为 280 元/m³，其他综合费用为 45 元/m²（其中人工费 15 元/m²，其他材料费 25 元/m²，不可预见费 5 元/m²）。

表 6.3　经济性分析参数取值

N_e/年	i	d	D	M_s	R_s
20[25]	0.02	0.03	1	0	0

5. 最佳保温层厚度

假设室外无风驱雨，采用第 2 章以温度和相对湿度为驱动势的动态热湿耦合传递模型计算不同朝向外墙传热引起的供热空调能耗，然后采用 P_1-P_2 经济分析模型对其进行寿命周期内总投资现值分析。

成都不同朝向外墙寿命周期内净现值随保温层厚度的变化如图 6.3 所示。可以看出，当保温层厚度小于 80mm 时，随着保温层厚度的增加，净现值增速非常

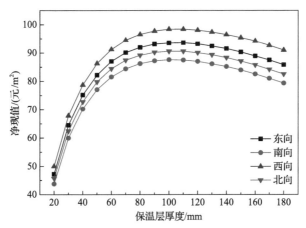

图 6.3　成都不同朝向外墙寿命周期内净现值随保温层厚度的变化

快，说明外墙保温有利于能源费用的节约。当保温层厚度大于 80mm 时，随着保温层厚度的增加，净现值先增加到最大值，再逐渐降低。成都不同朝向外墙寿命周期内净现值由大到小依次为西向、东向、北向、南向，净现值在 43.8~98.4 元/m² 内，最佳保温层厚度在 100~110mm 内。

上海不同朝向外墙寿命周期内净现值随保温层厚度的变化如图 6.4 所示。可以看出，上海东、西、北向外墙寿命周期内净现值变化趋势基本一致，且数值也相当接近，南向外墙寿命周期内净现值最小，说明上海东、西、北向外墙保温比南向更加有利。各朝向外墙寿命周期内净现值在 44.8~118 元/m² 内，最佳保温层厚度在 100~120mm 内。

长沙不同朝向外墙寿命周期内净现值随保温层厚度的变化如图 6.5 所示。可

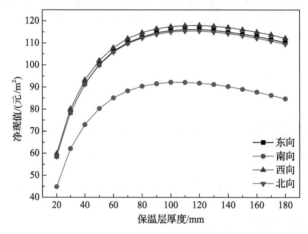

图 6.4　上海不同朝向外墙寿命周期内净现值随保温层厚度的变化

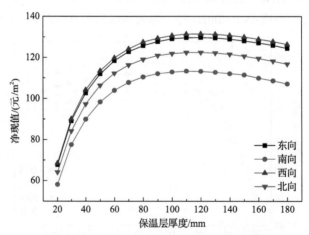

图 6.5　长沙不同朝向外墙寿命周期内净现值随保温层厚度的变化

以看出，长沙东、西向外墙寿命周期内净现值非常接近且较大，北向外墙其次，南向外墙寿命周期内净现值最小，即长沙东、西向外墙保温比南、北向节能效益更高。各朝向外墙寿命周期内净现值在 58.1～131.5 元/m² 内，最佳保温层厚度在 110～120mm 内。

　　韶关不同朝向外墙寿命周期内净现值随保温层厚度的变化如图 6.6 所示。可以看出，韶关不同朝向外墙寿命周期内净现值由大到小依次为西向、东向、北向、南向，且南向外墙寿命周期内净现值远远低于其他三个朝向。各朝向外墙寿命周期净现值在 16.2～59.4 元/m² 内，最佳保温层厚度在 80～90mm 内。

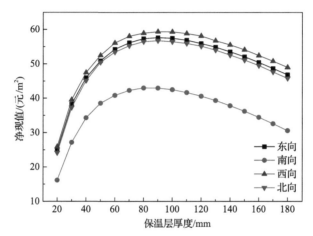

图 6.6　韶关不同朝向寿命周期内外墙净现值随保温层厚度的变化

　　由图 6.3～图 6.6 可以看出，同一城市，因不同朝向墙体的得失热量不同，外墙寿命周期内净现值具有朝向差异性，上海和韶关东、西、北向外墙寿命周期内净现值比南向大，成都各朝向寿命周期内净现值按西、东、北、南向依次递减，长沙东、西向外墙寿命周期内净现值基本相同且最大，北向其次，南向外墙寿命周期内净现值最小；不同城市，当建筑外墙的得失热量不同时，在相同保温层厚度同一朝向的条件下，各城市净现值不同，净现值最高的为长沙，最低的为韶关，成都和上海介于两者之间。

　　典型城市不同朝向外墙寿命周期内最小总投资现值、最大净现值及最佳保温层厚度分别如表 6.4～表 6.6 所示。同一城市、不同朝向的外墙寿命周期内最小总投资现值和最大净现值由高到低依次为西向、东向、北向、南向。因此，在夏热冬冷地区，东、西向保温比南、北向保温更加有利。各城市不同朝向墙体的最佳保温层厚度差为 0～9mm。

表 6.4　典型城市不同朝向外墙寿命周期内最小总投资现值　　（单位：元/m²）

朝向	成都	上海	长沙	韶关
东	118.00	118.59	123.99	106.78
南	116.74	113.81	120.87	103.17
西	119.10	118.90	124.03	107.33
北	117.16	118.23	122.42	106.37

表 6.5　典型城市不同朝向外墙寿命周期内最大净现值　　（单位：元/m²）

朝向	成都	上海	长沙	韶关
东	93.69	116.16	129.82	57.62
南	87.65	92.21	113.38	43.03
西	98.50	118.05	131.93	59.46
北	90.64	115.51	122.61	56.88

表 6.6　典型城市不同朝向外墙的最佳保温层厚度　　（单位：mm）

朝向	成都	上海	长沙	韶关
东	105	112	118	90
南	104	106	112	86
西	104	115	114	92
北	108	112	115	88

6. 保温层厚度优化选择

　　同一城市、不同朝向墙体的最佳保温层厚度不同，各朝向外墙均采用该朝向的最佳保温层厚度时产生的经济效益最大，但会导致保温材料购置和施工组织繁杂。事实上，同一城市、不同朝向外墙最佳保温层厚度的差值低于 10mm。那么整栋建筑外墙采用某一保温层厚度能否达到与各朝向采用各自的最佳保温层厚度时基本相近的节能效果和经济性？这里以多层建筑为研究对象，取建筑主朝向的最佳保温层厚度作为整栋建筑外墙的保温层厚度，计算四个典型城市中该建筑模型的得失热量和投资成本，并与各朝向分别取各自最佳保温层厚度时的结果进行对比。

　　典型建筑模型如图 6.7 所示。建筑为六层，有东、西、南、北四个朝向的外墙，每层南、北向各五个房间，中间有 2m 宽的走廊(西侧走廊有窗)，每个房间尺寸为 4m×4m×4m，外围护结构总尺寸为 20m×10m×24m，外窗为 12mm 的普通中空玻璃，传热系数为 2.8W/(m²·K)，根据夏热冬冷地区节能设计相关规范，南、北向窗墙比分别取 0.45 和 0.4，西向走廊取 0.2。

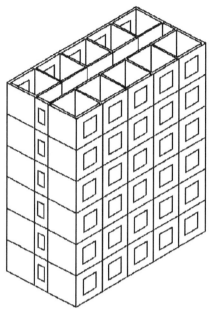

图 6.7　典型建筑模型

　　整栋建筑保温材料的厚度取主朝向(南向)最佳保温层厚度，考虑实际应用的需要，成都、上海、长沙、韶关建筑墙体的保温层厚度分别取 105mm、110mm、115mm、90mm。仅考虑外墙的热湿耦合传递，无风驱雨，室内无扰量，墙体结构参数、各地区气候条件及室内外边界条件如前所述。

　　图 6.8 为典型城市考虑朝向和不考虑朝向时外墙传热引起的冷(热)负荷。可以看出，当外墙保温不考虑朝向，采用主朝向最佳保温层厚度作为整栋建筑外墙的保温层厚度时，与考虑朝向相比，四个城市除上海夏季总冷负荷小幅度升高外，其余三个城市冷负荷基本不变；成都、上海、长沙冬季总热负荷升高，韶关冬季总热负荷降低；成都、上海、长沙建筑墙体传热引起的年负荷总量分别增加了 0.271%、1.081%、0.157%，韶关减少了 0.655%。总体来说，在夏热冬冷地区，当墙体保温不考虑朝向时，全年的冷负荷和热负荷与考虑朝向时相比差异很小，因此采用主朝向最佳保温层厚度能达到与采用各朝向最佳保温厚度相似的保温效果。

　　表 6.7 为建筑外墙考虑朝向不考虑朝向的总投资现值和净现值。可以看出，当建筑采用主朝向最佳保温层厚度作为整栋建筑的保温层厚度时，各城市建筑外墙的总投资现值均小幅度增加，成都由 120325 元增加到 120356 元，增加了 0.026%，上海、长沙、韶关分别增加了 0.098%、0.125%、0.024%；各城市建筑外墙净现值均减少，成都由 94430 元减少到 94399 元，减少了 0.033%，上海、长沙、韶关分

别减少了 0.104%、0.123%、0.156%。各城市总投资现值增加幅度和净现值减小幅度均低于 0.2%，即不考虑朝向带来的收益损失几乎可以忽略。因此，在夏热冬冷地区采用主朝向最佳保温层厚度作为整栋建筑外墙的保温层厚度在保温效果和经济上是可行的。

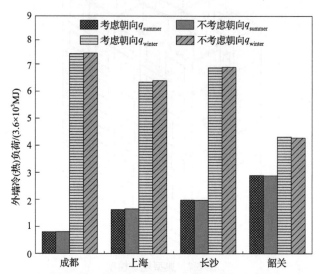

图 6.8　典型城市考虑朝向和不考虑朝向时外墙传热引起的冷（热）负荷

q_{summer}. 夏季冷负荷；q_{winter}. 冬季热负荷

表 6.7　建筑外墙考虑朝向与不考虑朝向的总投资现值和净现值

城市	建筑朝向	保温层厚度/mm		总投资现值/元		净现值/元	
		x_{op}	x_{main}	LCT_{op}	LCT_{main}	LCS_{op}	LCS_{main}
成都	东	105	105	120325	120356	94430	94399
	南	104					
	西	104					
	北	108					
上海	东	112	110	119956	120074	112692	112575
	南	106					
	西	115					
	北	112					
长沙	东	118	115	125502	125659	126797	126641
	南	112					
	西	114					
	北	115					
韶关	东	90	90	108288	108314	55269	55183
	南	86					
	西	92					
	北	88					

注：x 为保温层厚度，mm；下标 op 表示最佳值；main 表示主朝向。

6.4　风驱雨对最佳保温层厚度的影响

我国南方湿热地区属于亚热带季风气候，降水充沛，风驱雨作为建筑外立面的主要湿源之一，对墙体内的热湿耦合传递及建筑能耗有重要影响。在有风驱雨条件下，采用第 2 章以温度和毛细压力为驱动势的动态热湿耦合传递模型计算外墙热湿传递引起的供热空调能耗，然后采用 P_1-P_2 经济分析模型对其进行寿命周期内总投资现值分析，并根据寿命周期内总投资现值最低来确定各个朝向最佳保温层厚度，并将其与不考虑风驱雨时的墙体保温层厚度优化结果进行比较，分析风驱雨对墙体最佳保温层厚度的影响。

6.4.1　墙体结构与材料热湿物性参数

墙体结构示意图如图 6.9 所示，由内向外依次为 20mm 砂浆、240mm 砖、20mm 砂浆和保温材料。墙体各层材料的热湿物性参数采用文献[26]的值，如表 6.8～表 6.10 所示。

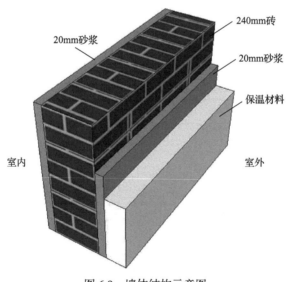

图 6.9　墙体结构示意图

表 6.8　砖的热湿物性参数

热湿物性参数	参数值
干材料密度/(kg/m³)	$\rho=1600$
定压比热容/[J/(kg·K)]	$c_p=1000$

续表

热湿物性参数	参数值
导热系数/[W/(m·K)]	$\lambda = 0.628 + 4.2\dfrac{\omega}{\rho_1}$
含湿量/(kg/m³)	$\omega = 373.5 \times \left\{ \dfrac{0.46}{\left[1+\left(0.47\dfrac{p_c}{\rho_1 g}\right)^{1.5}\right]^{1-1/1.5}} + \dfrac{0.54}{\left[1+\left(0.2\dfrac{p_c}{\rho_1 g}\right)^{3.8}\right]^{1-1/3.8}} \right\}$
水蒸气渗透系数/[kg/(m·s·Pa)]	$\delta_p = \dfrac{26.1\times10^{-6}}{7.5R_v T}\dfrac{1-\dfrac{\omega}{373.5}}{0.2+0.8\left(1-\dfrac{\omega}{373.5}\right)^2}$
液态水渗透系数/[kg/(m·s·Pa)]	$K_1 = \exp\left[-36.484 + 461.325\dfrac{\omega}{\rho_1} - 5240\left(\dfrac{\omega}{\rho_1}\right)^2 + 29070\left(\dfrac{\omega}{\rho_1}\right)^3 \right.$ $\left. -74100\left(\dfrac{\omega}{\rho_1}\right)^4 + 69970\left(\dfrac{\omega}{\rho_1}\right)^5\right]$

注: g 为重力加速度, m/s²; p_c 为毛细压力, Pa; R_v 为水蒸气气体常数, 取 461J/(kg·K); T 为温度, K; ρ_1 为液态水密度, 取 1000kg/m³。

表 6.9 轻质砂浆的热湿物性参数

热湿物性参数	参数值
干材料密度/(kg/m³)	$\rho=230$
定压比热容/[J/(kg·K)]	$c_p=920$
导热系数/[W/(m·K)]	$\lambda = 0.6 + 0.56\dfrac{\omega}{\rho_1}$
含湿量/(kg/m³)	$\omega = 700 \times \left\{ \dfrac{0.2}{\left[1+0.5\left(\dfrac{p_c}{\rho_1 g}\right)^{1.5}\right]^{1-1/1.5}} + \dfrac{0.8}{\left[1+\left(0.004\dfrac{p_c}{\rho_1 g}\right)^{3.8}\right]^{1-1/3.8}} \right\}$
水蒸气渗透系数 /[kg/(m·s·Pa)]	$\delta_p = \dfrac{26.1\times10^{-6}}{50R_v T}\dfrac{1-\dfrac{\omega}{700}}{0.2+0.8\left(1-\dfrac{\omega}{700}\right)^2}$
液态水渗透系数 /[kg/(m·s·Pa)]	$K_1 = \exp\left[-40.425 + 83.319\dfrac{\omega}{\rho_1} - 175.961\left(\dfrac{\omega}{\rho_1}\right)^2 + 123.863\left(\dfrac{\omega}{\rho_1}\right)^3\right]$

表 6.10　保温材料的热湿物性参数

热湿物性参数	参数值
干材料密度/(kg/m³)	$\rho = 212$
定压比热容/[J/(kg·K)]	$c_p = 1000$
导热系数/[W/(m·K)]	$\lambda = 0.06 + 0.56\dfrac{\omega}{\rho_1}$
含湿量/(kg/m³)	$\omega = 871 \times \left[\dfrac{0.41}{\left[1 + \left(0.006\dfrac{p_c}{\rho_1 g} \right)^{2.5} \right]^{1 - \frac{1}{2.5}}} + \dfrac{0.59}{\left[1 + \left(0.012\dfrac{p_c}{\rho_1 g} \right)^{2.4} \right]^{1 - \frac{1}{2.4}}} \right]$
水蒸气渗透系数 /[kg/(m·s·Pa)]	$\delta_p = \dfrac{26.1 \times 10^{-6}}{5.6 R_v T} \dfrac{1 - \dfrac{\omega}{871}}{0.2 + 0.8\left(1 - \dfrac{\omega}{871} \right)^2}$
液态水渗透系数 /[kg/(m·s·Pa)]	$K_1 = \exp\left[-46.245 + 294.506\dfrac{\omega}{\rho_1} - 1439\left(\dfrac{\omega}{\rho_1} \right)^2 + 3249\left(\dfrac{\omega}{\rho_1} \right)^3 - 3370\left(\dfrac{\omega}{\rho_1} \right)^4 + 1305\left(\dfrac{\omega}{\rho_1} \right)^5 \right]$

6.4.2　风驱雨的影响

以长沙市为例进行分析比较，模拟时用 5.3.2 节中给出的长沙市含有降雨和风速风向数据的气象数据资料。夏季室内空气温度为 26℃，相对湿度为 60%；冬季室内空气温度为 18℃，相对湿度为 50%。供冷时间为 6 月 15 日 0:00～9 月 1 日 0:00，供热时间为 12 月 1 日 0:00～次年 3 月 1 日 0:00[25]。墙体的内表面和外表面对流传热系数分别取 8.72W/(m²·K) 和 23.26W/(m²·K)[26]，对流传质系数由 Lewis 关系式给出。夏季用空调供冷，制冷额定能效比取 2.5，电价取 0.8 元/(kW·h)；冬季用燃气锅炉供热，燃气锅炉供热综合效率取 0.75，标准天然气热值取 9.87kW·h/m³，保温材料价格为 675 元/m³；保温层其他综合费用为 45 元/m²。经济性分析参数取值如表 6.3 所示。

不同朝向砖墙保温寿命周期内总投资现值如图 6.10 所示，图中 CHM-WDR 表示有风驱雨情形，CHM-NOR 表示无风驱雨情形，TH 表示纯导热情形。当考虑风驱雨的影响时，长沙市东、南、西、北向砖墙对应的最小寿命周期内总投资现值分别为 169.1 元/m²、161.5 元/m²、196.3 元/m² 和 194.5 元/m²。

不同朝向砖墙保温寿命周期内净现值如图 6.11 所示。当考虑风驱雨的影响时，长沙市东、南、西、北向砖墙对应的最大寿命周期内净现值分别为 55.8 元/m²、45.0 元/m² 、52.2 元/m² 和 46.4 元/m²。

不同朝向外墙的最佳保温层厚度如表 6.11 所示。相比于纯导热情形，考虑风驱雨时东、南、西、北向砖墙最佳保温厚度分别增加了 7.1%、7.7%、20.0%和 14.3%。考虑热湿耦合传递情况下，考虑风驱雨时东、南、西、北向砖墙最佳保温厚度比不考虑风驱动时分别增加了 7.1%、7.7%、12.5%和 14.3%。

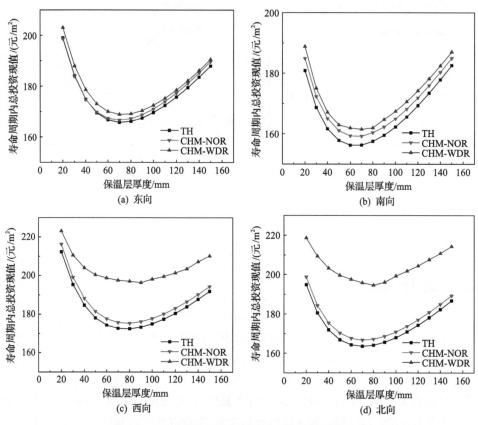

图 6.10　不同朝向砖墙保温寿命周期内总投资现值

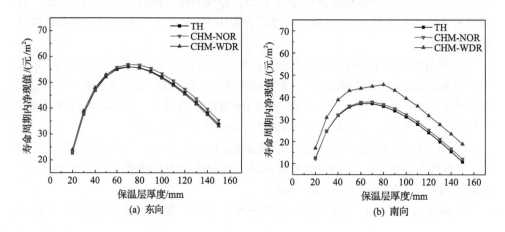

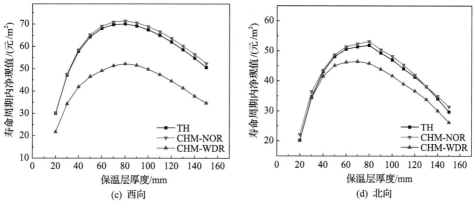

图 6.11　不同朝向砖墙保温寿命周期内净现值

表 6.11　不同朝向外墙的最佳保温层厚度　　　　　（单位：mm）

朝向	CHM-WDR	CHM-NOR	TH
东	75	70	70
南	70	65	65
西	90	80	75
北	80	70	70

6.5　本 章 小 结

本章考虑建筑墙体内湿传递对热传递的影响，基于墙体动态热湿耦合传递模型计算外墙传热引起的供热空调能耗，采用 $P_1\text{-}P_2$ 经济分析模型对其进行寿命周期内总投资现值分析，并根据寿命周期内总投资现值最低来确定最佳保温层厚度。

假设室外无风驱雨，对四个典型城市（成都、上海、长沙、韶关）不同朝向砖墙的保温层厚度进行了优化，得到以下结论：同一城市、不同朝向外墙最佳保温层厚度不同，其中南向外墙的最佳保温层厚度最小，成都、上海、长沙、韶关南向外墙的最佳保温层厚度分别为 104mm、106mm、112mm、86mm，西向外墙的节能效益最好，成都、上海、长沙、韶关西向外墙寿命周期内净现值分别为 98.50 元/m²、118.05 元/m²、131.93 元/m²、59.46 元/m²；当整体建筑保温材料的厚度取主朝向墙体的最佳保温层厚度时，成都、上海、长沙建筑外墙传热引起的年负荷总量分别增加了 0.271%、1.081%、0.157%，韶关减少了 0.655%，净现值分别减小了 0.033%、0.104%、0.123%、0.156%，采用主朝向墙体的最佳保温层厚度对整栋建筑外墙的传热负荷和经济效益的影响非常小。

考虑风驱雨的作用，对长沙建筑外墙的保温层厚度进行了优化，并分析了风驱雨对保温层优化厚度的影响，结果表明，考虑风驱雨时东、南、西、北向砖墙最佳保温厚度比不考虑风驱雨时分别增加了 7.1%、7.7%、12.5%和 14.3%。风驱雨对墙体保温层厚度优化结果有较大影响。

<h1 style="text-align:center">参 考 文 献</h1>

[1] 中华人民共和国住房和城乡建设部, 中华人民共和国国家质量监督检验检疫总局. 建筑节能与可再生能源利用通用规范(GB 55015—2021). 北京: 中国建筑工业出版社, 2021.

[2] Duffie J A, Bechman W A. Solar Energy and Thermal Process. New York: Wiley, 1991.

[3] Yu J H, Yang C Z, Tian L W, et al. A study on optimum insulation thicknesses of external walls in hot summer and cold winter zone of China. Applied Energy, 2009, 86(11): 2520-2529.

[4] Bolattürk A. Determination of optimum insulation thickness for building walls with respect to various fuels and climate zones in Turkey. Applied Thermal Engineering, 2006, 26(11-12): 1301-1309.

[5] Dombaycı Ö A, Gölcü M, Pancar Y. Optimization of insulation thickness for external walls using different energy-sources. Applied Energy, 2006, 83(9): 921-928.

[6] Sisman N, Kahya E, Aras N, et al. Determination of optimum insulation thicknesses of the external walls and roof (ceiling) for Turkey's different degree-day regions. Energy Policy, 2007, 35(10): 5151-5155.

[7] Bolattürk A. Optimum insulation thicknesses for building walls with respect to cooling and heating degree-hours in the warmest zone of Turkey. Building and Environment, 2008, 43(6): 1055-1064.

[8] Kaynakli O. A study on residential heating energy requirement and optimum insulation thickness. Renewable Energy, 2008, 33(6): 1164-1172.

[9] Ozel M, Pihtili K. Determination of optimum insulation thickness by using heating and cooling degree-day values. Journal of Engineering and Natural Sciences, 2008, 26(3): 191-197.

[10] Ucar A, Balo F. Effect of fuel type on the optimum thickness of selected insulation materials for the four different climatic regions of Turkey. Applied Energy, 2009, 86(5): 730-736.

[11] Ucar A, Balo F. Determination of the energy savings and the optimum insulation thickness in the four different insulated exterior walls. Renewable Energy, 2010, 35(1): 88-94.

[12] Yu J H, Tian L W, Yang C Z, et al. Optimum insulation thickness of residential roof with respect to solar-air degree-hours in hot summer and cold winter zone of China. Energy and Buildings, 2011, 43(9): 2304-2313.

[13] Ekici B B, Gulten A A, Aksoy U T. A study on the optimum insulation thicknesses of various types of external walls with respect to different materials, fuels and climatic zones in Turkey. Applied Energy, 2012, 92: 211-217.

[14] Daouas N, Hassen Z, Aissia H B. Analytical periodic solution for the study of thermal performance and optimum insulation thickness of building walls in Tunisia. Applied Thermal Engineering, 2010, 30(4): 319-326.

[15] Daouas N. A study on optimum insulation thickness in walls and energy savings in Tunisian buildings based on analytical calculation of cooling and heating transmission loads. Applied Energy, 2011, 88(1): 156-164.

[16] Ozel M. Effect of wall orientation on the optimum insulation thickness by using a dynamic method. Applied Energy, 2011, 88(7): 2429-2435.

[17] Ozel M. Cost analysis for optimum thicknesses and environmental impacts of different insulation materials. Energy and Buildings, 2012, 49: 552-559.

[18] Ozel M. Determination of optimum insulation thickness based on cooling transmission load for building walls in a hot climate. Energy Conversion and Management, 2013, 66: 106-114.

[19] Yu J H, Yang C Z, Tian L W, et al. Evaluation on energy and thermal performance for residential envelopes in hot summer and cold winter zone of China. Applied Energy, 2009, 86(10): 1970-1985.

[20] Concepts R, Kumaran M K. IEA Annex 24, Task 3: Material properties. Leuven: Catholic University of Leuven, 2014.

[21] 中国气象局气象信息中心气象资料室, 清华大学建筑技术科学系. 中国建筑热环境分析专用气象数据集. 北京: 中国建筑工业出版社, 2005.

[22] 中华人民共和国住房和城乡建设部, 中华人民共和国国家质量监督检验检疫总局. 民用建筑供暖通风与空气调节设计规范(GB 50736—2012). 北京: 中国建筑工业出版社, 2012.

[23] 王志勇, 刘振杰. 暖通空调设计资料便览. 北京: 中国建筑工业出版社, 1993.

[24] Hens H. Building Physics—Heat, Air and Moisture: Fundamentals and Engineering Methods with Examples and Exercises. Berlin: Wilhelm Ernst & Sohn, 2012.

[25] Mahlia T M I, Taufiq B N, Ismail, et al. Correlation between thermal conductivity and the thickness of selected insulation materials for building wall. Energy and Buildings, 2007, 39(2): 182-187.

[26] Hagentoft C E. HAMSTAD, Methodology of HAM-modeling. Gothenburg: Chalmers University of Technology, 2002.

第 7 章　墙体内部毛细冷凝分析

很多既有建筑的保温性能和气密性较差，建筑围护结构内发生的冷凝现象不明显。为了节省能源、降低建筑供热空调能耗，我国建筑法规中对建筑保温隔热和气密性的要求越来越严格。通过增加墙体保温和提高气密性可以实现较高的建筑能效。但是，室内空气流通性变差，湿气积聚在室内难以散发至室外，建筑围护结构内发生冷凝的风险明显增加。另一方面，我国南方地区降雨充沛，室外环境空气湿度全年较大。夏季，室外空气高温高湿，而空调房间的空气温湿度较低，湿气沿着墙体厚度方向流向室内，湿气向内迁移过程中遇到温度较低的不同材料交界面时会发生冷凝现象。冬季，室内温度较高，室外温度较低，湿气沿着墙体厚度方向流向室外，当湿气向外迁移过程中遇到温度较低的不同材料交界面时也会发生冷凝。冷凝导致建筑围护结构内湿分积聚，导致围护结构湿损坏，影响建筑能耗性能和耐久性。

现有的建筑热工设计规范使用基于水蒸气渗透理论的稳态冷凝方法，评估围护结构内部冷凝风险。而在高湿和风驱雨条件下，保温围护结构内部，特别是保温层与其他材料层的界面处发生冷凝时处于超吸湿状态，其水分传递包含水蒸气渗透和液态水迁移，基于水蒸气渗透理论的稳态冷凝方法不适用于高湿和风驱雨条件下保温围护结构内部冷凝风险分析与评估。目前尚未有针对高湿多雨气候条件下建筑围护结构内冷凝风险预测与评估的方法。本章介绍基于动态热湿耦合传递理论的围护结构内部毛细冷凝分析方法(简称毛细冷凝方法)，分析和评估高湿多雨气候条件下围护结构内部冷凝风险，对比传统的冷凝判别方法，评估风驱雨对墙体内部冷凝风险的影响。

7.1　墙体内部冷凝

1. 冷凝的湿破坏作用

在高湿条件下，围护结构保温隔热会造成墙体内部和室内表面发生冷凝。多孔介质建筑材料吸收冷凝水为木腐真菌和霉菌的生长提供有利条件。墙体中的霉菌滋生会向室内散发有害毒素，恶化室内空气品质，危害室内人员健康[1-4]。在木质围护结构内湿气冷凝积聚导致木腐真菌滋生与木材腐烂等问题，木材腐烂会降低木质结构的耐久性和安全性[5]。此外，冬春季湿积累与冷凝会导致围护结构内部及表面发生冻融循环，使得围护结构开裂，甚至产生破坏性形变，造成冻融损伤。

2. 冷凝分析方法

我国南方地区全年空气湿度较高，且墙体大多采用多孔介质建筑材料，墙体内部湿积累现象严重。受气温及湿度变化、保温隔热、自然通风、空调或供热间歇运行等因素影响，墙体内部温度呈动态变化且波动幅度大，易出现墙体内部冷凝现象。对采用多孔介质建筑材料的保温外墙进行墙体设计时，应进行冷凝验算，评估外墙内部发生冷凝的风险。

围护结构内部冷凝分析最早可以追溯到 1939 年 Rowley 等[6]对木屋中水汽冷凝风险的研究，他们根据墙体表面空气中的水汽是否达到饱和状态判断是否发生冷凝结露。Rowley 等提出的冷凝定性评估方法后来被称为露点法。

Glaser 方法可以计算多层围护结构内的冷凝位置和冷凝速率。该方法最初是为预测冷库墙体夹层结构中的冷凝风险而提出的，后来被广泛应用于预测建筑围护结构内冷凝风险[7-9]。然而，Glaser 方法的基本假设是：水分在围护结构内的迁移是通过水蒸气扩散方式进行的，水蒸气扩散过程是稳态的，湿分与热量沿着围护结构厚度方向一维传递。Glaser 方法对湿分传递机理的描述不完善，忽略了多孔介质建筑材料内液态水迁移。

德国标准[10]和英国标准[11]都是以 Glaser 方法为基础判断围护结构内湿分冷凝风险，两标准中的基本假设与 Glaser 方法相同，水分在围护结构中以水蒸气扩散方式进行传递，边界条件是稳态的[12]。Liersch 等[13]采用德国标准预测围护结构内的冷凝风险。

我国现行《民用建筑热工设计规范》（GB 50176—2016）[14]中用稳态水蒸气渗透法计算围护结构内部水蒸气分压力，以水蒸气分压力是否达到墙体内部温度对应的饱和水蒸气分压力来判断墙体内部是否发生冷凝。下面讨论在风驱雨作用下墙体内部动态冷凝分析方法。

7.2　冷凝验算方法

7.2.1　基于水蒸气渗透理论的稳态冷凝方法

《民用建筑热工设计规范》（GB 50176—2016）[14]给出了分析墙体内部冷凝情况的稳态冷凝方法。由材料的导热系数和厚度可以得到材料热阻为

$$R_k = \frac{l_k}{\lambda_k} \tag{7.1}$$

式中，l_k 为第 k 层材料厚度，m；R_k 为第 k 层材料热阻，$(\mathrm{m}^2 \cdot \mathrm{K})/\mathrm{W}$；$\lambda_k$ 为第 k 层材料导热系数，$\mathrm{W}/(\mathrm{m} \cdot \mathrm{K})$。

由材料的水蒸气渗透系数和厚度可以得到材料的水蒸气渗透湿阻为

$$H_k = \frac{l_k}{\delta_k} \tag{7.2}$$

式中，H_k 为第 k 层材料的水蒸气渗透湿阻，$(\mathrm{m}^2 \cdot \mathrm{h} \cdot \mathrm{Pa})/\mathrm{kg}$；$\delta_k$ 为第 k 层材料的水蒸气渗透系数，$\mathrm{kg}/(\mathrm{m} \cdot \mathrm{h} \cdot \mathrm{Pa})$。

围护结构的总热阻包含内外表面对流换热热阻和墙体的导热热阻，可以表示为

$$R_{\mathrm{t}} = \frac{1}{h_{\mathrm{i}}} + \sum_{k=1}^{n} R_k + \frac{1}{h_{\mathrm{e}}} \tag{7.3}$$

式中，h_{e} 为围护结构外表面对流传热系数，$\mathrm{W}/(\mathrm{m}^2 \cdot \mathrm{K})$；$h_{\mathrm{i}}$ 为围护结构内表面对流传热系数，$\mathrm{W}/(\mathrm{m}^2 \cdot \mathrm{K})$；$R_{\mathrm{t}}$ 为围护结构的总热阻，$(\mathrm{m}^2 \cdot \mathrm{K})/\mathrm{W}$。

围护结构的总水蒸气渗透湿阻为各层材料的水蒸气渗透湿阻之和，可以表示为

$$H_{\mathrm{t}} = \sum_{k=1}^{n} H_k \tag{7.4}$$

式中，H_{t} 为围护结构的总水蒸气渗透湿阻，$(\mathrm{m}^2 \cdot \mathrm{h} \cdot \mathrm{Pa})/\mathrm{kg}$。

围护结构由内向外第 j 层材料与第 $j+1$ 层材料界面处的温度可以表示为

$$T_j = T_{\mathrm{i}} - \frac{T_{\mathrm{i}} - T_{\mathrm{e}}}{R_{\mathrm{t}}} \left(R_{\mathrm{i}} + R_j \right) \tag{7.5}$$

式中，R_{i} 为围护结构内表面热阻，$(\mathrm{m}^2 \cdot \mathrm{K})/\mathrm{W}$；$R_j$ 为从围护结构内表面至第 j 层材料热阻，$(\mathrm{m}^2 \cdot \mathrm{K})/\mathrm{W}$；$T_{\mathrm{e}}$ 为围护结构外表面空气综合温度，℃；T_{i} 为室内空气温度，℃；T_j 为由内向外第 j 层材料与第 $j+1$ 层材料界面处的温度，℃。

围护结构外表面空气综合温度可以表示为

$$T_{\mathrm{e}} = T_{\mathrm{air}} + \frac{\alpha q_{\mathrm{sol}}}{h_{\mathrm{e}}} \tag{7.6}$$

式中，h_{e} 为围护结构外表面对流传热系数，$\mathrm{W}/(\mathrm{m}^2 \cdot \mathrm{K})$；$q_{\mathrm{sol}}$ 为墙体外表面接收到的太阳辐射照度，W/m^2；T_{air} 为室外空气温度，℃；α 为围护结构表面太阳辐射吸收率。

根据各层材料界面处的温度 T_j 可以计算得到界面处的饱和水蒸气分压力，即

$$p_{\mathrm{s},j} = 610.5\mathrm{e}^{\frac{17.269T_j}{237.3+T_j}} \tag{7.7}$$

式中，$p_{\mathrm{s},j}$ 为由内向外第 j 层材料与第 $j+1$ 层材料界面处的饱和水蒸气分压力，Pa。

由内向外第 j 层材料与第 $j+1$ 层材料界面处的水蒸气分压力可以表示为

$$p_j = p_{\mathrm{i}} - \frac{p_{\mathrm{i}} - p_{\mathrm{e}}}{H_{\mathrm{t}}}\sum_{k=1}^{j} H_k \tag{7.8}$$

$$p_{\mathrm{i}} = p_{\mathrm{s,i}}\varphi_{\mathrm{i}} \tag{7.9}$$

$$p_{\mathrm{e}} = p_{\mathrm{s,e}}\varphi_{\mathrm{e}} \tag{7.10}$$

式中，p_{e} 为室外水蒸气分压力，Pa；p_{i} 为室内水蒸气分压力，Pa；$p_{\mathrm{s,e}}$ 为室外空气饱和水蒸气分压力，Pa；$p_{\mathrm{s,i}}$ 为室内空气饱和水蒸气分压力，Pa；φ_{i} 为室内空气相对湿度，%；φ_{e} 为室外空气相对湿度，%。

当由内向外第 j 层材料与第 $j+1$ 层材料界面处相对湿度等于 1，即界面处的水蒸气分压力达到界面温度下的饱和水蒸气分压力时，界面处发生冷凝，单位时间内冷凝界面处凝水量可以表示为

$$w_j = \frac{p_{\mathrm{i}} - p_{\mathrm{s},j}}{H_{j,\mathrm{i}}} - \frac{p_{\mathrm{s},j} - p_{\mathrm{e}}}{H_{j,\mathrm{e}}} \tag{7.11}$$

式中，$H_{j,\mathrm{e}}$ 为冷凝界面至围护结构外表面的水蒸气渗透湿阻，$(\mathrm{m}^2 \cdot \mathrm{h} \cdot \mathrm{Pa})/\mathrm{kg}$；$H_{j,\mathrm{i}}$ 为冷凝界面至围护结构内表面的水蒸气渗透湿阻，$(\mathrm{m}^2 \cdot \mathrm{h} \cdot \mathrm{Pa})/\mathrm{kg}$；$w_j$ 为由内向外第 j 层材料与第 $j+1$ 层材料界面处的凝水量，$\mathrm{g}/(\mathrm{m}^2 \cdot \mathrm{h})$。

供热期或空调期总的冷凝量估算值为[14]

$$w_{j,\mathrm{t}} = 24w_j N_{\mathrm{h}} \tag{7.12}$$

式中，$w_{j,\mathrm{t}}$ 为供热期或空调期内总的冷凝量，g/m^2；N_{h} 为供热期或空调期天数，d。

稳态冷凝方法不考虑冷凝后液态水的迁移和流动，将逐时冷凝量相加即为供热期或空调期总的冷凝量。

在供热期或空调期，围护结构中保温材料因内部冷凝受潮而增加的湿重增量可以表示为[14]

$$\Delta w = \frac{24 w_j N_h}{1000 d_{in} \rho_{in}} \times 100\% \tag{7.13}$$

式中，d_{in} 为保温层的厚度，m；ρ_{in} 为保温材料密度，kg/m³。

围护结构中保温材料允许湿重增量如表 7.1 所示[14]。

表 7.1　围护结构中保温材料允许湿重增量[14]

保温材料	允许湿重增量/%
多孔混凝土(泡沫混凝土、加气混凝土等)	4
水泥膨胀珍珠岩和水泥膨胀蛭石等	6
沥青膨胀珍珠岩和沥青膨胀蛭石等	7
矿渣和炉渣填料	2
水泥纤维板	5
矿棉、岩棉、玻璃棉及制品(板或毡)	5
模塑聚苯乙烯泡沫塑料	15
挤塑聚苯乙烯泡沫塑料	10
硬质聚氨酯泡沫塑料	10
酚醛泡沫塑料	10
玻化微珠保温浆料	5
胶粉聚苯颗粒保温浆料	5
复合硅酸盐保温板	5

从理论上讲，稳态冷凝方法未能正确地反映围护结构内热湿迁移机理。该方法没有考虑液态水迁移，不能准确反映出墙体内的湿度与含湿量变化，冷凝只发生在界面上，且冷凝后的液态水不会迁移重新分布。雨水的蒸发冷却作用会显著影响围护结构表面温湿度。多孔介质建筑墙体吸收雨水会明显影响其内部含湿量分布。当考虑风驱雨的影响时，稳态冷凝方法不能用于准确评估围护结构的冷凝风险。

此外，多孔介质内毛细冷凝并不满足理想气体方程。因为在水蒸气分压力低于饱和水蒸气分压力情况下，水蒸气就会发生液化凝聚，所以不能用理想气体方程计算水蒸气分压力去判断墙体内部冷凝。因此，这里基于动态热湿耦合传递理论，建立针对高湿和风驱雨条件下外墙冷凝风险分析与评估方法。

7.2.2　基于热湿耦合传递理论的毛细冷凝方法

冷凝是从水蒸气到液体的相变，传统意义上的冷凝是指在玻璃、金属等表面上相对湿度达到 100% 时才会发生的水汽由气相凝结成液相的现象。根据动态热湿耦合传递模型模拟得到的墙体内部相对湿度通常不会达到 100%，因为多孔介质建筑材料具有吸湿能力，湿分以水蒸气形式被吸附或以液态水形式被吸收，不会像玻璃、金属等表面冷凝那样出现明显的冷凝液滴。而根据传统的冷凝理论，只要多孔介质建筑材料孔隙中的相对湿度保持在 100% 以下，水蒸气就不会凝结。

当水蒸气在多孔介质内迁移时，由于气相分子平均自由程减小，分子间范德瓦耳斯力增强，水蒸气分子更容易凝结成液态水，即在低于饱和水蒸气分压力情况下就会发生液化凝聚，这种现象称为毛细冷凝。此时水蒸气分子的输运机理非常复杂，通常是气相输运伴随着部分冷凝液输运。一般认为，当相对湿度大于 95% 时多孔介质内会发生明显的毛细冷凝现象，并伴随着多孔介质建筑材料内含湿量急剧增大，这是多孔介质内毛细冷凝与玻璃、金属等表面冷凝的不同之处。

湿分在多孔介质建筑材料内以水蒸气流和液态水流共存的形式发生迁移。在多孔介质内传热传质过程中出现的湿气凝结通常称为毛细冷凝。因此，这里提出以相对湿度 95% 作为判断墙体内部是否发生毛细冷凝的条件，即以吸湿区与超吸湿区之间的界限来区分墙体内部是否发生毛细冷凝。当第 i 个时刻多孔介质内的相对湿度超过 95%，且在第 $i+1$ 个时刻继续增大时，将第 $i+1$ 个时刻的含湿量（水蒸气+液态水）减去第 i 个时刻的含湿量即为毛细冷凝量。

$$\Delta w_c = \begin{cases} \omega_{i+1} - \omega_i, & \varphi_i > 95\%, \quad \varphi_{i+1} > \varphi_i \\ 0, & \text{其他} \end{cases} \tag{7.14}$$

式中，Δw_c 为冷凝界面处的毛细冷凝量，$kg/(m^3 \cdot h)$；ω_i 为第 i 个时刻的含湿量，kg/m^3；ω_{i+1} 为第 $i+1$ 个时刻的含湿量，kg/m^3；φ_i 为第 i 个时刻的相对湿度，%；φ_{i+1} 为第 $i+1$ 个时刻的相对湿度，%。

为了方便判断墙体内冷凝界面处是否发生冷凝，引入冷凝发生状态的概念：若某一时刻墙体内冷凝界面处发生冷凝则用 1 表示；若该时刻没有发生冷凝则用 0 表示。

为了方便统计分析供热期或空调期墙体内冷凝界面处发生冷凝的风险，引入冷凝发生频次比例的概念，即发生冷凝的小时数与供热期或空调期总时间之比（%）。

在供热期或空调期，围护结构中保温材料因内部热湿耦合传递而增加的湿重增量可以表示为

$$\Delta w = \frac{\omega_{en}}{d_{in} \rho_{in}} \times 100\% \tag{7.15}$$

式中，d_{in} 为保温层的厚度，m；ω_{en} 为供热期或空调期结束时保温材料内的含湿量，

kg/m^3；ρ_{in} 为保温材料密度，kg/m^3。

7.3　夏季墙体内部冷凝分析

7.3.1　墙体结构和气候边界条件

　　根据冷凝验算方法可知，要评估围护结构内的冷凝风险和计算冷凝量，需要获得围护结构内的温湿度参数。根据动态热湿耦合传递模型在室内外温湿度和风驱雨条件下模拟计算得到的围护结构内温度、湿度、含湿量分布，就可以采用毛细冷凝方法分析高湿和风驱雨条件下建筑围护结构内冷凝风险。这里以外保温砌体砖墙为例，采用第 2 章以温度和毛细压力为驱动势的动态热湿耦合传递模型模拟计算围护结构内的温度、湿度、含湿量分布，对比分析不同冷凝验算方法、有无风驱雨及不同保温材料对围护结构内冷凝风险的影响。

　　示例墙体由内向外依次为 20mm 砂浆、240mm 砖、20mm 砂浆和 80mm 保温材料，如图 7.1 所示。墙体砖、砂浆和保温材料的热湿物性参数如表 4.2～表 4.4 所示。室外气候边界条件采用 5.5 节中夏热冬冷地区典型城市——长沙市有风驱雨相关数据信息的室外气候边界条件。墙体内表面对流传热系数为 $8.72W/(m^2 \cdot K)$，墙体外表面对流传热系数由式(2.70)计算，墙体表面传质系数由 Lewis 关系式给出。夏季空调期为 6 月 1 日 0:00～9 月 1 日 0:00，设定室内空气温度为 26℃，相对湿度为60%。冬季供热期为 12 月 1 日 0:00～次年 3 月 1 日 0:00，设定室内空气温度为18℃，相对湿度为 50%。在模拟空调(供热)期开始时，墙体的初始温度为 26℃(18℃)，墙体的初始相对湿度为 60%(50%)。为消除初始条件的影响，模拟计算时间比空调(供热)期开始时间提前两个月。

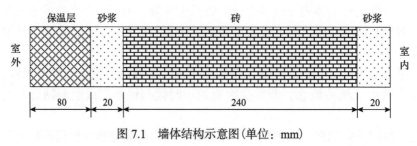

图 7.1　墙体结构示意图(单位：mm)

7.3.2　夏季稳态冷凝方法计算结果

　　图 7.2 为用稳态冷凝方法计算得到的夏季不同朝向砖墙矿棉保温层与砂浆界面处冷凝发生状态。夏季墙体内冷凝风险模拟计算时间为 2018 年 6 月 1 日 0:00～

2018 年 9 月 1 日 0:00。根据水蒸气分压力是否大于饱和水蒸气分压力判断墙体内部是否发生了冷凝。

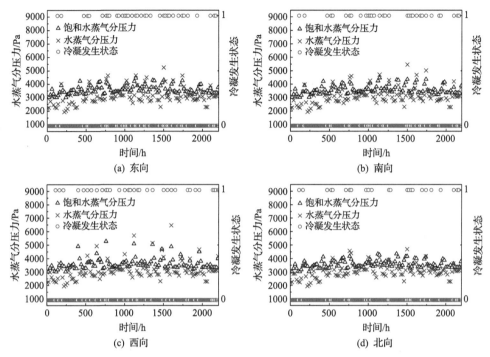

图 7.2　夏季不同朝向砖墙矿棉保温层与砂浆界面处冷凝发生状态

夏季东、南、西、北向砖墙矿棉保温层与砂浆界面处分别有 309h、277h、374h、194h 出现冷凝，墙体内冷凝风险模拟计算时间为 2208h，东、南、西、北向砖墙矿棉保温层与砂浆界面处冷凝发生频次比例分别为 14.0%、12.5%、16.9%、8.8%。

为了分析不同保温材料对冷凝发生频次比例的影响，在保温材料的保温能力近似相等的条件下，将墙体结构中的矿棉保温材料替换为硅酸钙板保温材料。夏季东、南、西、北向砖墙硅酸钙板保温层与砂浆界面处分别有 332h、310h、395h、226h 出现冷凝，墙体内冷凝风险模拟计算时间为 2208h，东、南、西、北向砖墙硅酸钙板保温层与砂浆界面处冷凝发生频次比例分别为 15.0%、14.0%、17.9%、10.2%。

图 7.3 为用稳态冷凝方法计算得到的夏季不同朝向砖墙矿棉保温层与砂浆界面处逐时冷凝量。夏季东、南、西、北向砖墙矿棉保温层与砂浆界面处的累计冷凝量分别为 0.3kg/m³、0.2kg/m³、0.6kg/m³、0.1kg/m³。

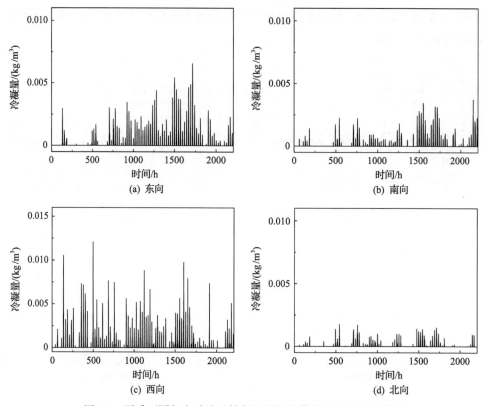

图 7.3　夏季不同朝向砖墙矿棉保温层与砂浆界面处逐时冷凝量

7.3.3　夏季毛细冷凝方法计算结果

图 7.4 为用毛细冷凝方法计算得到的夏季不同朝向砖墙矿棉保温层与砂浆界面处相对湿度和冷凝发生状态。夏季墙体内冷凝风险模拟计算时间为 2018 年 6 月 1 日 0:00~2018 年 9 月 1 日 0:00,根据相对湿度是否超过 95%判断墙体内部是否发生了毛细冷凝。

夏季东、南、西、北向砖墙矿棉保温层与砂浆界面处分别有 0h、318h、677h、463h 出现冷凝,墙体内冷凝风险模拟计算时间为 2208h,东、南、西、北向砖墙矿棉保温层与砂浆界面处冷凝发生频次比例分别为 0%、14.4%、30.7%、21.0%。

为了分析不同保温材料对冷凝发生频次比例的影响,在保温材料的保温能力近似相等的条件下,将墙体结构中的矿棉保温材料替换为硅酸钙板保温材料。夏季东、南、西、北向砖墙硅酸钙板保温层与砂浆界面处分别有 51h、376h、913h、633h 出现冷凝,墙体内冷凝风险模拟计算时间为 2208h,东、南、西、北向砖墙硅酸钙板保温层与砂浆界面处冷凝发生频次比例分别为 2.3%、17.0%、41.3%、28.7%。

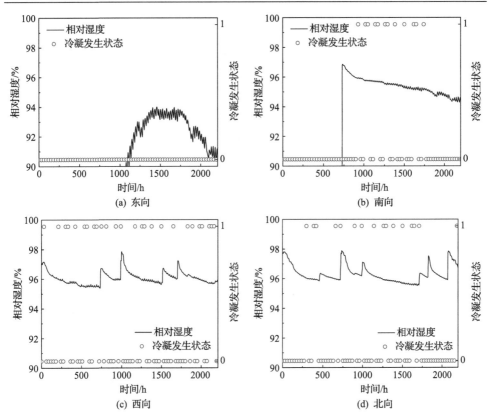

图 7.4 夏季不同朝向砖墙矿棉保温层与砂浆界面处相对湿度和冷凝发生状态

图 7.5 为用毛细冷凝方法计算得到的夏季不同朝向砖墙矿棉保温层与砂浆界面处的逐时含湿量与毛细冷凝量。图中正值表示水蒸气毛细冷凝成液态水，负值表示液态水蒸发成水蒸气。夏季东、南、西、北向砖墙矿棉保温层与砂浆界面处的累计冷凝量分别为 $0kg/m^3$、$53.0kg/m^3$、$55.9kg/m^3$、$80.9kg/m^3$。

由于毛细冷凝方法考虑到了水蒸气扩散、液态水迁移以及风驱雨的影响，而稳态冷凝方法仅仅考虑了水蒸气的扩散作用，用毛细冷凝方法计算得到的墙体内部湿分毛细冷凝量要远大于稳态冷凝方法计算得到的冷凝量。

夏季在考虑风驱雨的影响时，用毛细冷凝方法计算得到不同朝向墙体冷凝发生频次比例从高到低依次为西、北、南、东向。这主要是由于模拟用的气象数据西、北向风驱雨量较多。夏季东向砖墙保温层与砂浆界面处有 0h 出现毛细冷凝，这与毛细冷凝的判断标准有关。本节以相对湿度 95%作为判断墙体内部是否发生毛细冷凝的条件，当判断标准降低一点时，东向砖墙保温层与砂浆界面处也会出现毛细冷凝。

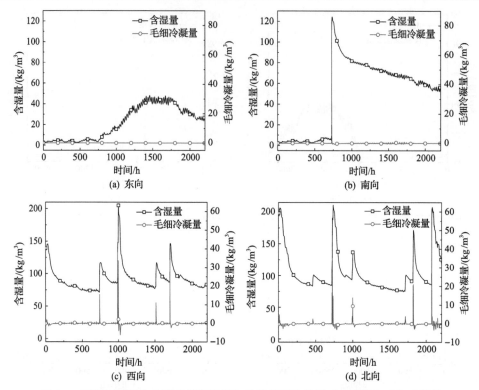

图 7.5　夏季不同朝向砖墙矿棉保温层与砂浆界面处的逐时含湿量和毛细冷凝量

7.3.4　夏季空调期保温层湿重增量

表 7.2 为夏季空调期保温材料矿棉湿重增量。用稳态冷凝方法计算得到的夏季空调期东、南、西、北向砖墙保温材料湿重增量分别为 1.77%、1.18%、3.54%、0.59%。在忽略风驱雨的影响时，用毛细冷凝方法计算得到的夏季空调期东、南、西、北向砖墙保温材料湿重增量分别为 2.97%、3.05%、2.94%、3.05%。在考虑风驱雨的影响时，用毛细冷凝方法计算得到的夏季空调期东、南、西、北向砖墙保温材料湿重增量分别为 11.85%、25.35%、39.41%、55.48%。保温材料密度相对较小，保温材料吸收雨水后其相对增重会很大，因此在考虑风驱雨的影响时保温材料湿重增量较大。

表 7.2　夏季空调期保温材料矿棉湿重增量　　　　　　　（单位：%）

模型方法	东向	南向	西向	北向
稳态冷凝	1.77	1.18	3.54	0.59
毛细冷凝（无风驱雨）	2.97	3.05	2.94	3.05
毛细冷凝（有风驱雨）	11.85	25.35	39.41	55.48

《民用建筑热工设计规范》(GB 50176—2016)[14]给出的围护结构中矿棉保温材料因内部冷凝受潮而增加的允许湿重增量(增加的湿重与干材料重量之比)为5%。稳态冷凝方法计算得到的夏季空调期东、南、西、北向砖墙保温材料湿重增量均小于《民用建筑热工设计规范》要求的允许湿重增量。在考虑风驱雨的影响时,用毛细冷凝方法计算得到的夏季空调期东、南、西、北向砖墙保温材料湿重增量大于《民用建筑热工设计规范》要求的允许湿重增量。

7.3.5　夏季空调期不同保温材料对保温层湿重增量的影响

为了研究不同保温材料对夏季空调期墙体保温层湿重增量的影响,在保温材料的保温能力近似相等的条件下,将墙体结构中的矿棉保温材料替换为硅酸钙板保温材料。

表 7.3 为夏季空调期保温材料硅酸钙板湿重增量。稳态冷凝方法计算得到的夏季空调期东、南、西、北向砖墙保温材料湿重增量分别为 2.14%、1.42%、3.56%、0.71%。在忽略风驱雨的影响时,用毛细冷凝方法计算得到的夏季空调期东、南、西、北向砖墙保温材料湿重增量分别为 2.57%、2.60%、2.58%、2.61%。在考虑风驱雨的影响时,用毛细冷凝方法计算得到的夏季空调期东、南、西、北向砖墙保温材料湿重增量分别为 7.11%、3.31%、9.88%、33.80%。

表 7.3　夏季空调期保温材料硅酸钙板湿重增量　　　(单位:%)

模型方法	东向	南向	西向	北向
稳态冷凝	2.14	1.42	3.56	0.71
毛细冷凝(无风驱雨)	2.57	2.60	2.58	2.61
毛细冷凝(有风驱雨)	7.11	3.31	9.88	33.80

在考虑风驱雨的影响时,夏季空调期东、南、西、北向硅酸钙板保温材料湿重增量比矿棉保温材料分别降低了 40.0%、86.9%、74.9%、39.1%。这是因为硅酸钙板保温材料的蓄湿能力比矿棉保温材料小,硅酸钙板保温材料密度比矿棉保温材料密度大。在保温材料的保温能力近似相等的条件下,从降低保温层材料湿重增量的角度考虑,应选择蓄湿能力小和密度较大的材料。

7.4　冬季墙体内部冷凝分析

模拟分析的墙体结构和气候边界条件详见 7.3.1 节。

7.4.1　冬季稳态冷凝方法计算结果

图 7.6 为用稳态冷凝方法计算得到的冬季不同朝向砖墙矿棉保温层与砂浆界面

处冷凝发生状态。冬季墙体内冷凝风险模拟计算时间为 2017 年 12 月 1 日 0:00～2018 年 3 月 1 日 0:00。根据水蒸气分压力是否大于饱和水蒸气分压力判断墙体内部是否发生了冷凝。

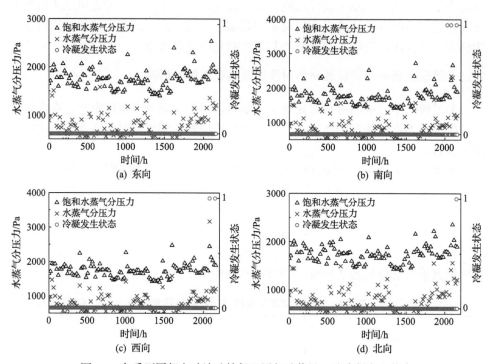

图 7.6　冬季不同朝向砖墙矿棉保温层与砂浆界面处冷凝发生状态

冬季东、南、西、北向砖墙矿棉保温层与砂浆界面处分别有 6h、45h、24h、6h 出现冷凝，墙体内冷凝风险模拟计算时间为 2160h，东、南、西、北向砖墙矿棉保温层与砂浆界面处冷凝发生频次比例分别为 0.3%、2.1%、1.1%、0.3%。

为了分析不同保温材料对冷凝发生频次比例的影响，在保温材料的保温能力近似相等的条件下，将墙体结构中的矿棉保温材料替换为硅酸钙板保温材料。冬季东、南、西、北向砖墙硅酸钙板保温层与砂浆界面处分别有 8h、155h、103h、6h 出现冷凝，墙体内冷凝风险模拟计算时间为 2160h，东、南、西、北向砖墙硅酸钙板保温层与砂浆界面处冷凝发生频次比例分别为 0.4%、7.2%、4.8%、0.3%。

图 7.7 为用稳态冷凝方法计算得到的冬季不同朝向砖墙矿棉保温层与砂浆界面处逐时冷凝量。冬季东、南、西、北向砖墙矿棉保温层与砂浆界面处的累计冷凝量分别为 0.003kg/m³、0.047kg/m³、0.040kg/m³、0.002kg/m³。

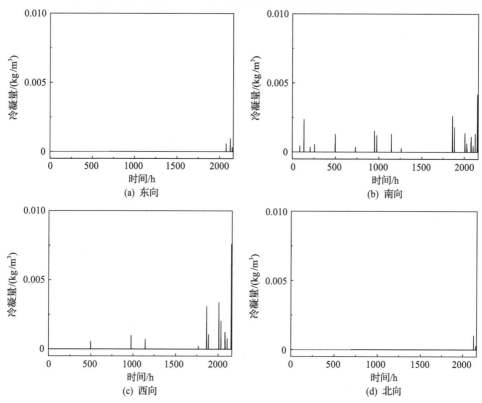

图 7.7　冬季不同朝向砖墙矿棉保温层与砂浆界面处逐时冷凝量

7.4.2　冬季毛细冷凝方法计算结果

图 7.8 为用毛细冷凝方法计算得到的冬季不同朝向砖墙矿棉保温层与砂浆界面处相对湿度和冷凝发生状态。冬季墙体内冷凝风险模拟计算时间为 2017 年 12 月 1 日 0:00~2018 年 3 月 1 日 0:00。根据相对湿度是否超过 95%判断墙体内部是否发生了毛细冷凝。

冬季东、南、西、北向砖墙矿棉保温层与砂浆界面处分别有 0h、0h、420h、348h 出现冷凝，墙体内冷凝风险模拟计算时间为 2160h，东、南、西、北向砖墙矿棉保温层与砂浆界面处冷凝发生频次比例分别为 0%、0%、19.4%、16.1%。

为了分析不同保温材料对冷凝发生频次比例的影响，在保温材料的保温能力近似相等的条件下，将墙体结构中的矿棉保温材料替换为硅酸钙板保温材料。冬季东、南、西、北向砖墙硅酸钙板保温层与砂浆界面处分别有 0h、0h、440h、603h 出现冷凝，墙体内冷凝风险模拟计算时间为 2160h，东、南、西、北向砖墙保温层与砂浆界面处冷凝发生频次比例分别为 0%、0%、20.4%、27.9%。

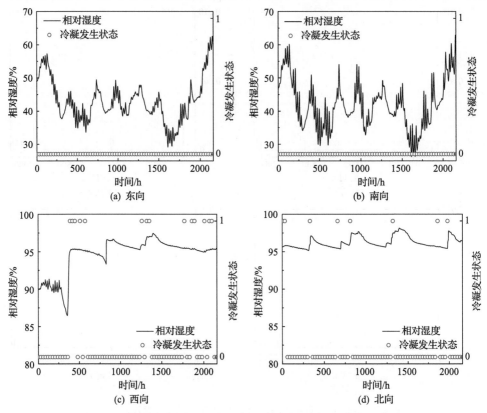

图 7.8　冬季不同朝向砖墙矿棉保温层与砂浆界面处相对湿度和冷凝发生状态

　　图7.9为用毛细冷凝方法计算得到的冬季不同朝向砖墙矿棉保温层与砂浆界面处的逐时含湿量和毛细冷凝量。图中正值表示水蒸气毛细冷凝成液态水，负值表示液态水蒸发成水蒸气。冬季东、南、西、北向砖墙矿棉保温层与砂浆界面处的累计冷凝量分别为 0kg/m³、0kg/m³、27.8kg/m³、23.4kg/m³。

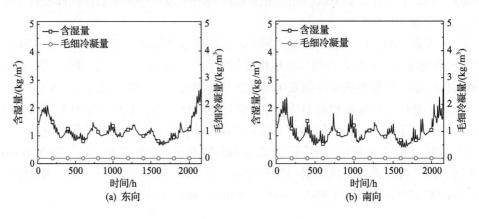

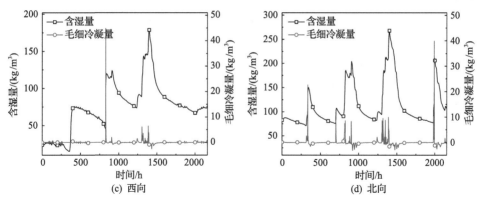

图 7.9　冬季不同朝向矿棉保温层与砂浆界面处的逐时含湿量和毛细冷凝量

冬季西、北向砖墙保温层与砂浆界面处出现毛细冷凝频次和冷凝量较多，东、南向砖墙保温层与砂浆界面处出现毛细冷凝频次和冷凝量较少。这主要是因为冬季西、北向风驱雨较多，东、南向风驱雨较少。

7.4.3　冬季供热期保温层湿重增量

表 7.4 为冬季供热期矿棉保温材料湿重增量。用稳态冷凝方法计算得到冬季供热期东、南、西、北向砖墙保温材料湿重增量分别为 0.02%、0.28%、0.24%、0.01%。在忽略风驱雨的影响时，用毛细冷凝方法计算得到冬季供热期东、南、西、北向砖墙保温材料湿重增量分别为 0.94%、0.95%、1.00%、0.95%。在考虑风驱雨的影响时，用毛细冷凝方法计算得到冬季供热期东、南、西、北向砖墙保温材料湿重增量分别为 1.12%、0.97%、35.19%、50.05%。保温材料密度相对较小，在考虑风驱雨的影响时保温材料吸收雨水后其相对增重会很大，因此在考虑风驱雨的影响时保温材料湿重增量较大。

表 7.4　冬季供热期矿棉保温材料湿重增量　　　　　　　（单位：%）

模型方法	东向	南向	西向	北向
稳态冷凝	0.02	0.28	0.24	0.01
毛细冷凝（无风驱雨）	0.94	0.95	1.00	0.95
毛细冷凝（有风驱雨）	1.12	0.97	35.19	50.05

《民用建筑热工设计规范》(GB 50176—2016)[14]给出的围护结构中矿棉保温材料因内部冷凝受潮而增加的允许湿重增量为 5%。稳态冷凝方法计算得到的冬季供热期东、南、西、北向砖墙保温材料湿重增量小于《民用建筑热工设计规范》要求的允许湿重增量。在考虑风驱雨的影响时，用毛细冷凝方法计算得到的冬季供热期西、北向砖墙保温材料湿重增量大于《民用建筑热工设计规范》要求的允

许湿重增量。稳态冷凝方法只考虑水蒸气扩散，而毛细冷凝方法不仅考虑水蒸气扩散和液态水迁移，还考虑了风驱雨对墙体传湿的影响。稳态冷凝方法没有正确地反映墙体内部的湿迁移过程，更无法准确反映风驱雨对围护结构内温度、相对湿度和含湿量分布的影响，稳态冷凝方法是不合理的。

7.4.4　冬季供热期不同保温材料对保温层湿重增量的影响

为了分析不同保温材料对冬季供热期墙体保温层湿重增量的影响，本节在保温材料的保温能力近似相等的条件下，将墙体结构中的矿棉保温材料替换为硅酸钙板保温材料。

表 7.5 为冬季供热期硅酸钙板保温材料湿重增量。用稳态冷凝方法计算得到冬季供热期东、南、西、北向砖墙保温材料湿重增量分别为 0.02%、1.68%、1.73%、0.01%。在忽略风驱雨的影响时，用毛细冷凝方法计算得到冬季供热期东、南、西、北向砖墙保温材料湿重增量分别为 1.82%、2.35%、2.75%、1.83%。在考虑风驱雨的影响时，用毛细冷凝方法计算得到冬季供热期东、南、西、北向砖墙保温材料湿重增量分别为 2.05%、1.74%、7.12%、41.89%。

表 7.5　冬季供热期硅酸钙板保温材料湿重增量　　　　（单位：%）

模型方法	东向	南向	西向	北向
稳态冷凝	0.02	1.68	1.73	0.01
毛细冷凝（无风驱雨）	1.82	2.35	2.75	1.83
毛细冷凝（有风驱雨）	2.05	1.74	7.12	41.89

在考虑风驱雨的影响时，冬季供热期西、北向硅酸钙板保温材料湿重增量比矿棉保温材料分别降低了 79.8%、16.3%。这是因为硅酸钙板保温材料的蓄湿能力比矿棉保温材料小，硅酸钙板保温材料密度比矿棉保温材料密度大。在保温材料的保温能力近似相等的条件下，从降低保温层材料湿重增量的角度考虑，应选择蓄湿能力小和密度较大的材料。

7.5　本　章　小　结

本章介绍了基于热湿耦合传递理论的毛细冷凝分析方法，用以毛细压力为湿驱动势的动态热湿耦合传递模型模拟计算夏热冬冷地区典型城市长沙空调期和供热期保温砌体墙体内部温湿度和含湿量，实例分析了墙体保温层与砂浆界面处的冷凝发生频次比例、保温材料含湿量、毛细冷凝量和湿重增量，对比分析了冷凝发生频次比例、保温材料冷凝量和湿重增量的稳态冷凝方法与毛细冷凝方法计算结果，对比分析了风驱雨对墙体内部冷凝风险的影响，对比了改变保温材料时冷凝量和湿重增量的变化。

对比分析表明：①传统的稳态冷凝方法明显低估了保温层冷凝发生风险；②风驱雨会明显增加墙体内部冷凝发生风险，增加保温材料的冷凝量和湿重增量；③不同朝向风驱雨量不同，冷凝量和湿重增量不同，风驱雨量大的朝向保温材料的冷凝量和湿重增量大；④不同的保温材料在相同的气候条件下湿重增量不同，这为优化墙体结构保证墙体湿重增量满足设计标准要求提供了方向性指引；⑤风驱雨对墙体内部湿分积聚和冷凝影响很大。因此，毛细冷凝方法更适合高湿和有风驱雨情形下保温围护结构内部的冷凝风险评估。

参 考 文 献

[1] Kolstad H A, Brauer C, Iversen M, et al. Do indoor molds in nonindustrial environments threaten workers' health: A review of the epidemiologic evidence. Epidemiologic Reviews, 2002, 24(2): 203-217.

[2] Koskinen O M, Husman T M, Meklin T M, et al. The relationship between moisture or mould observations in houses and the state of health of their occupants. European Respiratory Journal, 1999, 14(6): 1363-1367.

[3] Howden-Chapman P, Saville-Smith K, Crane J, et al. Risk factors for mold in housing: A national survey. Indoor Air, 2010, 15(6): 469-476.

[4] Karevold G, Kvestad E, Nafstad P, et al. Respiratory infections in schoolchildren: Co-morbidity and risk factors. Archives of Disease in Childhood, 2006, 91(5): 391-395.

[5] Hyndman S J, Vickers L M, Htut T, et al. A randomized trial of dehumidification in the control of house dust mite. Clinical and Experimental Allergy, 2000, 30(8): 1172-1180.

[6] Rowley F B, Algren A B, Lund C E. Condensation of moisture and its relation to building construction and operation. ASHVE Transactions, 1939: 1-20.

[7] Vos B H. Condensation in flat roofs under non-steady-state conditions. Building Science, 1971, 6(1): 7-15.

[8] Hens H. Theoretische en experimentele studie van het hygrothermisch gedrag van bouw en isolatiematerialen bij inwendige kondensatie en droging, met toepassing platte daken. Leuven: Catholic University of Leuven, 1976.

[9] Tammes E, Vos B H. Warmte en Vochttransport in Bouwconstructies. Deventer: Kluwer Technische Boeken Deventer Antwerpen, 1980.

[10] Deutsches Institut für Normung. Wärmeschutz im Hochbau. Berlin: Ausgabe Deutsches Institut für Normung, 1981.

[11] British Standard Institution. British Standard Code of Practice for Control of Condensation in

Buildings. London: British Standard Institute, 1989.

[12] Durst F. Lauer O. Dachhinterlüftung notwendigkeit oder übel. Bauphysik, 1996, 18: 81-86.

[13] Liersch K W, Belüftete D W. Bauphysikalishe Grundlagen des Wärme und Feuchteschutzes. Wiesbaden Berlin: Bauverlag, 1986.

[14] 中华人民共和国住房和城乡建设部. 民用建筑热工设计规范(GB 50176—2016). 北京：中国建筑工业出版社, 2016.

第8章 建筑墙体霉菌滋生风险预测与评估方法

在温湿度条件合适时，建筑墙体和材料表面与内部会滋生霉菌。霉菌生长过程中会向室内环境散发黄曲霉素等有害物质。建筑墙体表面和内部霉菌滋生会影响室内空气品质和室内人员健康。室内潮湿及霉菌滋生与呼吸道症状、哮喘有正相关性。墙体表面的霉菌生长会影响建筑美观，墙体内部霉菌滋生又会对建筑结构构成威胁。霉菌生长的两个关键条件是温度和湿度。当环境温度和湿度高于临界值时，霉菌往往就能生长。准确预测墙体瞬态温湿度是分析与预测霉菌生长的基础。墙体表面和内部的温湿度与墙体内动态热湿耦合传递和室内外热湿边界条件关系密切。应用建筑围护结构动态热湿耦合传递模型和室内外气候条件，准确计算墙体表面和内部热湿条件，预测霉菌滋生情况，有利于采取正确措施降低室内环境霉菌污染，提高室内空气品质，改善室内环境，保障居民健康，也有利于降低建筑霉菌相关损坏，提高建筑物使用寿命。

本章用动态热湿耦合传递模型模拟计算墙体内部温湿度，预测嵌入木梁组合结构的砌体砖墙及砖木组合墙体内部关键位置的霉菌生长情况，对比分析有无风驱雨情形下不同湿驱动势模型和不同朝向墙体内霉菌生长风险的差异；基于模拟的墙体内部瞬态温湿度，评价我国南方地区 93 个城市两种典型墙体的内表面及墙体不同材料层交界面处的霉菌滋生风险，构建我国南方主要城市北向墙体内表面霉菌滋生风险室内空气温湿度临界线。

8.1 霉菌及其生物学特性

霉菌是丝状真菌的俗称，即"发霉的真菌"。霉菌孢子广泛分布在地球上的自然环境和物质中。当满足生长条件时，孢子(也称为分生孢子)会萌发，慢慢形成一个小的胚芽管，胚芽管继续生长就会进一步形成菌丝。菌丝是一种在胚芽管顶端延伸出来的管状细胞结构。菌丝在生长过程中不断分枝，形成菌丝体。菌丝在生长过程中产生孢子，在空气流动的作用下孢子会散发到空气中。霉菌孢子萌发需要在显微镜下才能观察到。当菌丝生长到一定的阶段就会有肉眼可见的迹象，如在建筑墙角有时可以观察到霉菌[1,2]。

霉菌在建筑材料上生长过程中会产生有机化合物。不同生长状况的霉菌会产生不同的代谢物质。一些霉菌在菌丝生长中会产生色素，导致霉菌所生长的墙体或建筑材料表面颜色发生变化；一些霉菌则没有这种色素。霉菌产生色素是一种独有的特性，但是否产生色素也取决于霉菌生长的营养物质和霉菌的生长阶段[3-5]。霉菌菌丝生长过程中还会产生黄曲霉素等有害物质[6,7]。

8.2　霉菌生长条件

霉菌具有分枝的多细胞丝状结构，丝状结构共同形成菌丝体。霉菌生长需要有机物质、水分、氧气、适宜的温度和 pH[8]。理论上，只要生长条件合适，霉菌就可以在建筑物的任何地方生长。木材含有丰富的有机物，比其他种类的建筑材料更容易滋生霉菌。霉菌的生长可以分为不同的阶段。当满足生长条件时，霉菌滋生往往也有一个潜伏期。在潜伏期里，孢子吸收水分开始膨胀，并逐渐形成一个胚芽管，进而形成菌丝体。如果有利的生长条件中断，霉菌生长也会停止，甚至会衰退直到完全消失。

1. 材料对霉菌生长的敏感性

不同种类材料对霉菌生长的敏感性不同。霉菌生长的临界相对湿度 φ_{cr} 是评价材料对霉菌生长敏感性的关键参数，即霉菌在材料上可以生长的最低相对湿度。不同材料对霉菌生长的敏感性取决于其所包含的有机物质浓度、材料表面结构等。一般来说，当基质材料中有机物质的含量越高时，越容易生长霉菌。Hyvärinen 等[9]发现富含有机物质的木材和墙纸上霉菌生长速度较快，而矿物材料、陶瓷制品、涂抹油漆和胶水的材料上霉菌生长速度较慢。Pietarinen 等[10]也发现木质材料上霉菌生长速度很快。

2. 湿分和相对湿度

霉菌的生长需要水分，孢子或菌丝附着在有足够水分的基质上就可以开始生长。大多数环境中都含有氧气和有机物质，因此湿分是限制霉菌生长的主要因素。但是，McGinnis[11]研究发现过多的水分也会抑制霉菌生长，因为过多的水分会阻隔霉菌生长所需的氧气。霉菌生长所需的最低水分可以用基质材料的水分活度 a_w 来表示，它是指在密闭空间中，材料表面的平衡蒸气压与相同温度下纯水的饱和蒸气压之比。当材料与相对湿度为 100%的周围空气保持平衡时，$a_w=1$。霉菌生长对水分的需求取决于霉菌种类。Grant 等[12]研究发现，耐旱霉菌能够生长的最低水分活度为 0.7，对应于基质材料相对湿度为 70%。一般来说，大多数霉菌能在 $a_w=0.9\sim0.99$ 的条件下生长，适宜嗜干霉菌和酵母菌生长的 a_w 值范围分别为 0.7~0.9 和 0.88~0.99[13]。Armolik 等[14]研究认为，孢子萌发通常需要较高的相对湿度，相对湿度较低会诱导分生孢子进入休眠状态。

3. 营养和温度

霉菌生长需要足够的营养和适宜的温度。营养可以是碳水化合物、蛋白质、脂类或其他有机物质。营养物质广泛存在于建筑材料中，因此营养物质一般不是限制霉菌生长的因素[11]。建筑物内的温度通常在 0～50℃，这个温度范围高于冻结温度，低于蛋白质开始变性的温度。大多数霉菌的最佳生长温度都处于这个温度范围内。大多数霉菌都是中温性的，在 15～30℃范围内表现出最佳生长状态。嗜冷和耐寒霉菌可以在较低的温度下生长，如草本枝孢菌可以在-5℃的条件下生长，嗜热霉菌的最佳生长温度可能会高于 30℃，温度高于 50℃一般会使大多数霉菌失去生物活性[8]。

4. 酸碱度

霉菌能够生长的酸碱度(pH)范围较宽，最适宜的 pH 约为 6，在 pH<3 或 pH>9 的情况下，霉菌通常很难生长。建筑材料中的 pH 通常都在霉菌能够生长的范围内。Horner 等[15]研究认为，几乎任何潮湿的建筑材料，如地毯、石膏墙面、天花板、瓷砖、木制品、淋浴墙和窗帘，都会有霉菌滋生。

8.3　霉菌对室内空气品质和健康的影响

霉菌是影响室内空气品质的一个重要因素，也是被关注的主要问题[16-19]。很多研究表明，建筑物中霉菌生长影响室内人员健康[20-22]。霉菌菌丝生长中会产生黄曲霉毒素等高毒性和高致癌性物质。由于散发有害物质，建筑物中生长霉菌可能会降低室内空气品质，影响室内人员健康[23,24]。

Garrett 等[25]在澳大利亚 80 个家庭中调查研究了室内空气中霉菌孢子浓度与 149 名儿童健康水平之间的关系，研究结果表明，潮湿建筑物中儿童患哮喘、过敏和呼吸系统疾病的风险与室内空气中霉菌孢子浓度之间存在关联。

Haas 等[26]发现在奥地利有霉味的公寓内霉菌含量比没有异味的公寓要高得多。潮湿的房间内人员比干燥的房间更容易患哮喘等呼吸道疾病。

Jaakkola 等[27]发现室内人员患哮喘的风险与室内霉菌孢子浓度呈对数关系。哮喘患者对霉菌的过敏反应比非哮喘患者高 5.1 倍[28,29]。

在温暖潮湿气候中，霉菌孢子易于在建筑物中萌发和生长，霉菌生长过程中会向室内环境散发黄曲霉毒素等有害物质。因此，建筑物中霉菌生长对室内空气品质和室内人员健康具有重要影响。

8.4　霉菌生长模型

建筑物中的湿度和温度水平通常都在适宜霉菌生长的条件范围内。影响霉菌生长的主要因素包括湿度（或含湿量）、温度、暴露时间和材料对霉菌生长的敏感性。基于这些因素建立的霉菌生长模型可以评估分析和预测霉菌生长风险。目前，可用的霉菌生长模型有温度比模型、湿润时间比模型、改进的 VTT 模型、等值线模型等。下面分别介绍这四种模型。

8.4.1　温度比模型

IEA Annex 14[30]定义了相对湿度临界值，并简化成温度比的判断指标：

$$\tau = \frac{T_{s,min} - T_e}{T_i - T_e} \geqslant 0.7 \tag{8.1}$$

式中，$T_{s,min}$ 为内表面最低温度，℃；T_i 和 T_e 分别为室内空气温度和室外空气温度，℃。

温度比等于 0.7 是一个判断指标，对应的霉菌滋生风险为 5%，认为此时霉菌滋生风险是可以接受的；若温度比更低，则霉菌滋生风险不可接受。温度比模型常被用作设计准则。然而，Hens[31]认为温度比不宜单独用于判断有无霉菌。温度比模型未直接考虑湿度，而湿度对霉菌滋生繁殖有重要影响。同时，温度比判断指标是基于比利时气候定义的，不能直接用于其他气候。国际标准推荐将相对湿度临界值定为 80%[32]。

8.4.2　湿润时间比模型

Adan[33]通过改变瞬时相对湿度进行了一系列真菌反应试验，观察到当相对湿度增加时，菌落体积会明显增加，这表明在霉菌分析中短期的高相对湿度不可忽略。为了表征瞬态条件下的水分利用率，Adan 提出了湿润时间比（η_w）概念，即室内表面相对湿度 ≥ 80% 的累计小时数 $t_{RH \geqslant 0.8}$ 与总时间 t_{all} 的比例。

$$\eta_w = \frac{t_{RH \geqslant 0.8}}{t_{all}} \times 100\% \tag{8.2}$$

Adan[33]认为，如果湿润时间比低于 50%，则霉菌的生长会大大减慢。若湿润时间比高于 50%，则霉菌生长与湿润时间比之间存在非线性关系，霉菌损坏会加剧。

湿润时间比模型使用起来非常简单、快速，但由于只考虑时间和湿度因素，而忽略了温度、霉菌种类和基材等的影响，给出的结果较为粗糙。

8.4.3　改进的 VTT 模型

VTT 模型最初是 Hukka 等[34]开发的经验性霉菌预测模型,其中霉菌的生长发育状况由霉菌指数(M)表示,霉菌指数的范围为 0～6,如表 8.1 所示[35]。该指数可以用作设计标准,例如,通常将霉菌指数 $M=1$ 定义为最大容忍值,因为从那一刻起就认为霉菌萌发过程已经开始。VTT 模型是基于一组测量数据的回归分析而得到的[36,37]。在测量中,使用了不同的混合霉菌,假定样品的水分含量无延迟地达到平衡。此外,还假定材料上的霉菌不影响材料的湿性能。VTT 模型中考虑了温度、相对湿度、表面、暴露时间和干燥时间的影响。

表 8.1　霉菌指数及试验条件下对应的霉菌生长外观表现[35]

霉菌指数	霉菌生长率	描述
0	不生长	孢子未萌发
1	表面覆盖少量霉菌	菌丝生长的初期
2	霉菌表面覆盖率小于 10%	—
3	霉菌表面覆盖率为 10%～30%,或显微镜下霉菌覆盖率小于 50%	产生了新的孢子
4	霉菌表面覆盖率为 30%～70%,或显微镜下霉菌覆盖率大于 50%	适度生长
5	霉菌表面覆盖率大于 70%	大量生长
6	霉菌生长非常致密且几乎覆盖了 100%的表面	覆盖率达到 100%

VTT 模型最初是针对木材(云杉木和松木)开发的,它为计算其他种类材料表面霉菌生长风险奠定了基础。后来,VTT 与坦佩雷理工大学合作开展了不同种类建筑材料表面霉菌生长风险研究项目[38]。根据不同种类建筑材料表面霉菌生长的敏感度等级,VTT 模型也可以用于预测其他种类材料表面霉菌生长水平。霉菌敏感度等级表示不同种类材料对霉菌生长的敏感性。如表 8.2 所示,霉菌敏感度等级分为非常敏感(VS)、敏感(S)、中等耐性(MR)和不敏感(R)四个级别。临界相对湿度 φ_{cr} 定义为材料长时间暴露在霉菌生长条件下的最低相对湿度。材料的霉菌敏感度等级不同,临界相对湿度 φ_{cr} 有不同的表达式。

(1)对于非常敏感(VS)/敏感(S)级材料,如未处理的木材:

$$\varphi_{\mathrm{cr}}=\begin{cases}-0.00267T^3+0.160T^2-3.13T+100, & T\leqslant 20\,^{\circ}\mathrm{C}\\ \varphi_{\min}, & T>20\,^{\circ}\mathrm{C}\end{cases} \tag{8.3}$$

(2) 对于中等耐性 (MR)/不敏感 (R) 级材料：

$$\varphi_{\mathrm{cr}}=\begin{cases} -0.00267T^3 + 0.160T^2 - 3.13T + 100, & T \leqslant 7℃ \\ \varphi_{\min}, & T > 7℃ \end{cases} \tag{8.4}$$

式中，T 为温度，℃。

对于非常敏感 (VS)/敏感 (S) 级材料，霉菌生长的最低湿度 $\varphi_{\min}$ 为 80%；对于中等耐性 (MR)/不敏感 (R) 级材料，霉菌生长的最低湿度 $\varphi_{\min}$ 为 85%。

表 8.2 中的材料敏感度分级是建议级别，它们并不是绝对准确的霉菌敏感级别。当级别有争议时，建议对材料使用更敏感的级别进行敏感性分析。对于长期与周围环境 (室外或室内) 接触的污渍建筑表面，建议采用的敏感度级别为非常敏感 (VS)。如果有足够的灰尘、营养物质附着在玻璃表面，霉菌甚至可以在玻璃表面上生长。因此，对任何有灰尘、营养物质和霉菌孢子附着的围护结构表面，建议按照更敏感的等级预测霉菌生长风险。

表 8.2　材料的霉菌敏感度等级[35]

敏感度等级	材料组
非常敏感 (VS)	未经处理的木材，含有丰富的生物生长所需营养
敏感 (S)	刨木，纸制品，木制板
中等耐性 (MR)	水泥或塑料基材料，矿物纤维
不敏感 (R)	玻璃和金属制品，经过有效防护处理的材料

VTT 模型中霉菌生长的临界条件如图 8.1 所示[35]。曲线上方区域为霉菌生长的适宜热湿范围：温度 0~50℃，相对湿度 >临界相对湿度 φ_{cr}。

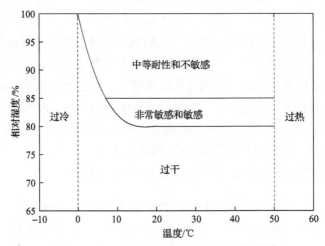

图 8.1　VTT 模型中霉菌生长的临近条件[35]

在改进的 VTT 模型中，霉菌指数 M 每天（1d=24h）的变化率为

$$\frac{\mathrm{d}M}{\mathrm{d}t} = \frac{1}{7\exp\left(-0.68\ln T - 13.9\ln\varphi + 0.14W_{\mathrm{f}} - 0.33\mathrm{SQ} + 66.02\right)}, \quad M < 1 \quad (8.5)$$

式中，T 为温度，℃；φ 为相对湿度，%；SQ 为表面质量，锯木为 0，原窑干燥木材为 1；W_{f} 为木材品种，松木为 0，云杉为 1，根据材料的霉菌敏感度级别取值，如表 8.3 所示。对于木材以外的其他建筑材料，W_{f} 和 SQ 取值为 0。

霉菌萌发响应时间 t_{m} 为

$$t_{\mathrm{m}} = \exp\left(-0.68\ln T - 13.9\ln\varphi + 0.14W_{\mathrm{f}} - 0.33\mathrm{SQ} + 66.02\right), \quad M = 1 \quad (8.6)$$

霉菌生长最初肉眼可见所需的响应时间 t_{v} 为

$$t_{\mathrm{v}} = \exp\left(-0.74\ln T - 12.72\ln\varphi + 0.06W_{\mathrm{f}} + 61.50\right), \quad M = 3 \quad (8.7)$$

霉菌指数最大值 $M_{\max}$ 为

$$M_{\max} = A + B\frac{\varphi_{\mathrm{cr}} - \varphi}{\varphi_{\mathrm{cr}} - 100} - C\left(\frac{\varphi_{\mathrm{cr}} - \varphi}{\varphi_{\mathrm{cr}} - 100}\right)^2 \quad (8.8)$$

式中，系数 A、B、C 与霉菌敏感度等级有关，如表 8.3 所示[35]。

表 8.3　建筑材料表面霉菌生长相关参数[35]

敏感度等级	k_1		$M_{\max}$（影响 k_2）			$\varphi_{\min}$/%	W_{f}
	$M<1$	$M>1$	A	B	C		
非常敏感（VS）	1	2	1	7	2	80	0
敏感（S）	0.578	0.386	0.3	6	1	80	1
中等耐性（MR）	0.072	0.097	0	5	1.5	85	1
不敏感（R）	0.053	0.014	0	3	1	85	1

通过将不同种类材料表面霉菌生长水平表示为参考材料松木的相对值，可以把针对木材表面霉菌生长风险开发的模型应用于不同种类的建筑材料。根据试验结果，引入系数 k_1 和 k_2 来修正不同种类建筑材料表面上霉菌生长水平。霉菌生长强度因子 k_1 可以表示为[38]

$$k_1 = \begin{cases} \dfrac{t_{M=1,\mathrm{pine}}}{t_{M=1}}, & M < 1 \\[3mm] \dfrac{2\left(t_{M=3,\mathrm{pine}} - t_{M=1,\mathrm{pine}}\right)}{t_{M=3} - t_{M=1}}, & M \geqslant 1 \end{cases} \quad (8.9)$$

式中，$t_{M=1}$ 为霉菌萌发响应时间 t_{m}，d；$t_{M=1,\mathrm{pine}}$ 为松木的霉菌萌发响应时间，d；$t_{M=3}$ 为霉菌生长最初肉眼可见所需的响应时间 t_{v}，d；$t_{M=3,\mathrm{pine}}$ 为松木的霉菌生长最初肉眼可见所需的响应时间，d；下标 pine 为参考材料松木。

系数 k_2 为霉菌指数接近最大值时其生长强度衰减因子[35]：

$$k_2 = \max\left[1 - \exp\left[2.3 \times \left(M - M_{\max}\right)\right], 0\right] \tag{8.10}$$

不同霉菌敏感度等级下，校正系数 k_1 和 k_2 的取值不同，如表 8.3 所示。因此，在有利条件下 $(T > 0℃ 且 \varphi > \varphi_{\mathrm{cr}})$，霉菌指数变化率为

$$\frac{\mathrm{d}M}{\mathrm{d}t} = \frac{1}{7\exp\left(-0.68\ln T - 13.9\ln \varphi + 0.14W_{\mathrm{f}} - 0.33\mathrm{SQ} + 66.02\right)} k_1 k_2 \tag{8.11}$$

此时，每小时 $(1\mathrm{d}=24\mathrm{h})$ 霉菌指数增量为

$$\Delta M = \frac{k_1 k_2}{7 \times 24 \times \exp\left(-0.68\ln T - 13.9\ln \varphi + 0.14W_{\mathrm{f}} - 0.33\mathrm{SQ} + 66.02\right)} \tag{8.12}$$

环境条件对建筑材料表面霉菌生长的影响可以是促进的，也可以是抑制的。在不利条件下霉菌会停止生长，甚至会降解衰退，或完全消失。当温湿度条件不利于霉菌生长时，VTT 模型还考虑了霉菌指数衰减的情况。在试验中发现当环境条件不利于霉菌生长时，霉菌量会减少。在不利条件下 $(T \leqslant 0℃ 且 \varphi \leqslant \varphi_{\mathrm{cr}})$，松木的霉菌指数衰减率为[35]

$$\left(\frac{\mathrm{d}M}{\mathrm{d}t}\right)_{\mathrm{pine}} = \begin{cases} -0.00133, & t - t_1 < 6\mathrm{h} \\ 0, & 6\mathrm{h} \leqslant t - t_1 \leqslant 24\mathrm{h} \\ -0.000667, & t - t_1 > 24\mathrm{h} \end{cases} \tag{8.13}$$

式中，$t - t_1$ 为材料暴露于不利条件下的时间，h。

木材以外的其他建筑材料表面的霉菌指数衰减情况可以用材料的相对衰减系数表示，这样就可以将针对木材开发的霉菌指数衰减模型应用到其他种类的建筑材料。

$$\left(\frac{\mathrm{d}M}{\mathrm{d}t}\right)_{\mathrm{mat}} = C_{\mathrm{mat}}\left(\frac{\mathrm{d}M}{\mathrm{d}t}\right)_{\mathrm{pine}} \tag{8.14}$$

式中，C_{mat} 为木材以外的材料在不利生长条件下的相对衰减系数。

表 8.4 为长期（三个月）不利条件下不同材料表面霉菌指数相对衰减系数[35]。

表 8.4　长期不利条件下不同材料表面霉菌指数相对衰减系数[35]

材料种类	C_{mat}
松木	1
加气混凝土	0.5
混凝土、胶水、墙纸、玻璃棉	0.25
轻质混凝土、聚酯纤维、EPS	0.1

根据试验研究，当生长条件不利时，材料表面霉菌指数通常会有所下降，建议相对衰减系数 C_{mat} 取 0.25。随着一年中季节的交替变化，材料表面霉菌指数一般会呈现出逐渐增加和衰减的变化趋势。

考虑到用于霉菌分析的热湿模拟数据是逐时值，故每小时的霉菌指数为

$$M_t = M_{t-1} + \Delta M = M_{t-1} + \frac{1}{24}\frac{dM}{dt} \tag{8.15}$$

8.4.4　等值线模型

Sedlbauer[39, 40]将建筑物中发现的霉菌种类和材料分为一组类别。在第一次分类中，根据不同霉菌对健康威胁风险，定义了三种危险类别：A 类霉菌，非常容易引起人类发病，绝不允许出现在建筑内；B 类霉菌，长时间暴露会使人产生疾病或过敏；C 类霉菌，对人体无害，对建筑材料可能有损害。试验测得一组霉菌的最小、最佳和最大生长条件，得出了三种危险类别的最小生长条件。对于 C 类霉菌，仅获得与 B 类霉菌相比略有不同的结果。因此，B 类和 C 类合并为一个B/C 类。霉菌的最低等值线（lowest isopleth for mould, LIM）曲线表示低于此条件的孢子不会萌发或生长，该曲线是根据同组中所有最低曲线的最低包络线给出的。在确定 LIM 曲线后，寻找不同危险等级的代表性霉菌，这些代表性霉菌具有与上述 LIM 曲线相近的 LIM 曲线。对于 A 类霉菌，该代表性霉菌是杂色曲霉。对于B/C 类霉菌，将阿姆斯霉菌、念珠菌、曲霉和真菌作为代表性霉菌。基于这些代表性霉菌在最佳培养基上的生长情况，开发了适用于不同危险类别的等值线系统：LIM A 和 LIM B/C。

在进行第二次细分时考虑建筑基材的影响，包括可能的污染。为了获得这些曲线，考虑了所有霉菌。表 8.5 为 Sedlbauer 定义的基材类别[41]。没有开发用于基材类别Ⅲ的等值线系统，因为对这些基材而言，不会长出霉菌。如果被污染的

材料(污垢)属于Ⅲ类基材，则应使用Ⅰ类基材的等值线系统。此外，具有高开孔率的持久性材料属于基材类别Ⅱ。基于第二次细分，开发了适用于不同基材类别的等值线系统：LIMⅠ和LIMⅡ，由孢子萌发图和生长速率图组成，如图 8.2 所示。图 8.2 给出了基材类别Ⅱ的等值线系统，图中 LIM$_{Bau}$Ⅱ表示基准线。大多数建筑材料都属于基材类别Ⅰ或Ⅱ。

表 8.5　Sedlbauer 定义的基材类别[41]

基材类别	材料
0	最佳培养基
Ⅰ	可回收生物质建筑材料，如墙纸、石膏板覆饰纸，可降解生物质原材料制成的建筑材料，永久性填缝材料
Ⅱ	水泥抹灰等具有多孔结构的建筑材料、矿物建筑材料、某些木材，以及基材类别Ⅰ未涵盖的保温材料
Ⅲ	既不可降解也不含营养素的建筑材料

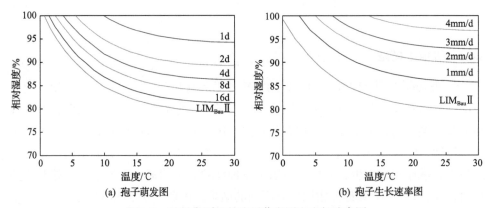

图 8.2　基材类别Ⅱ的孢子萌发图和生长速率图

表 8.6 为 Sedlbauer 定义的基材类别与霉菌敏感度等级的对应关系[42]。

表 8.6　Sedlbauer 定义的基材类别与霉菌敏感度等级的对应关系[42]

基材类别	霉菌敏感度等级
0	—
Ⅰ	非常敏感(VS)
Ⅱ	敏感(S)
Ⅲ	中等耐性(MR)
Ⅳ	不敏感(R)

8.5　霉菌滋生风险评估模型

在建筑领域通常认为，当相对湿度为 80%～100%、温度为 0～40℃时，墙体就具备了霉菌滋生条件[33,43]。因此，设

$$P_{RH} = \varphi - \varphi_{cr} \tag{8.16}$$

$$P_{T} = T - T_{cr} \tag{8.17}$$

式中，T 为墙体瞬时温度，℃；T_{cr} 为霉菌滋生的临界温度，取 0℃；φ 为墙体瞬时相对湿度，%；φ_{cr} 为霉菌滋生的临界相对湿度，%，取 80%。当 $T < T_{cr}$ 或者 $T > 40$℃时，$P_{T} = 0$。当 $\varphi < \varphi_{cr}$ 或者 $\varphi = 100\%$ 时，$P_{RH} = 0$。

当 $P_{T}P_{RH} \neq 0$ 时，具备了霉菌滋生的温湿度条件，即会存在霉菌滋生风险。因此，定义某个时刻 i 的霉菌滋生风险指数为 H_i，当 $P_{T}P_{RH} \neq 0$ 时，$H_i = 1$；当 $P_{T}P_{RH} = 0$ 时，$H_i = 0$。对于某一考察期，霉菌滋生风险的时间长度为考察期内各时刻的霉菌滋生风险指数之和，即

$$H_{80} = \sum_{i=1}^{n} H_i \tag{8.18}$$

式中，H_{80} 为考察期内霉菌滋生风险小时数，h；n 为考察期的时间长度，h。

霉菌滋生风险指标为[44]

$$S_{RHT80} = \sum_{i=1}^{n} P_{RH,i} P_{T,i} = \sum_{i=1}^{n} (\varphi_i - \varphi_{cr})(T_i - T_{cr}) \tag{8.19}$$

墙体瞬时温湿度通过墙体动态热湿耦合传递模型模拟计算得到。这里所考察时间段为一周年，$n = 8760$h。

由考察期内霉菌滋生风险小时数 H_{80} 和霉菌滋生风险指标 S_{RHT80}，建立霉菌滋生风险评价模型。H_{80} 反映了一年内相对湿度超过 80% 的时间长度，H_{80} 越大，则该位置承受霉菌滋生的威胁越大。S_{RHT80} 为考察某位置一年里温度和相对湿度超过临界值的乘积之和，S_{RHT80} 越大，则该位置一年内承受霉菌滋生的风险越大。霉菌滋生风险评价模型考虑了温度、相对湿度和持续时间，能较好地用于霉菌滋生风险比较与评价[44]。

8.6　建筑围护结构表面和内部霉菌生长预测

根据霉菌生长模型可以看出，预测和评估建筑材料表面或内部霉菌生长的关键在于计算出围护结构内的温湿度。下面给出应用动态热湿耦合传递模型模拟计算的温湿度结果和霉菌生长模型预测霉菌生长情况的三个算例。

8.6.1　嵌入木梁组合结构的砌体砖墙

1. 墙体结构与热湿物性参数

应用第 2 章以相对湿度为湿驱动势的热湿耦合传递二维模型模拟计算 Odgaard 等[45]进行试验研究的 1#~7#砌体砖墙。7 个砌体砖墙高度为 1987mm，宽度为 948mm，厚度为 358mm。1#墙体为具有内保温系统、外部覆有石灰砂浆的墙体；2#墙体为具有内保温系统、外部无疏水化处理的墙体；3#墙体为具有内保温系统和外部疏水化处理的墙体；4#墙体为无内保温系统和外部疏水化处理的墙体；5#墙体为无内保温系统，外部无疏水化处理的墙体；6#墙体为具有内保温系统、外部疏水化处理并增设热桥的墙体；7#墙体为具有内保温系统、外部无疏水化处理并增设热桥的墙体。其中 4#和 5#墙体为参考墙体，无内保温系统且不带热桥，1#墙体外表面覆有 10mm 的石灰砂浆，2#和 3#墙体不带热桥，且 3#、4#和 6#墙体外表面进行了疏水化处理(涂有疏水剂)。为了便于读者了解结构细节，附录中给出了每个墙体的构造详图。

内保温系统由 8mm 轻质砂浆、100mm 保温板、8mm 轻质砂浆和内表面上的扩散开放性涂料组成。疏水化处理由含有 40%活性成分的硅烷/硅氧烷基乳膏组成。设置的热桥由 100mm×200mm 加气混凝土(autoclaved aerated concrete，AAC)砌块组成，安装在靠近木质板的室内侧。

附录中的构造图给出了测点 P1、P2、P3、P4、P5、P6、P7、P10 的具体位置，每个墙体的相同编号的测点位置是相同的。其中 P1 靠近外部砖块表面；P2 位于砖墙的中间；P3 靠近砖块内部表面，由石灰砂浆覆盖；P4 位于保温层中，靠近室内侧轻质砂浆涂层与保温板的交界面处；P5 位于木质板条内部且靠近砖层；P6 位于木梁末端的梁中心位置；P7 位于木梁内部；P10 位于 AAC 热桥中，靠近室内侧轻质砂浆涂层与热桥的交界面处。

用动态热湿耦合传递模型模拟的温湿度结果评估这些测点霉菌生长情况，用数值软件对各个墙体进行二维建模。以 2#墙体为例，包含测点 P1、P2、P3、P4 的墙体主体结构如图 8.3 所示，包含测点 P5、P6、P7、P10 的墙体主体结构如

图 8.4 所示。模型离散化后，得到如图 8.5 所示的三角形离散网格图，然后用数值方法求解动态热湿耦合传递模型。

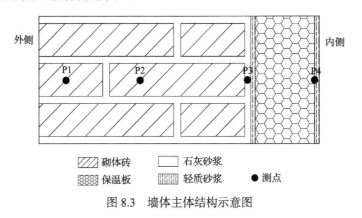

图 8.3　墙体主体结构示意图

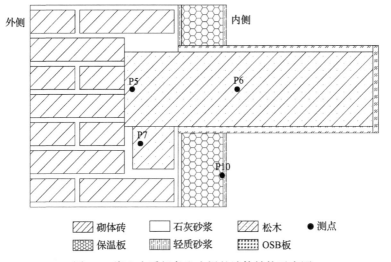

图 8.4　嵌入木质板条和木梁的墙体结构示意图

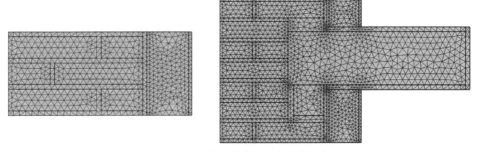

图 8.5　墙体二维模型空间离散网格

　　各个材料层的材料热湿物性参数是从模拟软件 Delphin 的材料数据库获得的[46]。模拟中使用的材料部分热湿物性参数采用文献[46]的值，如表 8.7 所示。由于砌体砖的部分湿物性参数未知，模拟中采用 Delphin 材料数据库中的 LimeSandbrick685 砖块来代替。另外，各个材料的等温吸放湿曲线、液态水渗透系数和水蒸气渗透系数由 Delphin 材料数据库中的数据插值得到。需要注意的是，为了模拟 3#、4#和 6#墙体的疏水化处理，将砌体砖墙最外侧 10mm 的含湿量减小为 1/100，水蒸气渗透系数减小到 1/1000，液态水渗透系数减小到 1/1000000。

表 8.7　模拟中使用的材料部分热湿物性参数

材料	干材料密度 /(kg/m³)	定压比热容 /[J/(kg·K)]	导热系数 /[W/(m·K)]	孔隙率 /(m³/m³)	毛细孔隙率 /(m³/m³)
砌体砖	1704.6	890.929	1.188	0.356756	0.1
石灰砂浆	1800	850	0.82	0.3017	0.2526
保温板	98.5352	1331.02	0.0440917	0.962817	0.1
轻质砂浆	830	815	0.155	0.6855	0.32
OSB	595	1500	0.13	0.9	0.814
松木木梁	554.345	2774.52	0.208417	0.653534	0.625
松木板条	554.345	2574.5	0.188083	0.653534	0.625
AAC 热桥	390	1081	0.095	0.87	0.62

　　模拟中用 4.5 节中试验测量得到的室内外气候数据作为边界条件，见图 4.19。对墙体模型模拟计算两年，从 2015 年 5 月 1 日 0:00～2017 年 5 月 1 日 0:00。太阳辐射吸收系数取 0.7，内表面对流传热系数为 4W/(m²·K)，外表面对流传热系数为 25W/(m²·K)，内表面对流传质系数为 $3×10^{-8}$s/m，外表面对流传质系数为 $2×10^{-7}$s/m。由于模拟时间长达两年，且输入输出数据均为每小时平均值，为清晰表达结果，下面各图呈现的是实测值和模拟值经过平滑处理的结果。

2. 湿润时间

　　对模拟计算出的温湿度进行统计，得到 1#～7#墙体达到霉菌生长标准(室内表面相对湿度≥80%)的累计时间和湿润时间比，如表 8.8 所示。七种墙体内表面的湿润时间比均未达到 50%。但也可以看出，设置内保温系统的 1#、2#、3#、6#和 7#墙体的湿润时间比稍高，这说明内保温系统的设置易使内表面水分积聚，增加了霉菌生长的风险；而设置热桥的 6#和 7#墙体的湿润时间比比无热桥的 1#、2#和 3#墙体有所降低，这说明设置透湿性好的 AAC 垫桥可以降低霉菌生长风险。

表 8.8　1#～7#墙体达到霉菌生长标准的累计时间和湿润时间比

墙体	达到霉菌生长标准的累计时间/h	湿润时间比/%
1#	909	4.78
2#	909	4.78
3#	923	4.86
4#	715	3.76
5#	736	3.87
6#	861	4.53
7#	866	4.56

3. 霉菌指数

模拟计算的第一年(2015 年 5 月 1 日 0:00～2016 年 5 月 1 日 0:00)在初始条件的作用下不太稳定，故作为稳定时期。用第二年(2016 年 5 月 1 日 0:00～2017 年 5 月 1 日 0:00)的热湿模拟数据作为改进的 VTT 模型的热湿条件，计算模拟墙体各测点的霉菌指数。

图 8.6 为各墙体测点 P3、P4、P5、P6 和 P10 的霉菌指数。表 8.9 为各墙体测点 P3、P5 和 P6 的霉菌指数最大值。

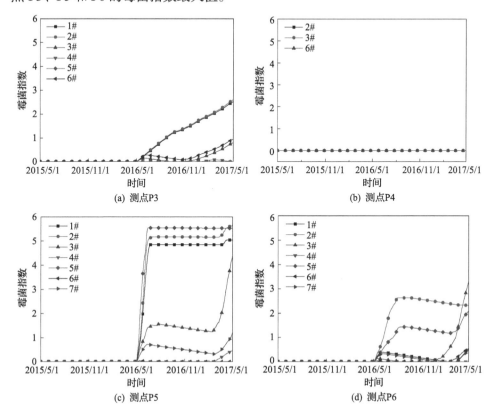

(a) 测点P3

(b) 测点P4

(c) 测点P5

(d) 测点P6

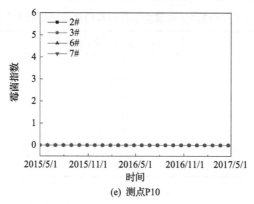

(e) 测点P10

图 8.6　各墙体测点 P3、P4、P5、P6 和 P10 的霉菌指数

表 8.9　各墙体测点 P3、P5 和 P6 的霉菌指数最大值

测点	1#	2#	3#	4#	5#	6#	7#
P3	2.52	2.60	0.79	0.08	0	0.94	—
P5	5.04	5.68	4.36	0.46	5.54	0.04	1.20
P6	0.52	2.63	3.28	0	2.09	0.54	0.47

墙壁内表面的相对湿度受以下因素影响：表面材料的水分含量和材料特性、室内空气的表面温度和相对湿度。所有墙壁都受到来自室内相对湿度的影响。由于增加了内保温层、外部疏水化和设置热桥三种技术措施，内表面温度得以提高，内表面相对湿度降低，所以位于内保温层靠近室内侧表面的测点 P4 和 P10 没有霉菌滋生风险。

根据图 8.6(a) 测点 P3 的霉菌指数曲线，1#和 2#墙体的霉菌指数在一整年内均呈现出上升的趋势，最大霉菌指数达到 2.60；设置内保温系统且经过外部疏水化处理的 3#和 6#墙体的霉菌指数在夏秋季期间降低，而在冬春季期间增加，但不构成霉菌滋生风险。

根据图 8.6(c) 测点 P5 的霉菌指数曲线，1#、2#和 5#墙体的霉菌指数在模拟初期迅速增加并在最大值处达到稳定，其稳定霉菌指数值依次为 5.04、5.68、5.54，此时霉菌已开始大量生长。1#、2#和 5#墙体会出现霉菌指数的稳定最大值，是由于在室外侧高湿度条件和室内侧水分源的作用下，这些墙体在木质板条与砌体砖墙界面处会发生大量的水分积聚，出现高相对湿度区域，这些区域极易滋生霉菌和木腐真菌(关于该算例的木腐真菌预测结果在 9.4 节中给出)。其中，1#和 2#墙体经过内保温系统和外部砂浆层的阻挡作用，测点 P5 处的水分积聚有一定的下降，这体现在其霉菌指数比 5#墙体低。3#和 7#墙体计算的霉菌指数表现出相同的趋势，均先升高后降低再升高，但整体上 3#墙体测点 P5 的霉菌指数大于 7#

墙体测点 P5。其中，3#墙体计算的霉菌指数最大值可达 4.36，此时表面霉菌覆盖率超过 50%。这一值低于 2#墙体测点 P5，这是外部疏水化处理的结果。而 7#墙体测点 P5 的霉菌指数低于 3#墙体测点 P5，是由于增设了透湿性好的热桥的作用。4#墙体在 2017 年 2 月左右开始萌发孢子，但并不构成霉菌滋生风险。6#墙体在外部疏水化处理和增设热桥的双重作用下，不会发生霉菌滋生风险。6#墙体测点 P5 与 7#墙体测点 P5 的结果相比较，说明了外部疏水化处理对降低霉菌生长风险比设置热桥更显著。

根据图 8.6(d)测点 P6 的霉菌指数曲线，2#墙体表现为先升高后降低的趋势，霉菌指数最大值为 2.63，此时，表面霉菌覆盖率约为 10%，霉菌滋生风险不严重。而 5#和 7#墙体计算的霉菌指数体现出相同的趋势，均先升高后降低再升高，但 5#墙体霉菌指数低于 2#墙体，高于 7#墙体。这是由于 2#墙体的内保温系统阻止了室外侧水分的渗入和室内侧水分的流出，造成了在木梁端部的水分积聚，使得相对湿度偏高，霉菌滋生风险更大；而 7#墙体由于增设热桥的作用，木梁端部的相对湿度有所降低，霉菌滋生风险变小。3#墙体霉菌指数在冬春季期间逐渐增加，其最大值为 3.28，已产生新的孢子，表面霉菌覆盖率超过 30%。这是因为疏水作用限制了冬春季期间水分向外表面的输送，使得室内侧水分在木梁端部积聚，造成冬春季期间该位置相对湿度升高，霉菌滋生风险增大。

4. 等值线图

用前述计算得到的各墙体中测点的温度与相对湿度和 Sedlbauer 等值线模型，预测分析内保温层与砌体砖墙交界面处的测点 P3、靠近内表面的测点 P4 和木质板条与砌体砖墙交界面处的测点 P5 这些特殊位置的霉菌滋生风险。

图 8.7～图 8.11 分别为 1#～6#墙体测点 P3 的热湿状态在等值线系统 $LIM_{BauⅡ}$ 中的分布。1#墙体测点 P3 处在 1～2d 内孢子将会萌发，生长速率可能超过 3mm/d。2#墙体在不到 1d 的时间内孢子就会萌发，且生长速率可能超过 3mm/d。从图 8.7 和 8.8 可以看出，1#和 2#墙体测点 P3 的热湿状态点大部分落在基准线 $LIM_{BauⅡ}$ 上方，这说明霉菌在大量生长。从图 8.9 可以看出，3#(6#)墙体测点 P3 在 1～2d 内孢子将会萌发，生长速率最高可接近 3mm/d。4#墙体测点 P3 在 2d 后孢子将会萌发，生长速率为 2～3mm/d。5#墙体测点 P3 的孢子萌发大部分集中在 8～16d，生长速率为 2mm/d 左右。从图 8.10 和图 8.11 可以看出，4#和 5#墙体测点 P3 的热湿状态点大部分落在基准线 $LIM_{BauⅡ}$ 下方，这说明霉菌生长风险较小。这与前面使用改进的 VTT 模型得到的霉菌生长预测结果基本一致。

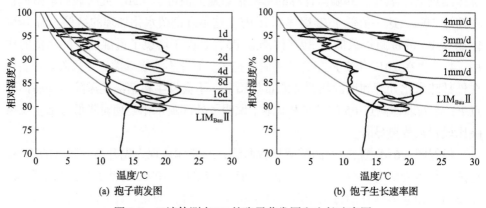

(a) 孢子萌发图　　　　　　　　　　　　(b) 饱子生长速率图

图 8.7　1#墙体测点 P3 的孢子萌发图和生长速率图

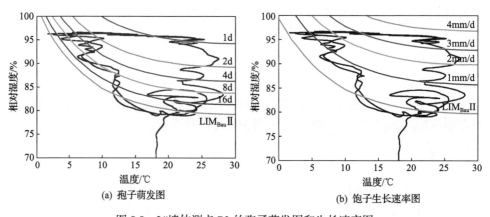

(a) 孢子萌发图　　　　　　　　　　　　(b) 饱子生长速率图

图 8.8　2#墙体测点 P3 的孢子萌发图和生长速率图

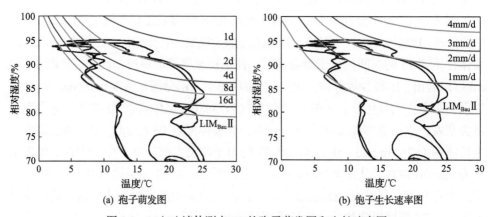

(a) 孢子萌发图　　　　　　　　　　　　(b) 饱子生长速率图

图 8.9　3#(6#)墙体测点 P3 的孢子萌发图和生长速率图

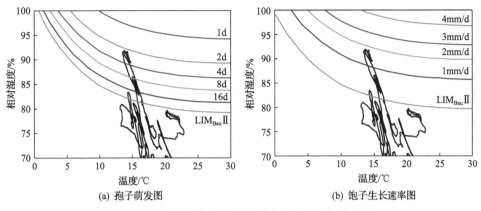

(a) 孢子萌发图　　　　　　　　　　　(b) 饱子生长速率图

图 8.10　4#墙体测点 P3 的孢子萌发图和生长速率图

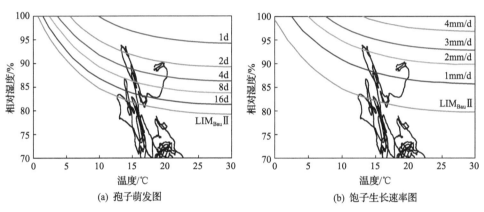

(a) 孢子萌发图　　　　　　　　　　　(b) 饱子生长速率图

图 8.11　5#墙体测点 P3 的孢子萌发图和生长速率图

图 8.12 和图 8.13 为 2#、3#(6#)墙体测点 P4 的热湿状态在等值线系统 LIM$_{Bau}$Ⅱ

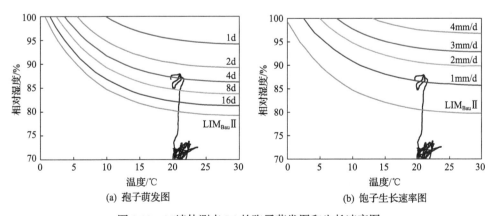

(a) 孢子萌发图　　　　　　　　　　　(b) 饱子生长速率图

图 8.12　2#墙体测点 P4 的孢子萌发图和生长速率图

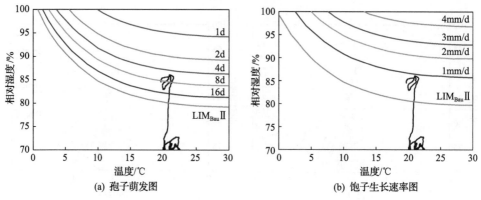

(a) 孢子萌发图　　　　　　　　　　(b) 饱子生长速率图

图 8.13　3#(6#)墙体测点 P4 的孢子萌发图和生长速率图

中的分布。可以看出，2#、3#和 6#墙体的热湿状态点少部分位于基准等值线 $LIM_{Bau}II$ 上方，说明这三种墙体有可能发生霉菌生长，风险很小。当发生霉菌生长时，2#墙体测点 P4 在 4d 内孢子将会萌发，生长速率在 1mm/d 左右；3#(6#)墙体测点 P4 在 8d 内孢子将会萌发，生长速率低于 1mm/d。1#和 7#墙体测点 P4 不会发生霉菌生长。这与前面使用改进的 VTT 模型得到的霉菌生长预测结果基本一致。

　　图 8.14～图 8.20 为 1#～7#墙体测点 P5 的热湿状态在等值线系统 $LIM_{Bau}II$ 中的分布。从图 8.14～图 8.18 可以看出，1#、2#和 5#墙体的热湿状态点基本位于基准等值线 $LIM_{Bau}II$ 上方，说明这三种墙体的霉菌生长状况较严重。1#墙体测点 5 在 8d 内孢子将会萌发，生长速率为 1～4mm/d。2#墙体测点 P5 在 1d 内和 4～8d 内孢子将会萌发，生长速率最高可超过 4mm/d。5#墙体测点 P5 在 2d 内孢子将会萌发，生长速率可达 5mm/d。

　　从图 8.16～图 8.20 可以看出，3#、4#、6#和 7#墙体的热湿状态点只有一部分位于基准等值线 $LIM_{Bau}II$ 上方，说明这四种墙体的霉菌滋生风险不如 1#、2#和 5#

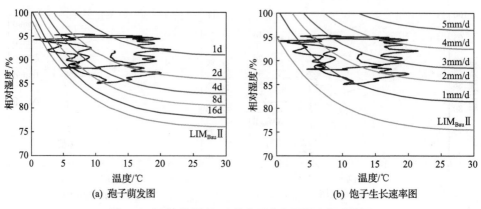

(a) 孢子萌发图　　　　　　　　　　(b) 饱子生长速率图

图 8.14　1#墙体测点 P5 的孢子萌发图和生长速率图

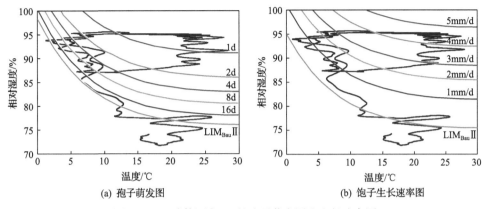

(a) 孢子萌发图　　　　　　　　　　　　(b) 饱子生长速率图

图 8.15　2#墙体测点 P5 的孢子萌发图和生长速率图

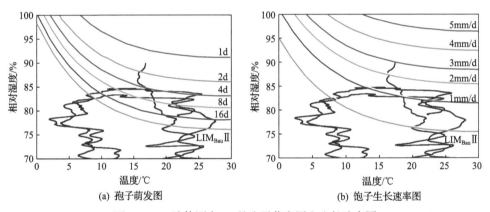

(a) 孢子萌发图　　　　　　　　　　　　(b) 饱子生长速率图

图 8.16　3#墙体测点 P5 的孢子萌发图和生长速率图

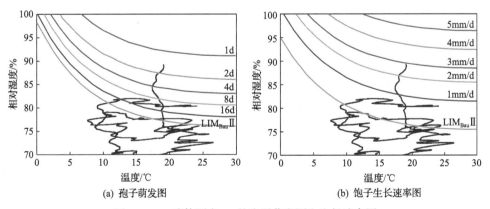

(a) 孢子萌发图　　　　　　　　　　　　(b) 饱子生长速率图

图 8.17　4#墙体测点 P5 的孢子萌发图和生长速率图

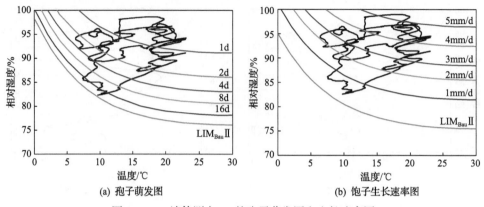

(a) 孢子萌发图   (b) 饱子生长速率图

图 8.18　5#墙体测点 P5 的孢子萌发和生长速率图

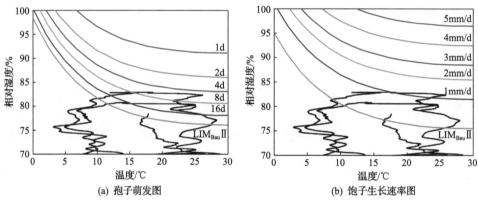

(a) 孢子萌发图   (b) 饱子生长速率图

图 8.19　6#墙体测点 P5 的孢子萌发图和生长速率图

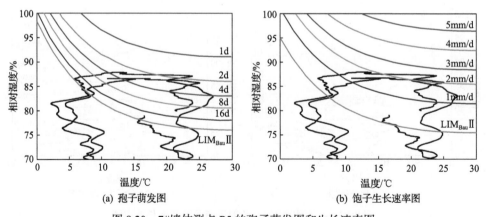

(a) 孢子萌发图   (b) 饱子生长速率图

图 8.20　7#墙体测点 P5 的孢子萌发图和生长速率图

墙体严重。其中，3#墙体测点 5 在 4～16d 内孢子将会萌发，生长速率基本在 1mm/d 左右，但最高可达 3mm/d；4#墙体测点 5 在 8～16d 内孢子将会萌发，生长速率不到 1mm/d；6#墙体测点 5 在 8～16d 内孢子将会萌发，生长速率会超过 1mm/d，但多数情况下仍不到 1mm/d；7#墙体测点 5 在 2～4d 内孢子将会萌发，生长速率可超过 2mm/d，但基本处于 2mm/d 以下。这与前面使用改进的 VTT 模型得到的霉菌生长预测结果基本一致。

8.6.2　砖(混凝土)木组合墙体

以砖(混凝土)木组合墙体为例，分别在有风驱雨和无驱雨风情形下用动态热湿耦合传递模型模拟对比墙体内霉菌生长风险的差异。

1. 墙体结构和气候边界条件

组合墙体结构由外到内依次为 240mm 砖(混凝土)和 80mm 松木板内饰面，如图 8.21 所示。建筑材料砖、混凝土、松木板的主要湿物性参数来自 Vogelsang 等[47]的试验数据，其中常用热物性参数如表 8.10 所示，湿物性参数包括含湿量、水蒸气渗透系数、液态水渗透系数，砖的主要湿物性参数曲线如图 4.20 所示，其他混凝土和松木板的主要湿物性参数曲线如图 8.22 和图 8.23 所示[47]。由于含有降雨和风速风向的实际气象数据及长期的室内环境参数难以获得，这里用 4.5 节的室内外两侧气象和环境参数对霉菌生长情况进行预测分析。4.5 节的实际气候条件数据中只有西南向墙体有内外侧气象和环境参数数据，因此仅对西南向墙体进行模拟。模拟计算时间为 2015 年 5 月 6 日 0:00～2017 年 7 月 1 日 0:00，主要模拟分析墙体中三个代表位置处的霉菌生长情况：墙外表面处即位置 1，砖墙中松木内板界面处即位置 2，砖墙内表面处即位置 3，如图 8.21 所示。

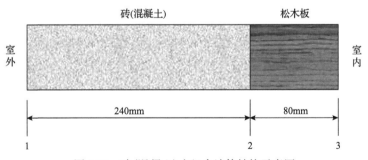

图 8.21　砖(混凝土)木组合墙体结构示意图

表 8.10 墙体材料常用热物性参数

墙体材料	干材料密度/(kg/m³)	定压比热容/[J/(kg·K)]	导热系数/[W/(m·K)]
砖	1643	942	0.6
混凝土	2320	850	2.1
松木板	554	2775	0.21

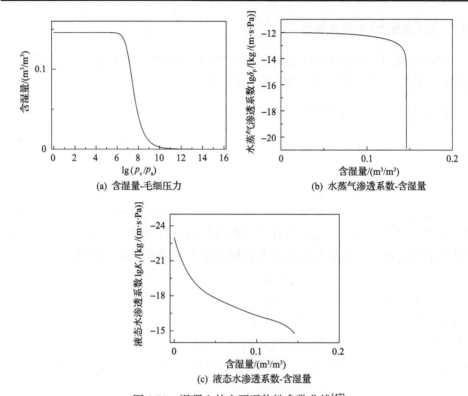

(a) 含湿量-毛细压力   (b) 水蒸气渗透系数-含湿量

(c) 液态水渗透系数-含湿量

图 8.22 混凝土的主要湿物性参数曲线[47]

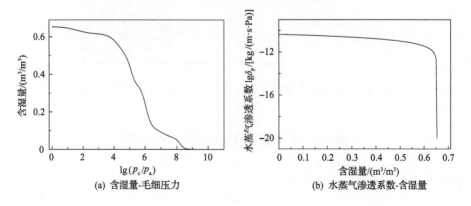

(a) 含湿量-毛细压力   (b) 水蒸气渗透系数-含湿量

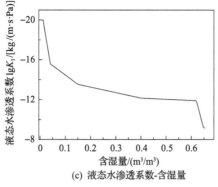

(c) 液态水渗透系数-含湿量

图 8.23　松木板的主要湿物性参数曲线[47]

2. 霉菌指数

1)风驱雨对墙体内霉菌指数的影响

砖木组合墙体霉菌指数如图 8.24 所示。墙体内霉菌指数模拟计算时间为 2015 年 5 月 6 日 0:00～2017 年 7 月 1 日 0:00。在考虑风驱雨的影响时,位置 1、2、3 处的霉菌指数最高可以达到 2.38、4.10、0.39。在考虑风驱雨影响时,位置 1 处表面霉菌覆盖率小于 10%,位置 2 处表面霉菌覆盖率为 30%～70%,位置 3 处表面有少量霉菌。在忽略风驱雨的影响时,位置 1、2、3 处的霉菌指数最高只有 0.88、0.18、0.30。在忽略风驱雨影响时,位置 1、2、3 处表面都只有少量霉菌。

混凝土组合墙体霉菌指数如图 8.25 所示。墙体内霉菌指数模拟计算时间为 2015 年 5 月 6 日 0:00～2017 年 7 月 1 日 0:00。在考虑风驱雨的影响时,位置 1、2、3 处的霉菌指数最高可以达到 2.48、4.66、0.48。在考虑风驱雨的影响时,位置 1 处表面霉菌覆盖率小于 10%,位置 2 处表面霉菌覆盖率为 30%～70%,位置 3 处表面有少量霉菌。在忽略风驱雨的影响时,位置 1、2、3 处的霉菌指数最高

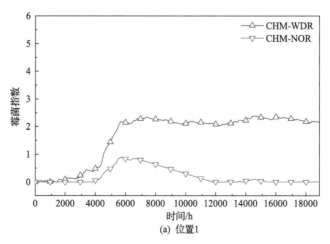

(a) 位置1

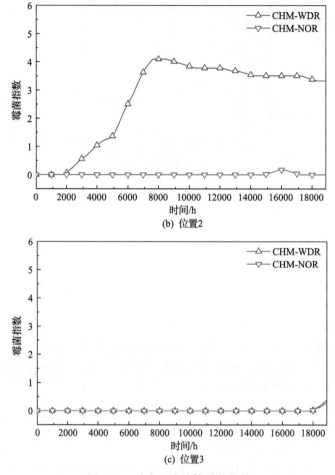

(b) 位置2

(c) 位置3

图 8.24　砖木组合墙体霉菌指数

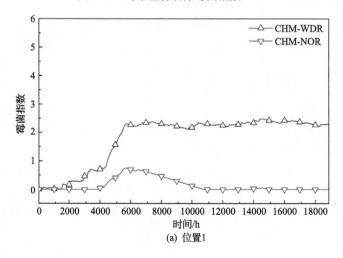

(a) 位置1

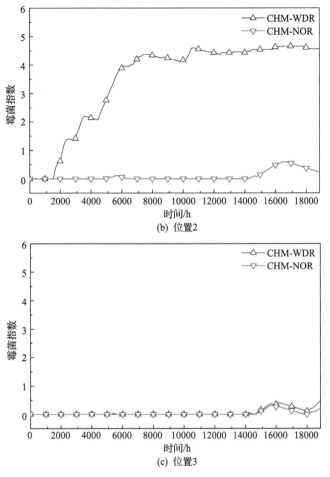

图 8.25　混凝土组合墙体霉菌指数

只有 0.75、0.59、0.32。在忽略风驱雨的影响时，位置 1、2、3 处表面都只有少量霉菌。计算结果表明，风驱雨对墙体内霉菌生长风险的影响较大，在预测建筑围护结构内的霉菌滋生风险时不能忽略风驱雨的影响。

2)两种湿驱动势的霉菌指数对比

采用以毛细压力为湿驱动势的模型和以相对湿度为湿驱动势的模型模拟得到的砖木组合墙体霉菌指数如图 8.26 所示。墙体内霉菌指数模拟计算时间为 2015 年 5 月 6 日 0:00～2017 年 7 月 1 日 0:00。

采用以毛细压力为湿驱动势的模型模拟得到的砖木组合墙体内位置 1、2、3 处的霉菌指数最高可以达到 2.38、4.10、0.39。采用以毛细压力为湿驱动势的模型模拟时，位置 1 处表面霉菌覆盖率小于 10%，位置 2 处表面霉菌覆盖率为 30%～70%，位置 3 处表面有少量霉菌。

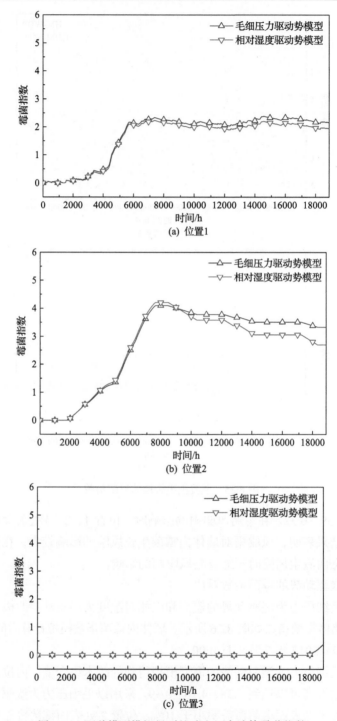

图 8.26　两种模型模拟得到的砖木组合墙体霉菌指数

　　采用以相对湿度为湿驱动势的模型模拟得到的砖木组合墙体内位置 1、2、3 处的霉菌指数最高只有 2.24、4.21、0.38。采用以相对湿度为湿驱动势的模型模拟时，位置 1 处表面霉菌覆盖率小于 10%，位置 2 处表面霉菌覆盖率为 30%～70%，位置 3 处表面有少量霉菌。

　　采用以相对湿度为湿驱动势的模型模拟得到的砖木组合墙体霉菌指数略低于以毛细压力为湿驱动势的模型模拟得到的砖木组合墙体霉菌指数。

　　在降雨充沛的地区，风驱雨对建筑围护结构内温湿度的分布影响显著。围护结构吸收雨水后会显著影响其内部温湿度，从而影响墙体内霉菌生长风险。为了准确评估建筑墙体内霉菌滋生风险，在预测建筑围护结构内霉菌生长情况时不能忽略风驱雨的影响。

8.6.3　不同朝向墙体长期霉菌生长预测

1. 长期气候条件

　　通常墙体内霉菌生长速度较慢，衰退速度也很缓慢。墙体表面霉菌生长是一个近似不闭合的缓慢过程，墙体表面一旦有霉菌生长就不会轻易消失。一般需要模拟数年以上才能反映出霉菌生长的趋势。由于长期实际气象数据和实际建筑室内空气温湿度状况难以获得，将 5.3.2 节中长沙市气象站室外气象参数循环 5 年，用于近似模拟分析长期气候条件下长沙不同朝向墙体霉菌生长情况。砖木组合墙体结构示意图如图 8.21 所示。取室内空气温度为 24℃，相对湿度为 75%。墙体内表面对流传热系数为 8.72W/(m²·K)，墙体外表面对流传热系数根据式(2.70)计算，墙体表面对流传质系数由 Lewis 关系式给出。

2. 霉菌指数模拟结果

　　砖木组合墙体位置 1 处 5 年内霉菌指数如图 8.27 所示。在考虑风驱雨的影响

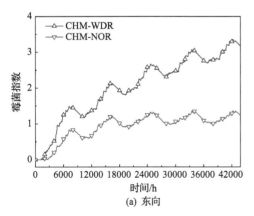

(a) 东向

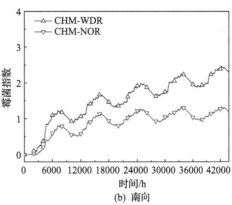

(b) 南向

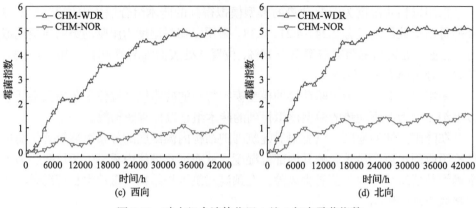

(c) 西向　　　　　　　　　　　　　　(d) 北向

图 8.27　砖木组合墙体位置 1 处 5 年内霉菌指数

时，东、南、西、北向墙体外表面的霉菌指数最高可以达到 3.36、2.47、5.07、5.14。在考虑风驱雨的影响时，东向墙体外表面霉菌覆盖率为 10%～30%，南向墙体外表面霉菌覆盖率小于 10%，西向墙体外表面霉菌覆盖率大于 70%，北向墙体外表面霉菌覆盖率大于 70%。在忽略风驱雨的影响时，东、南、西、北向墙体外表面的霉菌指数最高只有 1.36、1.33、1.11、1.61。在忽略风驱雨的影响时，东、南、西、北向墙体外表面都只有少量霉菌。

砖木组合墙位置 2 处 5 年内霉菌指数如图 8.28 所示。在考虑风驱雨的影响时，东、南、西、北向墙体中松木板交界面处的霉菌指数最高可以达到 3.40、2.22、4.46、4.59。在考虑风驱雨的影响时，东向墙体中松木板交界面处霉菌覆盖率为 10%～30%，南向墙体中松木板交界面处霉菌覆盖率小于 10%，西向墙体中松木板交界面处霉菌覆盖率为 30%～70%，北向墙体中松木板交界面处霉菌覆盖率为 30%～70%。在忽略风驱雨的影响时，东、南、西、北向墙体中松木板交界面处的霉菌指数最高只有 3.23、2.20、2.60、3.38。在忽略风驱雨的影响时，东向墙体中松木板交界面处霉菌覆盖率为 10%～30%，南向墙体中松木板交界面处霉菌覆

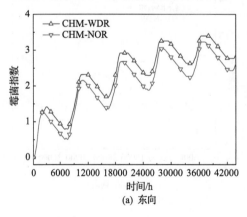

(a) 东向

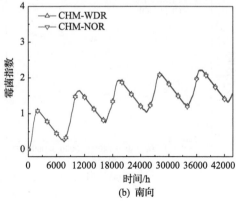

(b) 南向

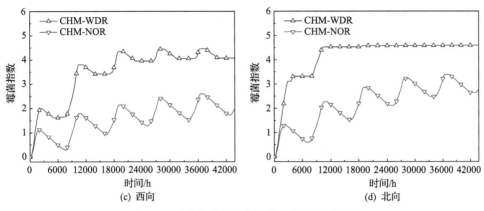

图 8.28　砖木组合墙位置 2 处 5 年内霉菌指数

盖率小于 10%，西向墙体中松木板交界面处霉菌覆盖率小于 10%，北向墙体中松木板交界面处霉菌覆盖率为 30%～70%。

砖木组合墙位置 3 处 5 年内霉菌指数如图 8.29 所示。在考虑风驱雨的影响时，东、南、西、北向墙体内表面霉菌指数最高可以达到 2.25、1.34、2.29、2.68。

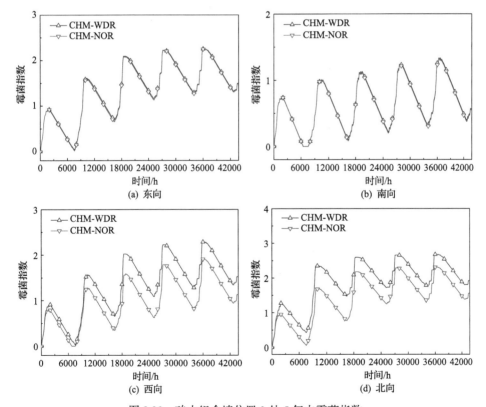

图 8.29　砖木组合墙位置 3 处 5 年内霉菌指数

在考虑风驱雨的影响时，东向墙体内表面霉菌覆盖率小于10%，南向墙体内表面有少量霉菌，西向墙体内表面霉菌覆盖率小于10%，北向墙体内表面霉菌覆盖率小于10%。在忽略风驱雨的影响时，东、南、西、北向墙体内表面的霉菌指数最高只有2.24、1.31、1.90、2.30。在忽略风驱雨的影响时，东向和北向墙体内表面霉菌覆盖率小于10%，南向和西向墙体内表面有少量霉菌。

在考虑风驱雨的影响时，墙体表面霉菌指数从大到小依次为北、东、西、南向。南向墙体表面霉菌指数较小，北向墙体表面霉菌指数较大。这主要是因为南向和西向太阳辐射照度较大，南向和西向墙体更容易干燥。北向太阳辐射照度较小，在风驱雨和较小太阳辐射照度的影响下，墙体内难以干燥，北向墙体内相对湿度持续较高，因此北向墙体内更容易滋生霉菌。

8.7　南方地区墙体霉菌滋生风险评估

我国南方地区常见高温高湿天气，多孔介质墙体中存在显著的热湿迁移与湿积累，为墙体表面及墙体内部霉菌滋生提供了良好条件。研究者建立了霉菌生长预测模型或风险分析方法[1,2,7,42]，但所提的霉菌生长预测模型往往是基于良好温湿度和营养基条件(往往是稳态或阶梯波动温湿度)下的试验得到的，侧重于判断霉菌孢子发芽、菌丝生长所需临界条件，以及求解相应的生长速度，难以直接用于研究我国南方地区实际气候环境下建筑墙体霉菌滋生风险评估。

建筑墙体表面、内部霉菌滋生条件均容易满足，其中关键因素是湿度。建筑环境中温度和湿度通常互相影响，为了准确研究墙体霉菌滋生情况，必须获得墙体瞬时温湿度。为了评估墙体霉菌滋生风险，还应考虑满足条件的温湿度持续时间。

这里根据霉菌滋生的温湿度条件，采用基于瞬态温湿度的墙体霉菌滋生风险评估模型(式(8.18)和式(8.19))，分析我国南方各主要城市红砖墙体与加气混凝土墙体的霉菌滋生风险。

采用第2章以温度和相对湿度为驱动势的动态热湿耦合传递模型，对我国南方地区各城市典型墙体的热湿迁移过程进行模拟计算，求得H_{80}与S_{RHT80}，即可评价各城市典型墙体的霉菌滋生风险，反映出气候对墙体霉菌滋生风险的影响，可进一步评估各墙体对气候的适应性；改变室内空气温湿度设置值，可以评价室内空气温湿度对墙体霉菌滋生风险的影响，为我国南方地区墙体设计与室内状态设置提供依据。

8.7.1　墙体霉菌滋生风险分析

红砖墙体是我国南方地区既有建筑中主要的墙体类型。红砖是以黏土或页岩、煤矸石、粉煤灰为主要原料，经过焙烧而成的普通砖。因易于制造与加工，红砖得到了广泛使用。为了保护耕地以及提高墙体热工性能，加气混凝土砌块得到了推广应用。加气混凝土孔隙率达 85%，因而质轻，可减轻建筑物自重，降低建筑物综合造价；同时由于具有大量孔隙，保温性能良好；主要原材料多为无机材料，具有良好的耐火性能。此外，还具有吸声、抗震、抗渗、环保、经济等优点。红砖墙和混凝土墙是我国南方使用较多的两种典型墙体。两种墙体结构从室外向室内由三层材料组成，依次为水泥砂浆(20mm)、红砖/加气混凝土(240mm)、石灰水泥砂浆(20mm)。

墙体内侧表面霉菌滋生风险对室内环境影响很大，应重点关注。典型墙体均为由多层多孔介质建筑材料组成的复合型墙体，不同热湿特性材料的交界面处温湿度梯度较大，容易发生冷凝与滋生霉菌。因而，主要考虑墙体内表面及材料交界面处霉菌滋生风险。

1. 南方地区典型墙体及其热湿耦合传递模拟

采用第 2 章以温度和相对湿度为驱动势的动态热湿耦合传递模型，模拟计算得到墙体瞬时温湿度分布，分析我国南方地区两种典型墙体的霉菌滋生风险。典型墙体材料的热湿物性参数采用文献[48]的值，如表 8.11 所示。液态水渗透系数 K_1 用式(4.3)计算。墙体内、外表面对流传热系数分别取 8.72W/$(m^2 \cdot K)$ 和 23.26W/$(m^2 \cdot K)$[49]；墙体内、外表面对流传质系数由 Lewis 关系式给出，分别为 0.00724s/m 和 0.01984s/m。室外计算条件采用典型气象年逐时气象参数[50]，室内计算温度取 24℃，室内计算相对湿度取 70%。

以南方地区典型城市长沙为例开展模拟计算，得到长沙南向红砖墙体与加气混凝土墙体内温湿度。为简化起见，将水泥砂浆与红砖/加气混凝土的交界面称为外交界面，红砖/加气混凝土与石灰水泥砂浆的交界面称为内交界面。由模拟计算结果发现，红砖墙体内外交界面处的相对湿度均长时间高于临界值。外交界面相对湿度超过 80%临界值的总小时数长达 2304h，最高值高达 88.71%。内交界面相对湿度超过 80%临界值的总小时数长达 2395h，集中在 12 月～次年 3 月，最高值高达 86.16%。红砖墙体三个考察位置的温度均大于 0℃。

加气混凝土墙体不同位置霉菌滋生风险相差较大。外交界面(即加气混凝土与水泥砂浆交界面)相对湿度高于 80%临界值的总小时数长达 2969h，最高值高达 90.5%；内表面相对湿度线和内交界面相对湿度线基本重合，均低于临界值的80%。加气混凝土墙体三个位置的温度仅有极少数时间低于 0℃。总之，在长沙两种典型墙体相对湿度长时间超过 80%临界值。

2. 墙体霉菌滋生风险

根据墙体热湿耦合传递模拟计算结果，考察长沙市南向两种典型墙体霉菌滋生风险，计算得到长沙南向两种典型墙体各考察位置的 H_{80} 与 S_{RHT80}，结果如表 8.12 所示。

表 8.11　典型墙体材料热湿物性参数

热湿物性参数	水泥砂浆	红砖	加气混凝土	水泥石灰砂浆
干材料密度 /(kg/m³)	1807	1923.4	600	1600
定压比热容 /[J/(kg·K)]	840	920	1050	1050
导热系数 /[W/(m·K)]	$1.965+0.0045\omega$	$0.44+0.0042\omega$	$0.177+0.00098\omega$	$0.81+0.0031\omega$
水蒸气渗透系数 /[kg/(m·s·Pa)]	5.467×10^{-11}	2.6×10^{-11}	2.5×10^{-11}	1.2×10^{-11}
含湿量 /(kg/m³)	$\dfrac{\varphi}{0.0001+0.025\varphi-0.022\varphi^2}$	$\dfrac{\varphi}{0.0163+0.096\varphi-0.0885\varphi^2}$	$\dfrac{\varphi}{-0.1877+0.0215\varphi+9.2\times10^{-11}\varphi^2}$	$\dfrac{\varphi}{0.0077-0.0135\varphi+0.00674\varphi^2}$
液态水扩散率 /(m²/s)	$1.4\times10^{-9}e^{0.027\omega}$	$7.4\times10^{-9}e^{0.0316\omega}$	$0.213e^{0.011\omega}$	$2.7\times10^{-9}e^{0.0204\omega}$

注：ω 为含湿量，kg/m³；φ 为相对湿度，%。

表 8.12　长沙南向典型墙体霉菌滋生风险

位置	H_{80}/h	S_{RHT80}
红砖墙体外交界面	2304	1350
红砖墙体内交界面	2390	1402
红砖墙体内表面	2395	1418
加气混凝土墙体外交界面	2969	1844
加气混凝土墙体内交界面	0	0
加气混凝土墙体内表面	0	0

从表 8.12 可以看出，红砖墙体的三个考察位置均存在较大的霉菌滋生风险，H_{80} 均在 2300h 以上，S_{RHT80} 均在 1300 以上。加气混凝土墙体外交界面存在较大霉菌滋生风险，H_{80} 高于 2900h，S_{RHT80} 高于 1800；其内表面和内交界面处 H_{80} 和 S_{RHT80} 均为 0，不存在霉菌滋生风险。由此可见，与红砖墙体相比，加气混凝土墙体外交界面霉菌滋生风险增大，内表面与内交界面霉菌滋生风险减小。

对比墙体内表面和内交界面处的 H_{80} 和 S_{RHT80} 可知，两处的 H_{80} 非常接近，这是因为石灰水泥砂浆层较薄，两处的温湿度均主要受室内空气温湿度的影响，而且室内空气温湿度均假设为恒定值；内表面处 S_{RHT80} 比内交界面处稍大，这是因为在存在霉菌滋生风险的时间内，内表面处温度往往高于内交界面。鉴于内表面和内交界面处 H_{80} 和 S_{RHT80} 均相差不大，下面仅考察墙体内表面和外交界面处的霉菌滋生风险。

8.7.2　南方地区墙体霉菌滋生风险

室内空气温度取 24℃，空气相对湿度取 70%，室外计算条件采用各地典型气象年逐时气象参数[50]，计算我国南方地区 93 个城市的两种典型墙体，考察南向墙体内表面和外交界面处霉菌滋生风险。太阳辐射对墙体热湿迁移有较大的影响，因此还考察北向墙体。

1. 内表面霉菌滋生风险

采用 8.7.1 节的方法，考察红砖墙体、加气混凝土墙体内表面霉菌滋生风险。模拟计算一年时间内南方 93 个城市南向与北向典型墙体内表面处 H_{80} 与 S_{RHT80}，结果如表 8.13 所示。

从表 8.13 可以看出，各城市两种典型墙体内表面处霉菌滋生风险相差较大。对于加气混凝土墙体，除四川的两个城市外，其余 91 个考察城市中墙体内表面处均不存在霉菌滋生风险。对于红砖墙体，除海南、广东、广西、云南及福建的共

表 8.13　南方地区典型墙体内表面霉菌滋生风险

省级行政单位	市(县)	红砖墙体				加气混凝土墙体			
		南向		北向		南向		北向	
		H_{80}/h	S_{RHT80}	H_{80}/h	S_{RHT80}	H_{80}/h	S_{RHT80}	H_{80}/h	S_{RHT80}
海南	海口	0	0	0	0	0	0	0	0
	琼海	0	0	0	0	0	0	0	0
福建	崇武	0	0	77	2	0	0	0	0
	建瓯	788	106	1338	529	0	0	0	0
	上杭	343	31	792	113	0	0	0	0
	福州	217	18	436	57	0	0	0	0
	南平	972	94	1353	257	0	0	0	0
	厦门	0	0	0	0	0	0	0	0
广东	电白	0	0	0	0	0	0	0	0
	南雄	347	55	733	160	0	0	0	0
	韶关	79	1	600	51	0	0	0	0
	广州	0	0	0	0	0	0	0	0
	汕头	0	0	0	0	0	0	0	0
	阳江	0	0	0	0	0	0	0	0
	河源	0	0	0	0	0	0	0	0
	汕尾	0	0	0	0	0	0	0	0
	增城	0	0	0	0	0	0	0	0
广西	百色	0	0	0	0	0	0	0	0
	河池	0	0	0	0	0	0	0	0
	南宁	0	0	0	0	0	0	0	0
	都安	0	0	0	0	0	0	0	0
	灵山	0	0	0	0	0	0	0	0
	钦州	0	0	0	0	0	0	0	0
	桂林	0	0	0	0	0	0	0	0
	龙州	0	0	0	0	0	0	0	0
	梧州	492	73	576	98	0	0	0	0
	桂平	0	0	0	0	0	0	0	0

续表

省级行政单位	市(县)	红砖墙体				加气混凝土墙体			
		南向		北向		南向		北向	
		H_{80}/h	S_{RHT80}	H_{80}/h	S_{RHT80}	H_{80}/h	S_{RHT80}	H_{80}/h	S_{RHT80}
浙江	定海	1850	709	2451	1299	0	0	0	0
	洪家	1310	424	1568	1004	0	0	0	0
	温州	1132	236	1568	478	0	0	0	0
	杭州	2477	999	2727	1904	0	0	0	0
	衢州	2119	1228	2339	1642	0	0	0	0
江西	赣州	1100	258	1523	432	0	0	0	0
	南昌	2301	914	2664	1364	0	0	0	0
	宜春	2515	971	2898	1471	0	0	0	0
	吉安	1659	606	2510	975	0	0	0	0
	南城	2039	1195	2320	1578	0	0	0	0
	玉山	2264	956	2566	1349	0	0	0	0
	遂川	752	343	1599	599	0	0	0	0
湖南	长沙	2390	1402	2696	1776	0	0	0	0
	零陵	1884	803	2477	1100	0	0	0	0
	武冈	0	0	2895	1939	0	0	0	0
	常宁	1465	578	2441	1086	0	0	0	0
	石门	2285	1128	2637	1577	0	0	0	0
	株洲	2315	1060	2451	1322	0	0	0	0
贵州	毕节	3054	3155	3108	3322	0	0	0	0
	桐梓	2882	1811	2938	1928	0	0	0	0
	遵义	2513	2095	2614	2153	0	0	0	0
	贵阳	2331	1217	2671	1660	0	0	0	0
	威宁	3642	2478	3820	3210	0	0	0	0
	兴义	1643	767	1832	942	0	0	0	0
	三穗	1715	817	1972	1513	0	0	0	0
云南	楚雄	0	0	1156	224	0	0	0	0
	丽江	854	155	2676	1200	0	0	0	0
	思茅	0	0	0	0	0	0	0	0

续表

| 省级行政单位 | 市(县) | 红砖墙体 | | | | 加气混凝土墙体 | | | |
| | | 南向 | | 北向 | | 南向 | | 北向 | |
		H_{80}/h	S_{RHT80}	H_{80}/h	S_{RHT80}	H_{80}/h	S_{RHT80}	H_{80}/h	S_{RHT80}
云南	德钦	5599	5788	5767	7314	0	0	0	0
	昆明	135	7	1635	453	0	0	0	0
	勐腊	0	0	0	0	0	0	0	0
	元江	0	0	0	0	0	0	0	0
	澜沧	0	0	0	0	0	0	0	0
	蒙自	0	0	0	0	0	0	0	0
上海	上海	2274	1060	2424	1802	0	0	0	0
江苏	东台	2730	2569	3053	3274	0	0	0	0
	淮阴	2624	1754	2959	2897	0	0	0	0
	南京	2563	1849	3073	2973	0	0	0	0
	赣榆	3061	2912	3335	3760	0	0	0	0
	吕泗	2502	1204	2787	2536	0	0	0	0
	徐州	2980	2789	3257	3470	0	0	0	0
安徽	安庆	2533	1632	2810	2138	0	0	0	0
	合肥	2794	2054	3006	2718	0	0	0	0
	寿县	2762	2782	3017	3175	0	0	0	0
	蚌埠	2659	2481	2944	3107	0	0	0	0
	霍山	2687	2499	3001	3057	0	0	0	0
	桐城	2598	2397	2937	1928	0	0	0	0
湖北	鄂西	2593	2315	2881	2011	0	0	0	0
	武汉	2510	1513	2712	2039	0	0	0	0
	郧西	2644	2503	3143	2664	0	0	0	0
	老河口	2574	2302	2954	2533	0	0	0	0
	宜昌	2236	1909	2772	1723	0	0	0	0
	钟祥	2481	2112	2865	2401	0	0	0	0
重庆	沙坪坝	1799	718	1841	784	0	0	0	0
	酉阳	2785	1840	2931	1991	0	0	0	0

续表

省级行政单位	市(县)	红砖墙体				加气混凝土墙体			
		南向		北向		南向		北向	
		H_{80}/h	S_{RHT80}	H_{80}/h	S_{RHT80}	H_{80}/h	S_{RHT80}	H_{80}/h	S_{RHT80}
四川	泸州	1307	533	1963	777	0	0	0	0
	成都	2353	1288	2437	1454	0	0	0	0
	乐山	2088	984	2307	1070	0	0	0	0
	南充	2323	1239	2451	1312	0	0	0	0
	会理	1401	673	2063	673	0	0	0	0
	绵阳	1511	974	2657	1736	0	0	0	0
	理塘	4764	5183	6374	9252	0	0	0	0
	红原	6649	8411	7893	12603	0	0	1727	166
	九龙	4138	3165	4276	3835	0	0	0	0
	马尔康	4092	3739	4358	4710	0	0	541	42
	松潘	5249	6280	5454	7207	0	0	0	0

23 个城市外，其他共 70 个城市均存在霉菌滋生风险，四川红原的 H_{80} 与 S_{RHT80} 均为最大值，其南向与北向红砖墙体 H_{80} 分别高达 6649h 和 7893h，S_{RHT80} 分别高达 8411 和 12603。

由此可见，在内表面处，红砖墙体的霉菌滋生风险比加气混凝土墙体要大得多。这是因为墙体内侧主要受室内空气温湿度影响，加气混凝土保温性能比红砖更好，墙体内侧温度梯度更小、相对湿度更低，因而内表面霉菌滋生风险更低。

对比南北两个朝向，无论是红砖墙体还是加气混凝土墙体，对于所有 93 个考察城市的内表面 H_{80} 和 S_{RHT80}，北向墙体均大于南向墙体，但不同城市的北向墙体与南向墙体的差值各不相同，这是由各城市南向与北向太阳辐射强度相差各不相同引起的。

对于内表面处的霉菌滋生风险，所考察城市总体上均呈现出东部比西部高、南部比北部高的趋势。有些城市并不严格遵守该趋势，这是地势或水域等局部微气候影响所致。因而，在分析各地霉菌滋生风险时，还应综合考虑气候与地域等因素。

2. 外交界面霉菌滋生风险

模拟计算一年时间内南方地区两种典型墙体外交界面处的 H_{80} 和 S_{RHT80}，考察两种典型墙体外交界面处霉菌滋生风险，结果如表 8.14 所示。

表 8.14　南方地区典型墙体外交界面处霉菌滋生风险

省级行政单位	市(县)	红砖墙体				加气混凝土墙体			
		南向		北向		南向		北向	
		H_{80}/h	S_{RHT80}	H_{80}/h	S_{RHT80}	H_{80}/h	S_{RHT80}	H_{80}/h	S_{RHT80}
海南	海口	2304	1698	3465	2587	2359	1883	3454	2825
	琼海	3004	2142	3871	2850	2992	2245	3807	2917
福建	崇武	2036	2077	2607	3585	2373	2399	2769	3421
	建瓯	1235	650	1812	997	1888	1155	2305	1392
	上杭	947	498	1214	669	1504	816	1620	862
	福州	1091	763	1365	966	1543	1199	1729	1297
	南平	618	348	629	281	935	424	989	462
	厦门	1418	1092	1865	1455	1756	1465	1941	1616
广东	电白	2038	1379	2337	1539	1987	1383	2261	1510
	南雄	1243	969	1372	1001	1477	111	1520	1127
	韶关	1397	721	1485	781	1602	947	1726	1034
	广州	1966	2127	2018	2200	1969	2200	2060	2296
	汕头	1204	927	1624	1215	1382	1062	1628	1179
	阳江	2487	2149	2782	2382	2494	2208	2679	2342
	河源	1038	838	1072	900	1101	896	1120	907
	汕尾	1895	1530	2311	1905	1904	1494	2283	1745
	增城	1815	1596	1908	1721	1891	1668	1991	1691
广西	百色	686	345	749	515	1066	621	1211	708
	河池	853	3799	1033	547	1113	683	1151	711
	南宁	1790	1546	2266	1987	2122	2025	2349	2222
	都安	1252	696	1615	975	1568	1021	1702	1105
	灵山	1560	893	1977	1225	1945	1352	2215	1480
	钦州	2350	1727	2786	2136	2374	1718	2738	2125
	桂林	1114	1170	1503	1166	1497	1141	1714	1340
	龙州	1528	857	2033	1234	1942	1285	2180	1449
	梧州	2350	1727	2786	2136	2374	1718	2738	2125
	桂平	1114	1170	1503	1166	1497	1141	1714	1340
浙江	定海	395	142	1081	485	707	236	1360	584
	洪家	1306	802	2342	1667	1846	1277	2652	1892

续表

省级行政单位	市(县)	红砖墙体				加气混凝土墙体			
		南向		北向		南向		北向	
		H_{80}/h	S_{RHT80}	H_{80}/h	S_{RHT80}	H_{80}/h	S_{RHT80}	H_{80}/h	S_{RHT80}
浙江	温州	1105	708	1453	953	1482	989	1620	1056
	杭州	1078	939	1524	1198	1731	1363	2001	1517
	衢州	1376	904	1764	1220	2087	1446	2239	1528
江西	赣州	891	511	1171	696	1507	897	1626	983
	南昌	1221	863	1598	1175	1809	1331	2016	1456
	宜春	2136	1078	2534	1427	2960	1897	3120	2004
	吉安	1584	881	2042	1122	2441	1479	2601	1579
	南城	1588	1062	2263	1355	2700	1754	2947	1880
	玉山	900	635	1137	822	1437	977	1514	1034
	遂川	1711	1015	2173	1309	2436	1717	2623	1839
湖南	长沙	2304	1350	2719	1546	2969	1844	3302	2056
	零陵	1241	597	1537	791	2098	1129	2201	1197
	武冈	1886	695	1985	777	2495	1229	2622	1268
	常宁	1984	935	2614	1427	2780	1670	3161	2052
	石门	1066	694	1137	740	1394	932	1505	964
	株洲	1662	1008	1846	1038	2657	1463	2827	1552
贵州	毕节	907	164	1431	177	2496	648	2676	679
	桐梓	532	156	738	237	1435	494	1477	506
	遵义	482	139	688	206	1570	436	1577	452
	贵阳	555	198	876	282	1352	498	1566	577
	威宁	389	82	794	155	1345	348	1533	409
	兴义	712	220	1025	313	1475	588	1685	642
	三穗	919	338	1224	492	1767	776	1864	808
云南	楚雄	75	12	138	26	301	77	328	80
	丽江	312	147	364	177	527	278	576	298
	思茅	130	25	257	59	403	129	487	157
	德钦	378	130	630	245	671	271	799	324
	昆明	61	7	108	14	311	66	384	86
	勐腊	1089	553	1640	923	1299	759	1829	1032

续表

省级行政单位	市（县）	红砖墙体				加气混凝土墙体			
		南向		北向		南向		北向	
		H_{80}/h	S_{RHT80}	H_{80}/h	S_{RHT80}	H_{80}/h	S_{RHT80}	H_{80}/h	S_{RHT80}
云南	元江	148	63	253	147	231	134	309	202
	澜沧	512	198	876	380	761	358	1065	519
	蒙自	159	54	241	96	290	146	366	158
上海	上海	738	522	897	630	978	648	1168	739
江苏	东台	770	462	1244	744	1313	718	1559	855
	淮阴	410	321	851	568	753	482	1091	670
	南京	617	416	897	631	978	648	1168	769
	赣榆	152	83	323	161	304	128	456	189
	吕泗	1272	864	2446	1962	1701	1228	2712	1983
	徐州	206	79	415	210	327	132	444	160
安徽	安庆	651	326	753	388	1081	497	1195	532
	合肥	1344	1002	1522	1098	1757	1289	2043	1396
	寿县	641	229	954	434	1071	348	1235	479
	蚌埠	731	525	837	615	991	604	1117	666
	霍山	1275	769	1533	934	1758	1001	2167	1199
	桐城	741	329	836	437	1167	648	1322	747
湖北	鄂西	1502	793	1963	1042	2802	1463	3021	1567
	武汉	749	453	944	594	1104	774	1255	829
	郧西	326	177	500	298	532	294	671	340
	老河口	409	175	618	317	674	329	760	374
	宜昌	1101	909	1371	1149	1613	1280	1754	1440
	钟祥	519	245	661	342	838	429	1001	463
重庆	沙坪坝	1937	1002	2173	1095	2747	1619	2978	1679
	酉阳	573	296	567	294	943	432	1037	443
四川	泸州	2042	1293	2441	1535	2610	1871	3096	2101
	成都	1152	777	1631	1073	2114	1297	2314	1430
	乐山	1682	730	1798	792	2536	12260	2669	1268
	南充	1186	441	1583	663	2370	1022	2552	1104

续表

省级行政单位	市(县)	红砖墙体				加气混凝土墙体			
		南向		北向		南向		北向	
		H_{80}/h	S_{RHT80}	H_{80}/h	S_{RHT80}	H_{80}/h	S_{RHT80}	H_{80}/h	S_{RHT80}
四川	会理	189	54	322	102	362	151	419	166
	绵阳	444	179	788	271	1046	392	1291	473
	理塘	0	0	0	0	3	0	4	0
	红原	0	0	8	0	80	5	106	8
	九龙	5	0	17	1	85	8	119	20
	马尔康	0	0	0	0	5	0	4	0
	松潘	0	0	5	0	5	0	7	1

从表 8.14 可以看出,在墙体外交界面处,绝大部分地区两种典型墙体均存在霉菌滋生风险。对于加气混凝土墙体,93 个考察城市外交界面均存在霉菌滋生风险;对于红砖墙体,仅有少数城市外交界面不存在霉菌滋生风险。

对于墙体外交界面处的霉菌滋生风险,各城市均表现出较大差异性,琼海南北两个朝向的两种典型墙体霉菌滋生风险均最大。所考察城市总体上也呈现出东部比西部高、南部比北部高的趋势,有些地区并不严格遵守该趋势,这是地势或水域等局部微气候影响所致。

在墙体外交界面处,加气混凝土墙体的霉菌滋生风险比红砖墙体大。这是因为墙体外侧主要受室外温湿度影响,加气混凝土隔热性能更好,导致墙体外侧温度梯度更大、相对湿度更高,因而霉菌滋生风险更高。

对比南北两个朝向,无论是红砖墙体还是加气混凝土墙体,对于所有 93 个考察城市外交界面的 H_{80} 和 S_{RHT80},北向墙体均大于南向墙体,但不同城市北向墙体与南向墙体的差值各不相同,这是由各城市南向与北向太阳辐射强度相差各不相同引起的。

此外,对比可见,同一墙体不同位置的霉菌滋生风险也相差较大。

总之,南方地区墙体存在较大的霉菌滋生风险,各城市霉菌滋生风险相差较大,不同墙体的霉菌滋生风险也相差较大,同一墙体的不同位置的霉菌滋生风险相差也较大。因此,为了降低霉菌滋生风险,各地应合理选用墙体材料。

8.8　南方地区墙体内表面霉菌滋生风险室内空气温湿度临界线

室外温湿度、太阳辐射及室内空气温湿度均对墙体霉菌滋生风险有影响。对于具体地域和具体建筑而言，室内空气温湿度控制是降低建筑墙体霉菌滋生风险的关键。这里进行大量模拟计算，构建南方主要城市霉菌滋生风险室内空气温湿度临界线，为降低南方建筑墙体室内霉菌滋生风险提供参考。

8.8.1　墙体霉菌滋生风险室内空气温湿度临界线

室内空气温湿度对墙体霉菌滋生风险有重要影响，实际工程与生活中室内空气相对湿度容易达到引发霉菌滋生的临界值。例如，室内产湿导致室内空气含湿量增加，相对湿度相应增加；室内空气温度突然变低，也会导致空气相对湿度升高。因而，应当有效控制室内空气温湿度值，以降低墙体霉菌滋生风险。

当室内空气温度为 T_{cr}、相对湿度为 φ_{cr} 时，墙体被考察位置处 H_{80} 与 S_{RHT80} 均为 0，而当室内空气温度为 T_{cr}、相对湿度为 $\varphi_{cr}+0.1\%$ 时，墙体被考察位置处 H_{80} 与 S_{RHT80} 均大于 0，此时，将 φ_{cr} 称为对应温度 T_{cr} 的霉菌滋生风险室内空气相对湿度临界值，(T_{cr}, φ_{cr}) 称为霉菌滋生风险室内空气温湿度临界点。由一系列温湿度临界点即可构建霉菌滋生风险室内空气温湿度临界线。

相对于墙体内外交界面，墙体内表面霉菌滋生对居民的健康与舒适影响更大，因此这里仅考察分析墙体内表面处霉菌滋生风险室内空气温湿度临界线。

采用第 2 章以温度和相对湿度为驱动势的动态热湿耦合传递模型，模拟分析长沙市红砖墙体与加气混凝土墙体内表面霉菌滋生风险室内空气温湿度临界线。室外计算条件采用长沙典型气象年逐时气象参数[50]，室内空气温度以 0.5℃ 为步长从 21℃ 逐步变化至 28℃，相对湿度以 0.1% 为步长改变，模拟计算得到相应的霉菌滋生风险室内空气相对湿度临界值和温湿度临界点，构建霉菌滋生风险室内空气温湿度临界线，如图 8.30 所示。

从图 8.30 可以看出，对于长沙市的北向墙体，随着室内空气温度逐步升高，霉菌滋生风险湿度临界值逐步降低。对于红砖墙体，当室内空气温度为 21℃ 时，

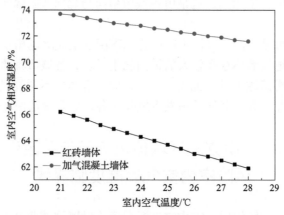

图 8.30　长沙市北向墙体内表面霉菌滋生风险室内空气温湿度临界线

霉菌滋生风险室内空气相对湿度临界值为 66.2%；当室内空气温度为 28℃时，霉菌滋生风险室内空气相对湿度临界值为 61.9%；对于加气混凝土墙体，当室内空气温度为 21℃时，霉菌滋生风险室内空气相对湿度临界值为 73.7%；当室内空气温度为 28℃时，霉菌滋生风险室内空气相对湿度临界值为 71.6%。

霉菌滋生风险室内空气温湿度临界线将温度和湿度构成的平面划分为两个区，当室内空气温湿度在温湿度临界线下方或处于温湿度临界线上时，不存在霉菌滋生风险；当室内空气温湿度处于温湿度临界线上方时，则存在霉菌滋生风险。

随着室内空气温度的升高，两种典型墙体的室内空气相对湿度临界值均呈现下降趋势，即两种典型墙体室内空气温湿度临界线斜率均为负值，加气混凝土墙体室内空气温湿度临界线斜率的绝对值小于红砖墙体。

加气混凝土墙体的霉菌滋生风险室内空气温湿度临界线高于红砖墙体。因而，在长沙市，加气混凝土墙体比红砖墙体更有利于降低内表面霉菌滋生风险。

8.8.2　南方地区主要城市墙体内表面霉菌滋生风险室内空气温湿度临界线

由 8.7.2 节可知，南方地区北向墙体霉菌滋生风险大，本节仅给出南方主要城市北向墙体内表面霉菌滋生风险室内空气温湿度临界线。对南方地区主要城市的两种典型墙体进行大量模拟计算，构建南方地区主要城市北向墙体内表面霉菌滋生风险室内空气温湿度临界线，如图 8.31 所示。

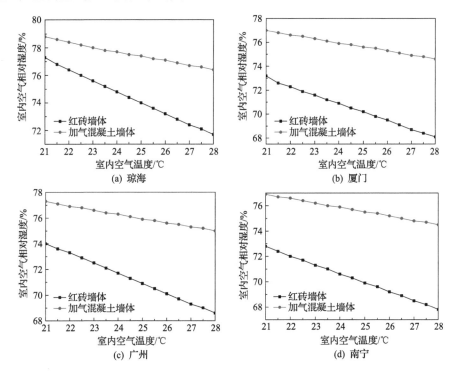

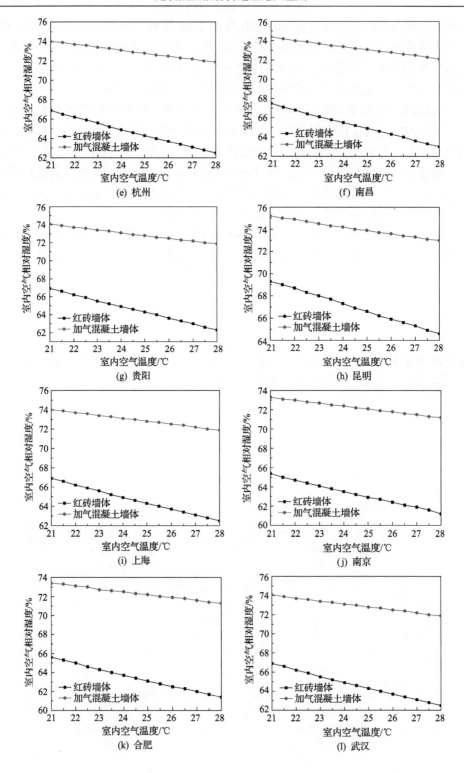

(e) 杭州

(f) 南昌

(g) 贵阳

(h) 昆明

(i) 上海

(j) 南京

(k) 合肥

(l) 武汉

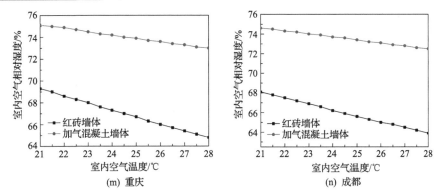

图 8.31　南方地区主要城市北向墙体内表面霉菌滋生风险室内空气温湿度临界线

从图 8.31 可以看出，不同城市墙体霉菌滋生风险室内空气温湿度临界线各不相同。各城市的墙体内表面霉菌滋生风险室内空气相对湿度临界值、温湿度临界线相差较大，仅个别城市接近。例如，当室内空气温度为 21℃时，红砖墙体和加气混凝土墙体的室内空气相对湿度临界值最高的是琼海，分别高达 77.30%和78.80%，最低的是合肥，分别为 65.60%和 73.40%。室内空气相对湿度临界值越高，墙体的霉菌滋生风险越低。例如，当室内空气温度为 21℃、相对湿度为 77.00%时，琼海的红砖墙体内表面还不存在霉菌滋生风险，但在其他城市，如合肥、南宁等，该墙体内表面已经具有较大的霉菌滋生风险。两种典型墙体的室内空气温湿度临界线较接近的是南京与合肥。

随着室内空气温度逐步升高，各城市的两种典型墙体内表面霉菌滋生风险室内空气相对湿度临界值均逐步降低，这从室内空气温湿度临界线及其负值斜率可以很好地反映出来。对于红砖墙体，琼海的室内空气温湿度临界线斜率绝对值最大，成都、合肥和南京的室内空气温湿度临界线斜率绝对值最小。对于加气混凝土墙体，南宁、琼海、厦门的室内空气温湿度临界线斜率绝对值较大，长沙、杭州、成都、合肥和南京的室内空气温湿度临界线斜率绝对值较小。

各城市的墙体霉菌滋生风险室内空气温湿度临界线的差异性，反映出各城市室外气候条件存在差异性。不同城市室外气候作用于相同墙体，墙体的霉菌滋生风险各不相同。因而，为了降低霉菌滋生风险，不同城市不同墙体建筑应设置不同的室内空气温湿度。

同一城市、不同墙体的室内空气温湿度临界线各不相同。对比各城市两种典型墙体的霉菌滋生风险室内空气温湿度临界线可知，加气混凝土墙体室内空气温湿度临界线均高于红砖墙体，加气混凝土墙体均比红砖墙体有利于降低霉菌滋生风险。不同城市两种典型墙体室内空气温湿度临界线在 Y 轴上的间距各不相同，这反映出两种墙体对不同气候的适应性各不相同。

对比两种典型墙体室内空气温湿度临界线斜率绝对值可知，各地红砖墙体的临界线斜率绝对值相差较大，而加气混凝土墙体的临界线斜率绝对值相差较小，因而对各城市的气候条件，加气混凝土墙体比红砖墙体的适应性更好。

南方地区主要城市墙体内表面霉菌滋生风险室内空气温湿度临界线的构建，为各城市室内空气温湿度的设置提供了理论指导。为了降低墙体内表面霉菌滋生风险，各城市建筑的室内空气温湿度应设置在相应墙体的室内空气温湿度临界线之下。

需要注意的是，上述分析是在室内维持在特定条件下进行的，主要用以反映各地室外气候因素如温度、湿度及太阳辐射对霉菌滋生风险的影响。实际工程与生活中，建筑墙体受更多因素的影响，如风、雨等，因而各城市的墙体霉菌滋生风险及室内空气温湿度临界线会有所不同。

8.9　本　章　小　结

本章介绍了霉菌生长模型和霉菌滋生风险评估模型，用动态热湿耦合传递模型模拟计算建筑墙体关键位置的温湿度条件，用改进的 VTT 模型计算墙体中的霉菌指数，用等值线表示霉菌生长状态，预测墙体相应位置的霉菌生长情况。

模拟比较了嵌入木梁组合结构的砌体砖墙外壁面抹石灰砂浆、外壁面疏水化处理、内侧加保温层和增设透湿性好的热桥等技术措施对砌体砖墙内侧和木梁组合结构关键位置霉菌生长的影响。外壁面抹石灰砂浆可抑制霉菌生长；增加内侧保温层后，外壁面疏水化处理会促进木梁末端霉菌生长，增加透湿性好的热桥可有效降低木梁末端和木质板条的霉菌滋生风险。外壁面疏水化处理可有效抑制木梁末端霉菌生长；在外壁面疏水化处理、内侧加保温层和增设 AAC 热桥三项措施的情况下，木质板条霉菌指数最小。

风驱雨对砖木组合墙体内部各位置的霉菌生长影响显著，而对内表面的影响相对较小，预测建筑围护结构内的霉菌滋生风险时不能忽略风驱雨的影响。以相对湿度为湿驱动势的模型模拟得到的砖木组合墙体霉菌指数略低于以毛细压力为湿驱动势的模型模拟得到的砖木组合墙体霉菌指数。不同朝向墙体长期热湿耦合传递模拟表明，墙体表面霉菌指数从大到小依次为北、东、西、南向，南向墙体表面霉菌指数较小，北向墙体表面霉菌指数较大，北向墙体内更容易滋生霉菌。

我国南方各城市霉菌滋生风险相差较大，红砖墙体与加气混凝土墙体的霉菌滋生风险也相差较大。各考察城市呈现这样趋势：内表面处红砖墙体的霉菌滋生风险比加气混凝土墙体大，墙体外交界面处加气混凝土墙体的霉菌滋生风险比红砖墙体大；所有城市北向墙体的霉菌滋生风险均大于南向墙体，但各城市北向墙体与南向墙体的霉菌滋生风险相差大小各不相同；对于两种典型墙体中两个被考察位置的霉菌滋生风险，所考察的东部城市比西部城市高、南部城市比北部城市高。为了降低墙体霉菌滋生风险，应合理选用材料。

不同城市墙体霉菌滋生风险室内空气温湿度临界线各不相同，同一城市不同材料墙体的室内空气温湿度临界线各不相同。随着室内空气温度的升高，红砖墙体与加气混凝土墙体内表面霉菌滋生风险室内空气相对湿度临界值均逐步降低，与红砖墙体相比，加气混凝土墙体有利于降低墙体内表面霉菌滋生风险。不同城市可通过采用不同的墙体构造和设置不同的室内空气温湿度条件，降低墙体内表面霉菌滋生风险。

参 考 文 献

[1] Sedlbauer K. Prediction of mould growth by hygrothermal calculation. Journal of Building Physics, 2002, 25(4): 321-336.

[2] Clarke J A, Johnstone C M, Kelly N J, et al. A technique for the prediction of the conditions leading to mould growth in buildings. Building and Environment, 1999, 34(4): 515-521.

[3] Gadd G M. Melanin production and differentiation in batch cultures of the polymorphic fungus Aureobasidium pullulans. FEMS Microbiology Letters, 1980, 9(3): 237-240.

[4] Eagen R, Brisson A, Breuil C. The sap-staining fungus Ophiostoma piceae synthesizes different types of melanin in different growth media. Canadian Journal of Microbiology, 1997, 43(6): 592-595.

[5] Fleet C, Breuil C, Uzunovic A. Nutrient consumption and pigmentation of deep and surface colonizing sapstaining fungi in Pinus contorta. Holzforschung, 2001, 55(4): 340-346.

[6] Sunesson A L, Nilsson C A, Andersson B, et al. Volatile metabolites produced by two fungal species cultivated on building materials. The Annals of Occupational Hygiene, 1996, 40(4): 397-410.

[7] Nielsen K F, Holm G, Uttrup L P, et al. Mould growth on building materials under low water activities. Influence of humidity and temperature on fungal growth and secondary metabolism. International Biodeterioration & Biodegradation, 2004, 54(4): 325-336.

[8] Eduard W. The Nordic Expert Group for Criteria Documentation of Health Risks from Chemicals: 139. Fungal Spores. Stockholm: National Institute for Working Life, 2006.

[9] Hyvärinen A, Meklin T, Vepsäläinen A, et al. Fungi and actinobacteria in moisture-damaged building materials—Concentrations and diversity. International Biodeterioration & Biodegradation, 2002, 49: 27-37.

[10] Pietarinen V M, Rintala H, Hyvarinen A, et al. Quantitative PCR analysis of fungi and bacteria in building materials and comparison to culture based analysis. Journal of Environmental

Monitoring, 2008, 10(5): 655-663.

[11] McGinnis M R. Indoor mould development and dispersal. Medical Mycology, 2007, 45(1): 1-9.

[12] Grant C, Hunter C A, Flannigan B, et al. The moisture requirements of moulds isolated from domestic dwellings. International Biodeterioration, 1989, 25(4): 259-284.

[13] Gravesen S, Nielsen P, Samson R. Microfungi. Copenhagen: Munksgaard, 1994.

[14] Armolik N, Dickson J G. Minimum humidity requirement for germination of conidia of fungi associated with storage of grain. Phytopathology, 1956, 46: 462-465.

[15] Horner W E, Barnes C, Codina R, et al. Guide for interpreting reports from inspections/investigations of indoor mold. Journal of Allergy and Clinical Immunology, 2008, 121(3): 592-597.

[16] Becker R. Condensation and mould growth in dwellings—Parametric and field study. Building and Environment, 1984, 19(4): 243-250.

[17] Reijula K, David C S. Moisture problem buildings with molds causing work—related diseases. Advances in Applied Microbiology, 2004, 55: 175-189.

[18] Dales R E, Miller D, McMullen E. Indoor air quality and health: validity and determinants of reported home dampness and moulds. International Journal of Epidemiology, 1997, 26(1): 120-125.

[19] Gorny R L, Reponen T, Willeke K, et al. Fungal fragments as indoor air biocontaminants. Applied and Environmental Microbiology, 2002, 68(7): 3522-3531.

[20] Kolstad H A, Brauer C, Iversen M, et al. Do indoor molds in nonindustrial environments threaten workers health? A review of the epidemiologic evidence. Epidemiologic Reviews, 2002, 24(2): 203-217.

[21] Bornehag C G, Sundell J, Hagerhed-Engman L, et al. 'Dampness' at home and its association with airway, nose, and skin symptoms among 10851 preschool children in Sweden: A cross-sectional study. Indoor Air, 2005, 15(10): 48-55.

[22] Chapman M D. Challenges associated with indoor moulds: Health effects, immune response and exposure assessment. Medical Mycology, 2006, 44(1): 29-32.

[23] Bornehag C Blomquist G, Gyntelberg F, et al. Dampness in buildings and health. Nordic interdisciplinary review of the scientific evidence on associations between exposure to dampness in "buildings" and health effects. Indoor Air, 2001, 11(2): 72-86.

[24] Dharmage S, Bailey M, Raven J, et al. Mouldy houses influence symptoms of asthma among atopic individuals. Clinical & Experimental Allergy, 2002, 32(5): 714-720.

[25] Garrett M H, Rayment P R, Hooper M A, et al. Indoor airborne fungal spores, house dampness and associations with environmental factors and respiratory health in children. Clinical & Experimental Allergy, 1998, 28(4): 459-467.

[26] Haas D, Habib J, Galler H, et al. Assessment of indoor air in Austrian apartments with and without visible mold growth. Atmospheric Environment, 2007, 41 (25): 5192-5201.

[27] Jaakkola M S, Ieromnimon A, Jaakkola J J K. Are atopy and specific lgE to mites and molds important for adult asthma. Journal of Allergy and Clinical Immunology, 2006, 117 (3): 642-648.

[28] Gergen P J, Turkeltaub P C. The association of individual allergen reactivity with respiratory disease in a national sample: Data from the second National Health and Nutrition Examination Survey, 1976-1980 (NHANES II). Journal of Allergy and Clinical Immunology, 1992, 90 (4): 579-588.

[29] O'Connor G T, Walter M, Mitchell H, et al. Airborne fungi in the homes of children with asthma in low-income urban communities: The inner-city asthma study. Journal of Allergy and Clinical Immunology, 2004, 114 (3): 599-606.

[30] IEA. IEA Annex 14, Guidelines and practice: Condensation and energy. Leuven: Acco Leuven, 1990.

[31] Hens H. Mold in dwelling: Field studies in a moderate climate//Kyoto Meeting, Kyoto, 2006.

[32] International Organization for Standardization. Hygrothermal Performance of Building Components and Building Elements. Internal Surface Temperature to Avoid Critical Surface Humidity and Interstitial Condensation. Calculation Methods (ISO 13788-2012). Geneva: International Organization for Standardization, 2013.

[33] Adan O C G. On the fungal defacement of interior finishes. Eindhoven: Eindhoven University of Technology, 1994.

[34] Hukka A, Viitanen H A. A mathematical model of mould growth on wooden material. Wood Science and Technology, 1999, 33 (6): 475-485.

[35] ASHRAE. Criteria for Moisture Control Design Analysis in Buildings (ASHRAE Standard 160). Atlanta: American Society of Heating Refrigerating and Air-Conditioning Engineers Inc., 2016.

[36] Viitanen H. Factors affecting the development of mould and decay in wooden material and wooden structures. Uppsala: The Swedish University of Agricultural Sciences, 1997.

[37] Viitanen H, Vinha J, Salminen K, et al. Moisture and bio-deterioration risk of building materials and structures. Journal of Building Physics, 2010, 33 (3): 201-224.

[38] Viitanen H, Ojanen T, Airaksinen M. Detection and renovation of the moisture, mould and decay problems //Finnish Building Physics 2013, Tampere, 2013.

[39] Sedlbauer K. Prediction of mould fungus formation on the surface of and inside building components. Stuttgart: University of Stuttgart, 2001.

[40] Sedlbauer K. Prediction of mould growth by hygrothermal calculation. Journal of Thermal

Envelope and Building Science, 2002, 25 (4) : 321-336.

[41] Sedlbauer K, Krus M. Method for predicting the formation of mould fungi: U.S. Patent Application 10/398, 046. 2003-10-2.

[42] Vereecken E, Roels S. Review of mould prediction models and their influence on mould risk evaluation. Building and Environment, 2011, 51: 296-310.

[43] Baughman A, Arens E A. Indoor humidity and human health: Part 1—Literature review of health effects of humidity-influenced indoor pollutants. ASHRAE Transactions, 1996, 102 (1) : 193-211.

[44] Cornick S M, Dalgliesh W A. A moisture index approach to characterizing climates for moisture management of building envelope//Proceedings of the 9th Canadian Conference on Building Science and Technology, Vancouver, 2003.

[45] Odgaard T, Bjarløv S P, Rode C. Influence of hydrophobation and deliberate thermal bridge on hygrothermal conditions of internally insulated historic solid masonry walls with built in wood. Energy and Buildings, 2018, 173: 530-546.

[46] BC Bauklimatik Dresden. Simulation Program for the Calculation of Coupled Heat, Moisture, Air, Pollutant, and Salt Transport. http://bauklimatik-dresden.de/delphin/index.php?aLa=en [2019-07-15].

[47] Vogelsang S, Fechner H, Nicolai A. Delphin 6 material file specification. Dresden: Technische Universität Dresden, Institut für Bauklimatik, 2013.

[48] Kumaran M K. IEA Annex 24, Task 3: Material properties. Leuven: Catholic University of Leuven, 1996.

[49] 王志勇, 刘振杰. 暖通空调设计资料便览. 北京: 中国建筑工业出版社, 1993.

[50] 中国气象局气象信息中心气象资料室, 清华大学建筑技术科学系. 中国建筑热环境分析专用气象数据集. 北京: 中国建筑工业出版社, 2005.

第9章 木材腐烂损伤评估

湿气在木质围护结构内积聚容易造成木材腐烂真菌滋生，甚至导致木材发生腐烂，木材的颜色和强度会逐渐发生变化，木材软脆化，最终呈筛孔或粉末状。木材腐烂影响建筑围护结构的耐久性和可靠性，甚至会带来建筑安全隐患。木材的腐烂过程可能是由真菌、细菌和昆虫引起的。当氧气含量很低时，细菌会破坏木材，但是仅有细菌破坏时，在厌氧条件下木材腐烂可能需要 100 多年的时间[1]。真菌是木材腐烂的重要原因，因为木材中存在 40%～60%的纤维素、10%～30%的半纤维素和 15%～30%的木质素[2]，真菌能够降解纤维素和木质素，而细菌却不能破坏木质素。在适宜的环境条件下，木腐真菌会导致木材的强度和体积显著下降，使得建筑结构遭到不可逆的破坏。因此，准确地预测建筑物中木质组件的腐烂状况对评估建筑的热湿损伤风险十分重要。

Viitanen 等[3]提出了模拟木材腐烂损伤的 VTT 模型。Nofal 等[4]提出了木材腐烂损伤模型，并建立了木材的断裂模量损失与木材质量损失之间的关系。Brischke 等[5]对木材腐烂损伤模型进行了评价，认为 Viitanen 提出的木材腐烂损伤模型得到了大量研究的验证，是比较可靠的。本章首先介绍木材腐烂模拟模型，应用 VTT 模型和 Nofal-Kumaran 模型评估嵌入砌体砖墙中的木梁端部木材损伤风险，模拟分析有无风驱雨情形下砖木组合墙体中松木板交界面处木材腐烂风险，对比分析有无风驱雨时墙体中松木板交界面处木材腐烂风险的差异。

9.1　建筑物中的腐烂真菌

腐烂真菌的破坏作用会导致木质房屋产生安全隐患。在砖木建筑围护结构中通常存在多种木腐真菌。根据 Singh[6]的研究，在欧洲北部和中部、日本和澳大利亚的建筑中，干腐菌是最常见的木腐真菌。一般来说，存活在木材中的真菌可分为四类：霉菌、污渍真菌、软腐菌和木腐真菌。霉菌和污渍真菌会导致建筑材料表面受损。破坏建筑围护结构的真菌主要是软腐菌和木腐真菌。

建筑围护结构中的真菌种类取决于建筑材料、地理位置和环境气候条件。根据 Heilmann-Clausen 等[7]的研究，不同地理位置建筑物中存在多种腐烂真菌，建筑物中的腐烂真菌种类与建筑所在地的气候环境紧密相关。在北美和北欧国家，木材和木质制品广泛应用于住宅和低层办公楼中。在这些地区的木制房屋中，研究人员调查发现了多种腐烂真菌。Morris[8]研究认为，从美国建筑物中鉴定出的真菌种类在加拿大建筑环境中也很常见。由于居民生活习惯和室内环境的差异，在同一个地区的不同建筑物中也可能存不同种类的真菌。

9.2 建筑围护结构中的木材腐烂条件

腐烂真菌会导致木材强度降低和木材显著变形。腐烂严重影响木材的物理和机械性能。木结构墙体的耐久性受到其内部水分的影响，在适宜的温度和长时间的湿气侵蚀下，可能会使木材软化腐烂。大约90%的房屋损坏是与湿气相关的破坏[9]，环境温度和湿度条件是影响木材腐烂的最重要因素。

9.2.1 温度

引发腐烂真菌滋生和木材腐烂的适宜温度范围为 0～40℃。通常温度越高，越容易滋生腐烂真菌，但当温度高于38℃时，大多数腐烂真菌也会失去生物活性。

图 9.1 为不同温湿度条件下松木开始腐烂的时间[4]。可以看出，温度越高，木材开始腐烂的时间越短。对于其他木制品以及涂抹油漆的木材，木材开始腐烂的时间可能不同。

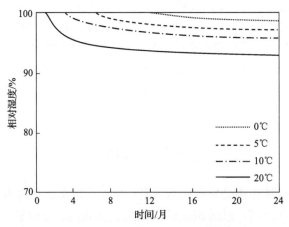

图 9.1　不同温湿度条件下松木开始腐烂的时间[4]

9.2.2 湿度

当松木的含水率在30%以上且温度适宜腐烂真菌生长时，就存在腐烂的危险。对于大多数腐烂真菌，最适合生长的建筑材料含水率为25%～30%[4, 10]。在温度合适的条件下，只要环境相对湿度达到95%以上，时间持续数周或数月，松木就会开始软化腐烂。对于加工后的松木和其他种类的木材，其腐烂条件可能不同于未经处理的原始木材。Boddy[11]研究认为，木材的含水率是影响腐烂真菌生长的最重要因素。

　　图 9.2 为极端潮湿条件下木材腐烂质量损失率[4]。根据木材腐烂质量损失率与温湿度条件之间的对应关系，可以建立木材腐烂模型。木材腐烂质量损失率是根据试验测试结果的平均值进行拟合得到的。当木材长时间处于潮湿状态时，木质结构可能会发生软化腐烂。

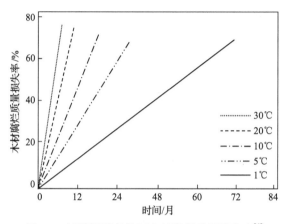

图 9.2　极端潮湿条件下木材腐烂质量损失率[4]

9.3　木材腐烂模型

　　Adan 等[1]研究认为，当含水率高于 25%或木材表面的相对湿度高于 95%时，就会在松木和云杉边材上引发褐腐真菌的滋生。木材腐烂仅在木材潮湿时发生。木腐真菌可以在干燥的情况下幸存下来，但只有在木材变潮湿时才会侵蚀木材。Morelli 等[12]认为，真菌引起木材腐烂的临界含水率为 20%。当温度为 0~45℃、含水率超过 25%时，木材将会发生腐烂[13]。木材腐烂可通过达到木材腐烂阈值的累计小时数来表示，即木材表面的相对湿度超过 95%或木材的含水率超过 20%。

　　通常将木材腐烂质量损失率作为评估木材腐烂的指标，根据不同温湿度条件下的木材腐烂质量损失率可以建立木材腐烂评估模型[4,5]。

9.3.1　VTT 模型

　　在恒定热湿条件下，Viitanen 等[4]开发了适用于松木边材中褐腐菌腐烂的经验模型，即

$$M_{\mathrm{L}}(\varphi,T,t) = -42.9t - 2.3T - 0.035\varphi + 0.14Tt + 0.024T\varphi + 0.45\varphi t \qquad (9.1)$$

式中，M_{L} 为木材质量损失率，%；T 为环境温度，℃；t 为时间，月；φ 为环境相

对湿度，%。

　　只有木材的温湿度条件满足木腐真菌适宜生长的热湿条件 $T \geqslant 0℃$ 且 $\varphi \geqslant 95\%$ 时，才可使用式(9.1)计算。当木材暴露于高湿度环境中时，木材的质量损失不会立即发生，而是存在一定的时间滞后[12]，这个滞后的时间定义为临界时间 t_{cr}。

　　实际气候环境条件下，建筑围护结构内温湿度状况处于动态变化过程。由于实际环境条件是动态变化的，必须考虑腐烂真菌激活所需的时间。动态条件下 Viitanen 木材腐烂模型分为两个阶段：第一个阶段为激活过程，是激活腐烂真菌生长的活化期。一旦腐烂真菌被激活，就会进入第二个阶段，即木材腐烂质量损失阶段。质量损失率取决于木材中的温度和相对湿度条件，当温湿度条件不满足腐烂真菌生长时，质量损失就会停止，但木材腐烂质量损失永远无法恢复。只有当温度高于 0℃ 且相对湿度高于 95% 时，才会发生腐烂真菌活化和木材腐烂质量损失。

1. 激活过程

　　为了确定从腐烂真菌激活到木材腐烂的木材衰变过程，引入木材腐烂真菌激活因子 α。木材腐烂真菌激活因子被定义为相对于质量损失过程开始时真菌状态的相对量度。腐烂真菌激活因子的初始值等于 0，随着时间逐渐增加到极限值 1，在该极限值处开始质量损失[4]。

$$\alpha(t) = \int_0^t \mathrm{d}\alpha = \sum_{k=0}^{t_k} \Delta \alpha_k \tag{9.2}$$

　　腐烂真菌激活因子取决于材料的温湿度状况，在干燥条件下它可能会降低，其变化量可以表示为

$$\Delta \alpha_k = \begin{cases} \dfrac{\Delta t}{t_{cr}(\varphi, T)}, & T \geqslant 0℃, \ \varphi \geqslant 95\% \\[3mm] -\dfrac{\Delta t}{17520}, & 其他 \end{cases} \tag{9.3}$$

$$t_{cr}(\varphi, T) = 30 \times 24 \times \frac{2.3T + 0.035\varphi - 0.024T\varphi}{-42.9 + 0.14T + 0.45\varphi} \tag{9.4}$$

式中，$\Delta \alpha_k$ 为第 k 个在 Δt 时间内参数 α 的变化量；Δt 为从一个适宜木腐真菌生长的有利时刻到不适宜木腐真菌生长的不利时刻所经历的时间，h；t_{cr} 为临界时间，h。

　　令 $M_L = 0$，由式(9.1)可解得 t_{cr}。

　　在干燥条件下腐烂真菌激活因子也会以一定的速率降低，α 从 1 降低到 0 所经历的时间为 2 年，即 17520h。

2. 质量损失过程

只有当腐烂真菌活性被充分激活后（$\alpha \geqslant 1$），木材质量损失才会发生。木材质量损失过程被认为是不可恢复的过程。

只有当 $T \geqslant 0℃$ 且 $\varphi \geqslant 95\%$ 时，质量损失过程和激活过程才会出现，否则质量损失过程将会停止，且参数 α 将开始减小。

腐烂真菌活性被充分激活后 t 时刻的木材腐烂质量损失率可以表示为[4]

$$M_L(t) = \int_{t_{\alpha=1}}^{t} \frac{\mathrm{d}M_L(\varphi, T)}{\mathrm{d}t} \mathrm{d}t \tag{9.5}$$

式中，$t_{\alpha=1}$ 为腐烂真菌活性被充分激活的时刻。

木材腐烂的逐时质量损失率（%/h）可以表示为[4]

$$\frac{\mathrm{d}M_L(\varphi, T)}{\mathrm{d}t} = -5.96 \times 10^{-2} + 1.96 \times 10^{-4} T + 6.25 \times 10^{-4} \varphi \tag{9.6}$$

9.3.2　Nofal-Kumaran 模型

与霉菌不同，木腐真菌是更耐久的菌种。对木腐真菌的生命周期及其在温度和相对湿度变化下的破坏机理模拟可分为三个阶段，即初始期、生长期和休眠期。初始期与木材开始腐烂所需的时间有关，生长期是适宜木腐真菌生长的环境条件所持续的时间段，休眠期是环境条件低于木腐真菌临界生长条件的时间段。模拟木腐真菌生命周期三个阶段，需要分别确定初始响应时间、临界生长条件和休眠期木腐真菌存活率。

根据上述认知，Nofal 等[5]开发了用于评估建筑围护结构中木材腐烂风险的木材腐烂模型。下面详细介绍这三个阶段以及木材腐烂模型的实现。

1. 初始响应时间

木腐真菌开始腐烂木材的相对湿度下限，即临界相对湿度 φ_{cr}，由式(9.7)给出。

$$\varphi_{cr} = \begin{cases} -0.5T + 100, & T \leqslant 15℃ \\ 92.5\%, & T > 15℃ \end{cases} \tag{9.7}$$

如果将环境相对湿度 φ 维持在高于临界相对湿度 φ_{cr} 的时间 t 内，则木腐真菌将开始腐烂木质材料。木材的质量损失率 M_L 与暴露时间 t、温度 T、相对湿度 φ 和木材种类 W_f 有关，可表示为

$$M_L = f(T, \varphi, W_f)t + g(T, \varphi, W_f) \tag{9.8}$$

式中,

$$f(T,\varphi,W_{\mathrm{f}}) = 0.1384T + 0.4370\varphi - 42.9450$$
$$+ W_{\mathrm{f}}S(0.0340T - 0.0210\varphi + 1.7210) \tag{9.9}$$

$$g(T,\varphi,W_{\mathrm{f}}) = -2.227T - 0.0347\varphi + 0.0244T\varphi$$
$$+ W_{\mathrm{f}}S(-0.504T + 0.0096\varphi + 0.0047T\varphi) \tag{9.10}$$

式中, S 为表面质量, 锯木为 0, 原始干燥木材为 1。

令木材的质量损失率 $M_{\mathrm{L}}=0$, 木腐真菌开始破坏木材纤维的初始响应时间 t_{i} 为

$$t_{\mathrm{i}} = -\frac{g}{f} \tag{9.11}$$

2. 临界生长条件

如果环境相对湿度条件满足式(9.7)的时间比初始响应时间 t_{i} 更长, 木腐真菌将继续腐烂木材。将式(9.8)中木材质量损失率 M_{L} 对暴露时间 t 进行微分可得到逐时质量损失率, 即

$$\frac{\mathrm{d}M_{\mathrm{L}}}{\mathrm{d}t} = f + \frac{\partial f}{\partial t}t + \frac{\partial g}{\partial t} \tag{9.12}$$

式(9.12)可以写成以下增量形式:

$$\Delta M_{\mathrm{L}} = f\Delta t + \Delta ft + \Delta g \tag{9.13}$$

式中, Δt 为时间增量, $\Delta t = t_{\mathrm{c}} - t_{\mathrm{p}}$, 其中 t_{c} 和 t_{p} 分别为对应于当前和先前湿热条件的时刻。

$$\Delta f = f(T_{\mathrm{c}},\varphi_{\mathrm{c}},W_{\mathrm{f}}) - f(T_{\mathrm{p}},\varphi_{\mathrm{p}},W_{\mathrm{f}}) \tag{9.14}$$

$$\Delta g = g(T_{\mathrm{c}},\varphi_{\mathrm{c}},W_{\mathrm{f}}) - g(T_{\mathrm{p}},\varphi_{\mathrm{p}},W_{\mathrm{f}}) \tag{9.15}$$

式中, $(T_{\mathrm{c}},\varphi_{\mathrm{c}})$ 和 $(T_{\mathrm{p}},\varphi_{\mathrm{p}})$ 分别表示当前时刻 t_{c} 和先前时刻 t_{p} 的温度和相对湿度。

3. 休眠期木腐真菌生存条件及存活率

当环境相对湿度低于式(9.7)给出的临界相对湿度 φ_{cr} 时, 木腐真菌可以存活一段时间(具体情况取决于真菌的种类)[14]。木腐真菌存活的最小相对湿度为

$$\varphi_{\min} = 75 - 8.0703\exp\left[-0.5\left(\frac{T-17.2581}{3.5527}\right)^2\right] \tag{9.16}$$

　　图 9.3 为适宜木腐真菌生长的相对湿度和温度。RH_{min} 曲线表示木腐真菌存活的最小相对湿度；RH_{cr} 曲线表示若环境相对湿度维持在高于临界相对湿度 φ_{cr} 以上，则木腐真菌将开始腐烂木质材料。0℃和 50℃竖线与 RH_{min} 曲线之间的区域即为木腐真菌可以存活生长的范围；RH_{cr} 曲线以上区域为木腐真菌腐烂木材的范围。

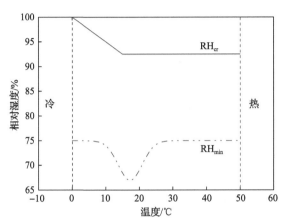

图 9.3　适宜木腐真菌生长的相对湿度和温度

　　如果环境相对湿度在一段时间内保持在低于木腐真菌存活的最小相对湿度，则某些孢子将不能存活。用式 (9.17) 估算孢子存活率：

$$V_s = 2.258e^{-0.7548N} \tag{9.17}$$

式中，N 为干燥时期的个数，$N \geqslant 1$；V_s 为孢子存活率。

　　因此，考虑到孢子存活率的影响，可将木材逐时质量损失率改写为

$$\frac{dM_L}{dt} = V_s\left(f + \frac{\partial f}{\partial t}t + \frac{\partial g}{\partial t}\right) \tag{9.18}$$

4. 断裂模量损失与木材腐烂损伤指数

　　木质材料总是隐藏在墙体的空腔中。试验和实际现场测量[15]也表明，木材在重量发生明显变化之前，会损失相当一部分强度和其他机械性能。因此，Nofal-Kumaran 模型进一步将木腐真菌损伤引起的重量损失与木材的断裂模量损失联系起来。

　　断裂模量损失 MOR_{loss}(MPa) 与质量损失率 M_L 之间的关系可表示为

$$MOR_{loss} = 2.65M_L + 20.15 + NQ(1.21M_L - 0.94) \tag{9.19}$$

式中，NQ 为木材的自然质量系数，工程加工木制品（如 OSB）为 0，实木制品为 1。

木材腐烂损伤指数 W_L 的逐时变化率为

$$\frac{\mathrm{d}W_L}{\mathrm{d}t} = (0.0265 + 0.0121\mathrm{NQ})V_s\left(f + \frac{\partial f}{\partial t}t + \frac{\partial g}{\partial t}\right) + C_i \tag{9.20}$$

式中，W_L 为理论上从 0 到 1 变化的木材腐烂损伤指数，木材原始状态为 0，完全断裂为 1；C_i 为常数，反映了初始的结构破坏，并且仅取决于木材的自然质量。

$$C_i = \begin{cases} 0.2015 - 0.0094\mathrm{NQ}, & \text{开始损坏} \\ 0, & \text{后续损坏} \end{cases} \tag{9.21}$$

9.4　木梁组合结构木材损伤评估

根据木材腐烂模型可知，温湿度条件是评估木结构腐烂风险时需要知道的关键因素。要评估围护结构内木材腐烂风险，则需要获得围护结构内的温湿度分布，就需要用动态热湿耦合传递模型模拟计算得到围护结构内部温度和湿度。

根据 8.6.1 节应用动态热湿耦合传递模型模拟得到的嵌入木梁组合结构的砌体砖墙的温湿度，统计出嵌入 1#～7#墙体的木质板条与砖墙交界面处测点 P5 和木梁端部测点 P6 达到木材腐烂标准的累计小时数，如表 9.1 所示。从表中可以看出，只有 1#、2#和 5#墙体的测点 P5 会发生木材腐烂现象，其中 5#墙体的测点 P5 处木材腐烂风险最为严重，这是由于 5#墙体的木质板条与砌体砖墙交界面处在室外高湿度条件下容易发生大量水分积聚，极易滋生木腐真菌。这种用达到木材腐烂标准的累计小时数评估木材腐烂的方法是比较粗糙的，下面应用较为准确的 VTT 模型和 Nofal-Kumaran 模型评估嵌入砌体砖墙的木质板条和木梁端部的木材腐烂损伤风险。

表 9.1　1#～7#墙体测点 P5、P6 达到木材腐烂标准的累计小时数　（单位：h）

测点	1#	2#	3#	4#	5#	6#	7#
P5	2544	3821	0	0	4888	0	0
P6	0	0	0	0	0	0	0

9.4.1　应用 VTT 模型评估

用 Viitanen 等[4]开发的 VTT 模型来评估 8.6.1 节热湿耦合传递模拟分析的砌体砖墙中木质板条与砖墙交界面处测点 P5 和木梁端部测点 P6 的木材腐烂损伤风险。图 9.4 为用 VTT 模型计算得到的 1#～7#墙体测点 P5、P6 木材腐烂质量损失率和激活因子的变化情况。表 9.2 为计算得到的 1#～7#墙体测点 P5、P6 木材腐烂质量损失率最大值。

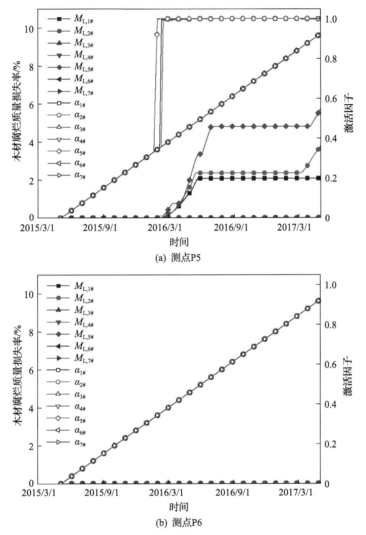

图 9.4　1#～7#墙体测点 P5、P6 木材腐烂质量损失率和激活因子的变化情况

表 9.2　1#～7#墙体测点 P5、P6 木材腐烂质量损失率最大值　（单位：%）

测点	1#	2#	3#	4#	5#	6#	7#
P5	2.08	3.77	0	0	5.73	0	0
P6	0	0	0	0	0	0	0

从图 9.4(a)可以看出，3#、4#、6#和 7#墙体测点 P5 处不会发生木材腐烂的

风险；而 1#、2#和 5#墙体测点 P5 均会发生不同程度的木材腐烂，其中 5#墙体最为严重。从表 9.2 可以看出，5#墙体测点 P5 处木材腐烂的最大质量损失率可达5.73%，而 2#墙体测点 P5 处木材腐烂的最大质量损失率则为 3.77%。这是由于 5#墙体中木质板条与砌体砖墙交界面处在室外高湿度条件下容易发生大量水分积聚，极易滋生木腐真菌；2#墙体设置了内保温系统，保温层阻止了内部水分向室外扩散，且相应地升高了内表面温度，降低了木质板条与砖墙交界面处的相对湿度。从图 9.4(b)可以看出，1#～7#墙体测点 P6 均不会发生木材腐烂现象。上述结果与通过统计达到木材腐烂标准的累计时间的评估方法所得到的结果是一致的。

9.4.2　应用 Nofal-Kumaran 模型评估

图 9.5 和图 9.6 分别为应用 Nofal-Kumaran 模型计算得到的 1#～7#墙体测点 P5 和 P6 木材腐烂损伤指数和质量损失率。表 9.3 为 1#、2#和 5#墙体测点 P5 木材腐烂损伤指数和质量损失率最大值。

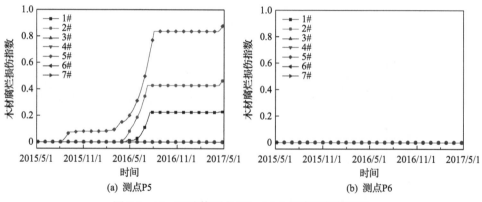

(a) 测点P5　　　　　　　　　　　(b) 测点P6

图 9.5　1#～7#墙体测点 P5、P6 木材腐烂损伤指数

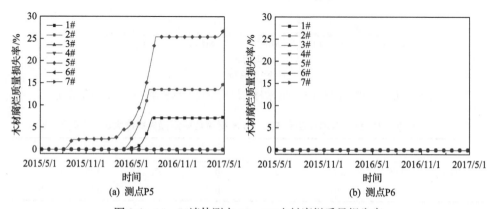

(a) 测点P5　　　　　　　　　　　(b) 测点P6

图 9.6　1#～7#墙体测点 P5、P6 木材腐烂质量损失率

表 9.3　1#、2#和 5#墙体测点 P5 木材腐烂损伤指数和质量损失率最大值

墙体	W_L	M_L/%
1#	0.23	7.31
2#	0.48	15.14
5#	0.90	27.28

从图 9.5(a)和图 9.6(a)可以看出，3#、4#、6#和 7#墙体测点 5 处不会发生木材腐烂的风险；而 1#、2#和 5#墙体测点 5 均会发生不同程度的木材腐烂，其中 5#墙体最为严重。从表 9.3 可以看出，5#墙体测点 5 的最大损伤指数为 0.90，最大质量损失率可达 27.28%；而 2#墙体测点 5 的最大损伤指数为 0.48，最大质量损失率则为 15.14%。这是由于 5#墙体中木质板条与砌体砖墙交界面处在室外高湿度条件下容易发生大量水分积聚，极易滋生木腐真菌；2#墙体设置了内保温系统，保温层阻止了内部水分向室外侧的扩散，且相应地升高了内表面温度，降低了木质板条与砌体砖墙交界面处的相对湿度。从图 9.5(b)和图 9.6(b)可以看出，1#～7#墙体测点 6 均不会发生木材腐烂现象。上述结果与前面应用 VTT 模型评估得到的结果是一致的。

图 9.7 为 2#、3#、5#和 6#墙体测点 P5 木腐真菌生长状况。0℃、50℃

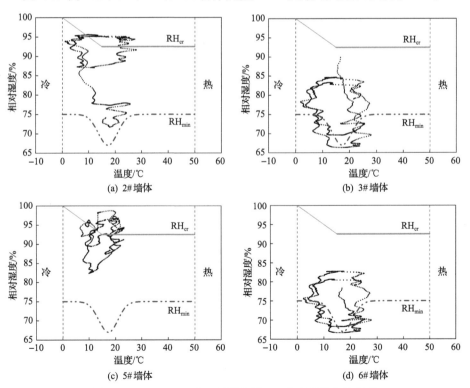

(a) 2#墙体　　(b) 3#墙体

(c) 5#墙体　　(d) 6#墙体

图 9.7　2#、3#、5#和 6#墙体测点 P5 木腐真菌生长状况

与 RH_{min} 曲线之间的区域即为木腐真菌可以存活生长的范围，RH_{cr} 曲线以上区域为木腐真菌腐烂木材的范围。

从图 9.7 可以看出，3#和 6#墙体测点 5 的热湿状态点均位于临界相对湿度 RH_{cr} 曲线以下，但由于有部分点位于最小相对湿度 RH_{min} 曲线上方，3#和 6#墙体测点 5 处会发生木腐真菌孢子的萌发，但不足以构成木材腐烂风险。2#和 5#墙体测点 5 均有一部分点位于临界相对湿度 RH_{cr} 曲线以上，且全部点位于最小相对湿度 RH_{min} 曲线上方，故 2#和 5#墙体测点 5 均会发生木材腐烂风险；又因 5#墙体测点 5 在临界相对湿度 RH_{cr} 曲线以上区域的落点更多且密集，所以 5#墙体的木梁组合结构发生木材腐烂风险更大。这与由图 9.5 和图 9.6 所得的结论一致。

图 9.8 为 1#、2#、3#、5#和 6#墙体测点 5 木材断裂模量损失与其质量损失率的关系。由于这些墙体的木质板条均由松木构成，这些墙体的结果均落在一条直线上。从图中可以看出，3#和 6#墙体不会发生木材损伤，1#墙体虽然出现木材损伤但未出现大裂缝，2#和 5#墙体会出现木材损伤和大裂缝，而 5#墙体的质量损失更大。

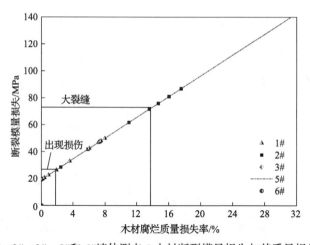

图 9.8　1#、2#、3#、5#和 6#墙体测点 5 木材断裂模量损失与其质量损失率的关系

9.5　砖木组合墙体木材损伤风险

本节以砖(混凝土)木组合墙体为例，分别用两种动态热湿耦合传递模型模拟在有风驱雨和无驱雨风情况下两种组合墙体中松木板与砖砌体或混凝土交界面处的热湿状况，用 VTT 模型评估交界面处松木板腐烂风险，并比较不同热湿耦合模型在有无风驱雨条件下的差异。

9.5.1　墙体结构和气候边界条件

砖(混凝土)木组合墙体结构示意图如图 9.9 所示。墙体由外到内依次为 240mm 砖(混凝土)墙、80mm 松木板。建筑材料砖、混凝土、松木板的主要湿物性参数来自 Vogelsang 等[16]的试验数据，其中常用热物性参数如表 8.10 所示，湿物性参数包括含湿量、水蒸气渗透系数、液态水渗透系数，如图 4.20、图 8.22 和图 8.23 所示。用 4.5 节中墙体室内外气候和环境参数边界条件模拟墙体热湿耦合传递过程，得到组合墙体内的温湿度，由温湿度和木材腐烂 VTT 模型评估木材腐烂风险。4.5 节实际气候条件数据中只有西、南向墙体有内外侧气象和环境参数数据，因此仅对西、南向进行模拟。气候条件起止时间为 2015 年 5 月 6 日 0:00~2017 年 7 月 1 日 0:00。比较和分析两种墙体中松木板与砖砌体或混凝土交界面处湿状况和木材腐烂质量损失情况。

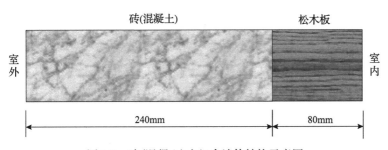

图 9.9　砖(混凝土)木组合墙体结构示意图

9.5.2　交界面松木板腐烂风险

1. 风驱雨的影响

砖木组合墙体内交界面处相对湿度和腐烂真菌激活因子的变化如图 9.10 所示。墙体内木材腐烂风险模拟计算时间为 2015 年 5 月 6 日 0:00~2017 年 7 月 1 日 0:00。腐烂真菌激活因子初始值为 0，随着时间的推移，其逐渐增加到 1，此时若温度高于 0℃且相对湿度高于 95%，就会发生木材腐烂质量损失。图 9.11 为砖木组合墙体内交界面处松木腐烂质量损失率的变化。有风驱雨时，交界面处松木腐烂真菌激活因子逐渐增加到 1，然后又慢慢降低，木材腐烂质量损失率达到 7.9%。无风驱雨时，交界面处松木腐烂真菌激活因子逐渐增加到 1，然后又慢慢降低，但当腐烂真菌激活因子达到 1 时相对湿度小于 95%，所以不会发生松木腐烂质量损失。木材腐烂质量损失是不可逆的过程，而且只会增加或停止，不会减小。风驱雨对砖墙交界面处木材腐烂风险有较大的影响。

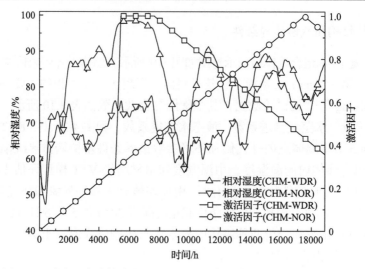

图 9.10　砖木组合墙体内交界面处相对湿度和腐烂真菌激活因子的变化

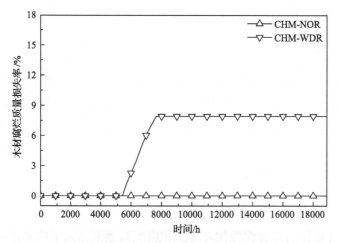

图 9.11　砖木组合墙体内交界面处松木腐烂质量损失率的变化

　　混凝土木组合墙体内交界面处相对湿度和腐烂真菌激活因子的变化如图 9.12 所示。图 9.13 为混凝土木组合墙体内交界面处松木腐烂质量损失率的变化。墙体内木材腐烂风险模拟计算时间为 2015 年 5 月 6 日 0:00～2017 年 7 月 1 日 0:00。有风驱雨时，交界面处腐烂真菌激活因子逐渐增加到 1，随后交界面处相对湿度多次在 95%上下波动，腐烂真菌激活因子多次小幅度降低又上升到 1。因此，松木会发生多次腐烂质量损失过程。有风驱雨时，交界面处松木腐烂质量损失率先达到 11%左右，然后又多次停止腐烂损失和发生腐烂损失。经过 2 年的时间，松木腐烂质量损失率最高达到 15.9%。无风驱雨时，交界面处腐烂真菌激活因子逐渐增加到 1，然后又慢慢降低，但当腐烂真菌激活因子达到 1 时相对湿度明显小于

95%，所以不会发生松木腐烂质量损失。

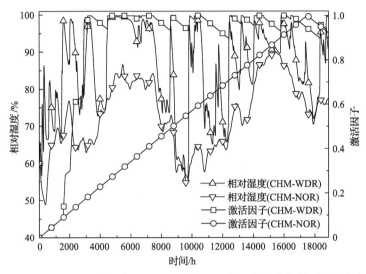

图 9.12 混凝土木组合墙体内交界面处相对湿度和腐烂真菌激活因子的变化

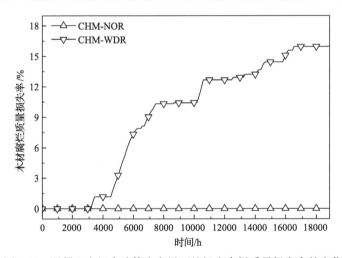

图 9.13 混凝土木组合墙体内交界面处松木腐烂质量损失率的变化

2. 两种动态热湿耦合传递模型模拟结果的影响

分别采用以毛细压力和相对湿度为湿驱动势的动态热湿耦合传递模型模拟得到的砖木组合墙体内交界面处相对湿度和腐烂真菌激活因子的变化如图 9.14 所示。墙体内木材腐烂风险模拟计算时间为 2015 年 5 月 6 日 0:00～2017 年 7 月 1 日 0:00。有风驱雨时，用以毛细压力为湿驱动势的动态热湿耦合传递模型模拟得到的腐烂真菌激活因子维持为 1 的小时数为 2229h，而以相对湿度为湿驱动势的模型模拟得到的腐烂真菌激活因子维持为 1 的小时数为 1252h，明显低于以毛细压力为湿驱动势的模型模拟得到的松木腐烂小时数。图 9.15 为两种模型模拟的砖木组合墙体内交界面处松木腐烂质量损失率的变化。有风驱雨时，用以毛细压力为湿驱动势的模型模拟得到的松木腐烂质量损失率为 7.9%，而用以相对湿度为湿驱动势的模型模拟得到的松木腐烂质量损失率只有 3.3%。

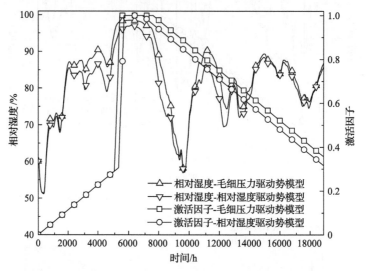

图 9.14　两种模型模拟的砖木组合墙体内交界面处相对湿度和腐烂真菌激活因子的变化

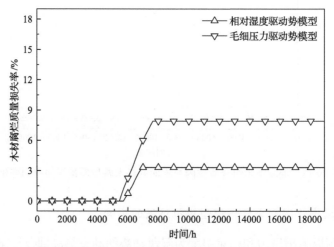

图 9.15　两种模型模拟的砖木组合墙体内交界面处松木腐烂质量损失率的变化

风驱雨对墙体内交界面处松木腐烂风险有较大的影响，忽略风驱雨时会明显低估砖木组合墙体内木材腐烂风险。木材的腐烂风险对极端潮湿环境更为敏感，在预测墙体内木材腐烂风险时，建议采用以毛细压力为湿驱动势的模型模拟计算超吸湿区（相对湿度＞95%）条件下墙体内木材腐烂风险。

9.5.3　不同朝向墙体木材腐烂风险分析

1. 长期气候条件

围护结构内木材腐烂是一个不可逆的缓慢过程，木材腐烂程度只会增加或停止，不会减少，通常需要模拟数年才能反映出腐烂真菌滋生和木材腐烂的趋势。由于长期的实际气象数据和实际建筑室内空气温湿度状况难以获得，这里用 5.3.2 节长沙市气象站室外气象参数进行 5 年循环模拟计算，近似分析长期气候条件下长沙不同朝向墙体木材腐烂风险。砖木组合墙体结构如图 9.9 所示。取室内空气温度为24℃，相对湿度为 75%。墙体内表面对流传热系数为 $8.72\text{W}/(\text{m}^2 \cdot \text{K})$，墙体外表面对流传热系数根据式(2.70)计算，墙体表面对流传质系数由 Lewis 关系式给出。

2. 不同朝向木材腐烂损伤

图 9.16 为 5 年内不同朝向砖木组合墙体内交界面处相对湿度和腐烂真菌激活因子的变化，图中 CHM-WDR 表示有风驱雨的情形，CHM-NOR 表示无风驱雨的情形。腐烂真菌激活因子初始值为 0，随着时间的增加，其逐渐增加到 1，此时若相对湿度高于 95%，就会发生木材腐烂质量损失。在有风驱雨情况下，东、南、西、北向砖木组合墙体内交界面处相对湿度同时高于 95%且腐烂真菌激活因子达到 1 的时间分别有 701h、324h、3025h、8755h。在无风驱雨情况下，东、南、西、北向砖木组合墙体内交界面处均没有相对湿度高于 95%且腐烂真菌激活因子同时达到 1 的时刻。

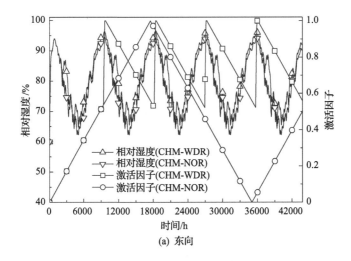

(a) 东向

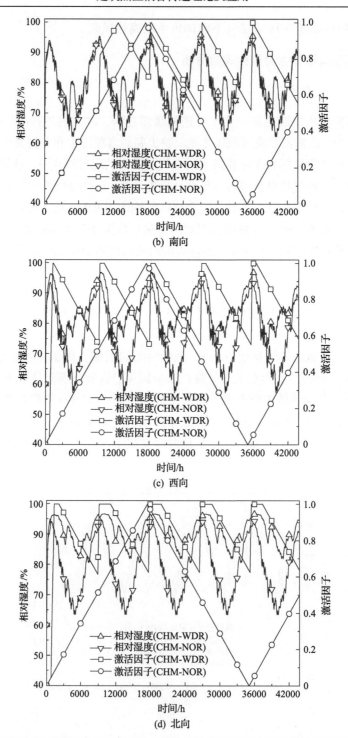

图9.16　5年内不同朝向砖木组合墙体内交界面处相对湿度和腐烂真菌激活因子的变化

图 9.17 为 5 年内不同朝向砖木组合墙体内交界面处松木腐烂质量损失率的变化。有风驱雨时，东、南、西、北向砖木组合墙体内交界面处松木腐烂质量损失率分别为 2.47%、1.08%、12.10%、33.87%。无风驱雨时，东、南、西、北向砖木组合墙体内交界面处均不会发生松木腐烂质量损失。

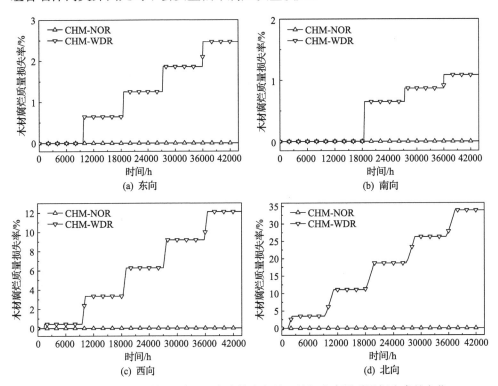

图 9.17　5 年内不同朝向砖木组合墙体内交界面处松木腐烂质量损失率的变化

在有风驱雨时，砖木组合墙体内交界面处松木腐烂质量损失率从大到小依次为北、西、东、南向。南向墙体内交界面处松木腐烂质量损失率较小，北向墙体内交界面处松木腐烂质量损失率较大。这主要是因为南向太阳辐射照度较大，南向墙体更容易干燥。北向太阳辐射照度较小，在较多风驱雨量和较小太阳辐射照度的影响下，北向墙体难以干燥，其内部相对湿度持续较高，因此北向砖木组合墙体中松木交界面处木材更容易腐烂。

9.6　本章小结

本章介绍了围护结构中木材腐烂条件及木材腐烂风险评估模型。用动态热湿耦合传递模型模拟得到的墙体内部木材部位的温湿度和木材腐烂风险评估模型评估了嵌入砌体砖墙内的木梁和木质板条的腐烂风险，两种模型的评估结果基本一致。评估结果表明，木质板条与砌体砖墙交界面处极易滋生木腐真菌，而木梁末端不会发生木材腐烂现象。通过统计木材达到腐烂标准的累计小时数能够大致给出木材发生腐烂的基本结果；而 VTT 模型和 Nofal-Kumaran 模型对木材腐烂的质量损失予以量化，直观地表征木材腐烂状况，这两个模型的区别在于评估指标不同。

用两种动态热湿耦合传递模型模拟和对比了有无风驱雨时砖（混凝土）木组合墙体内砖砌体或混凝土与松木板交界面处的温湿度条件和腐烂真菌激活因子，用 VTT 模型模拟计算墙体内交界面处木材腐烂情况。结果表明：

（1）有风驱雨时砖木组合墙体内松木交界面处的松木会发生腐烂，有一定的木材质量损失率；而无风驱雨时交界面处不会发生木材腐烂。

（2）有风驱雨条件下，用以毛细压力为湿驱动势的动态热湿耦合传递模型模拟得到的交界面处松木腐烂质量损失率大于用以相对湿度为湿驱动势的模型模拟得到的交界面处松木腐烂质量损失率。

（3）在长期气候条件下对长沙市进行的模拟计算和评估表明，有风驱雨时，各朝向交界面处木材腐烂质量损失率从大到小依次为北、西、东、南向；无风驱雨时，东、南、西、北向交界面处均不会发生木材腐烂。在评估墙体内木材腐烂风险时，需要考虑风驱雨的影响，同时应采用以毛细压力为湿驱动势的动态热湿耦合传递模型模拟计算风驱雨可能导致的超吸湿情况下墙体内部温湿度分布。

参 考 文 献

[1] Adan O C G, Samson R A. Fundamentals of Mold Growth in Indoor Environments and Strategies for Healthy Living. Wageningen: Wageningen Academic Publishers, 2011.

[2] Bos A F, Hesselink M. Huiszwam een ware ramp! Biologiewinkel rapport 37. Groningen: Rijksuniversiteit Groningen, 1996.

[3] Viitanen H, Toratti T, Makkonen L, et al. Towards modelling of decay risk of wooden materials. European Journal of Wood and Wood Products, 2010, 68(3): 303-313.

[4] Nofal M, Kumaran K. Biological damage function models for durability assessments of wood and wood-based products in building envelopes. European Journal of Wood and Wood Products, 2011, 69(4): 619-631.

[5] Brischke C, Thelandersson S. Modelling the outdoor performance of wood products—A review on existing approaches. Construction and Building Materials, 2014, 66: 384-397.

[6] Singh J. Dry rot and other wood-destroying fungi: Their occurrence, biology, pathology and control. Indoor and Built Environment, 1999, 8(1): 3-20.

[7] Heilmann-Clausen J, Boddy L. Inhibition and stimulation effects in communities of wood decay

fungi: Exudates from colonized wood influence growth by other species. Microbial Ecology, 2005, 49 (3): 399-406.

[8] Morris P. Understanding biodeterioration of wood in structures. Vancouver: Forintek Canada Corp, 1998.

[9] Blanchette R A, Zabel R A, Morrell J J. Wood microbiology: Decay and its prevention. Mycologia, 1993, 85 (5): 874-885.

[10] Carll C G, Highley T L. Decay of wood and wood-based products above ground in buildings. Journal of Testing and Evaluation, 1999, 27 (2): 150-158.

[11] Boddy L. Effect of temperature and water potential on growth rate of wood rotting basidiomycetes. Transactions of the British Mycological Society, 1983, 80 (1): 141-149.

[12] Morelli M, Svendsen S. Investigation of interior post-insulated masonry walls with wooden beam ends. Journal of Building Physics, 2013, 36 (3): 265-293.

[13] Viitanen H, Vinha J, Salminen K, et al. Moisture and bio-deterioration risk of building materials and structures. Journal of Building Physics, 2010, 33 (3): 201-224.

[14] Viitanen H A. Modelling the time factor in the development of brown rot decay in pine and spruce sapwood-the effect of critical humidity and temperature conditions. Holzforschung International Journal of the Biology, Chemistry, Physics and Technology of Wood, 1997, 51 (2): 99-106.

[15] Zabel R A, Morrell J J. Wood Microbiology: Decay and Its Prevention. San Diego: Academic Press, 1992.

[16] Vogelsang S, Fechner H, Nicolai A. Delphin 6 material file specification. Dresden: Technische Universität Dresden, Institut für Bauklimatik, 2013.

第10章　建筑围护结构热湿耦合传递
与建筑能耗模拟软件联合计算

建筑能耗模拟软件 DeST 和 Energy Plus 对建筑或房间热过程的模拟建立在状态空间方法之上。状态空间方法以线性或定常物性参数为基本假设条件，因此这些能耗模拟软件不能对变物性围护结构的热质传递过程（如动态热湿耦合传递）进行动态模拟，也就无法直接求解变物性参数围护结构的房间温度。基于这一原因，将建筑或房间整体热平衡过程分为变物性围护结构热平衡和建筑或房间热平衡两个过程来进行求解，利用乒乓法时序耦合迭代机制实现二者的联合计算，从而实现非线性建筑围护结构的能耗模拟计算。

建筑围护结构动态热湿耦合传递过程是一个高度非线性问题。本章基于前面已检验和验证的以相对湿度为湿驱动势的多孔介质建筑材料动态热湿耦合传递模型，开发了建筑围护结构动态热湿耦合传递模拟计算模块 chmtFMU（coupled heat and moisture transfer functional mock-up unit），建立了计算模块 chmtFMU 与建筑能耗模拟软件耦合的国际通用模型标准接口 FMI（functional mock-up interface），通过乒乓方式实现计算模块 chmtFMU 与建筑能耗模拟软件之间的数据交换和联合计算。计算模块 chmtFMU 既能独立逐时模拟建筑围护结构动态热湿耦合传递，又能在建筑能耗模拟软件上联合模拟建筑围护结构热湿耦合传递的热湿量。下面介绍在建筑能耗模拟软件 DeST 中实现建筑围护结构热湿耦合传递联合计算的技术方案和算例。

10.1　技　术　方　案

1. 独立开发流程

图 10.1 为建筑围护结构动态热湿耦合传递模拟计算模块 C++程序开发流程。首先建立以相对湿度为湿驱动势的多孔介质建筑材料动态热湿耦合传递模型和多层围护结构动态热湿耦合传递数值方法，然后用基于有限元法的数值软件进行模型验证，包括 HAMSATD 案例 2 和案例 5 的验证、与 Künzel 模型和 TUD 模拟解的验证及双侧受控条件和实际气候条件下试验验证。接着开发相应的 Fortran 和 C++程序，并对程序进行案例分析，对编写的代码开发 FMU 模块和 FMI 接口，与建筑能耗模拟软件内核集成耦合。

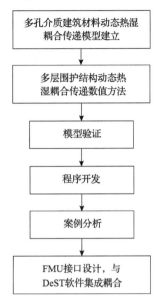

图 10.1　建筑围护结构动态热湿耦合传递模拟计算模块 C++程序开发流程

2. FMU/FMI 的开发框架简介

功能模型单元是为开发独立 FMU 模块的软件开发人员提供的软件开发程序，该模块基于 FMI/FMU 技术以及标准的 FMU 开发框架。FMU 开发所涉及的关键技术有：FMI 标准接口函数实现、SQLite 数据库读写、模型解算器编写。FMU 各模块组成关系示意图如图 10.2 所示，main()函数为主控函数，主控函数中主要包括 s.InstantiateSlave、s.SetReal()、s.DoStep()、s.GetReal()和 s.FreeSlaveInstance 等函数。当 FMU 独立运行时，首先由 s.InstantiateSlave 函数开辟运行空间，s.SetReal()函数将 main()函数读取的输入参数通过 FMU 外部接口送至模型解算器然后送至解算模块。当 s.SetReal()函数运行结束之后，s.DoStep()函数会通过 FMU 接口使模型解算器运行 s.DoStep()函数，从而使得解算模块开始运行。s.DoStep()函数运行结束之后，s.GetReal()函数通过 FMU 接口读取模型解算器中解算模块运行的结果，送至 main()函数然后输出表格。

3. 与 DeST 联合运行框架简介

FMU 与 DeST 内核联合运行的框架示意图如图 10.3 所示。首先将 FMU 功能模块在 Windows 系统下执行 release 命令形成的 DLL 文件与 FMU 外部接口的 xml 格式文件和模型参数数据库文件打包压缩形成 FMU 文件。与 DeST 内核联合运行时，DeST 内核会取代 FMU 中 main()函数的功能。首先 DeST 内核文件会读取 DeST 中建筑模型的信息，然后通过 FMI 接口将 FMU 计算所需要的参数传送至

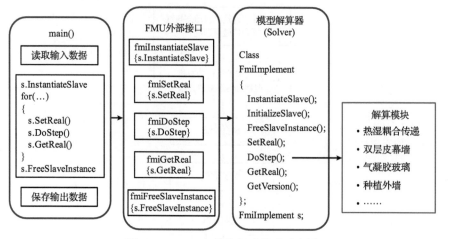

图 10.2　FMU 各模块组成关系示意图

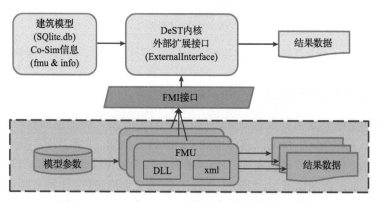

图 10.3　FMU 与 DeST 内核联合运行的框架示意图

FMU 中，FMU 通过计算之后将 DeST 内核计算所需要的参数通过 FMI 接口送回至 DeST 内核。DeST 内核接收到数据之后开始计算，并将计算结果输出，FMU 在计算结束之后也会将送回至 DeST 内核的数据单独输出至表格。

4. FMU 框架下 DeST 联合仿真流程简介

FMU 框架下 DeST 联合仿真流程如图 10.4 所示。首先在 DeST 中创建建筑模型并设置需要与 FMU 联合计算的 FMI 对象，DeST 会自动分配运行内存，分配运行内存之后，DeST 内核会从数据库中读取建筑模型参数和气象参数。DeST 将需要与 FMU 联合计算的 FMI 对象实例化并初始化，初始化时 FMI 对象会从 DeST 内核中读取建筑模型的参数和气象参数。FMI 对象与 FMU 通过 FMI 接口交换数据联合运行，直至同一个时刻前后两次运行结果的差值在规定范围内，则认为联合运行达到收敛，然后此时刻解算结束，开始进行下一个时刻的计算。当所有的时刻都运行结束后，DeST 释放 FMI 实例和内存并创建表格，输出计算结果。

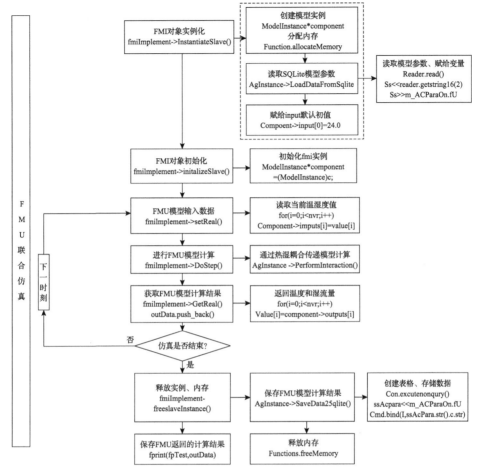

图 10.4　FMU 框架下 DeST 联合仿真流程

10.2　独立开发程序的验证

1. 程序功能模块介绍

　　基于前面已检验和验证的以相对湿度为湿驱动势的热湿耦合传递(coupled heat and moisture transfer, CHMT)模型和数值算法开发的 Fortran 程序, 开发了 C++程序, 进一步开发了功能单元 chmtFMU 模块, 该模块主要包括 calCHMT()函数模块和 10 个调用函数。其中, calCHMT()函数模块是由 DeST 主控程序 DoStep 函数直接调用的计算模块, psatfun()用于计算空气的饱和水蒸气分压力, roufun()和 Cpmfun()分别是材料密度和定压比热容调用函数, Ccfun()用于计算材料的热容量, wfun()表征材料的等温吸放湿曲线, 用于计算材料的体积含湿量, xifun()用于计算材料的湿容量，Dwfun()用于计算材料的液态水扩散率，Klfun()用于计算材料的液态水渗透系数，deltapfun()用于计算材料的水蒸气渗透系数，Lambdafun()用于计算材料的导热系数。

2. 程序功能性验证

用 HAMSTAD 验证案例 2 进行功能单元模块的 C++程序验证。4.2 节详细介绍了 HAMSTAD 验证实例 2，模拟时间为 1000h，输出结果为 100h、300h、1000h 时墙体内的含湿量分布。

CHMT 模型 C++程序运算时，取时间步长为 3600s，空间步长为 5mm，收敛标准为 $1×10^{-7}$，迭代上限设为 30 次。将 CHMT 模型 C++程序的运算结果与数值软件模拟结果进行对比，如图 10.5 所示。可以看出，C++程序的运行结果与数值软件的模拟结果差别非常小，验证了程序功能的准确性。

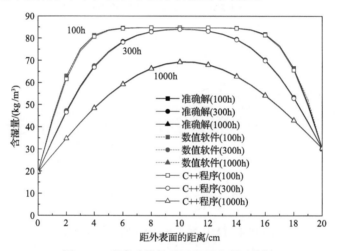

图 10.5　程序功能性验证和理论验证案例

3. 程序理论验证

将 CHMT 模型 C++程序的运算结果与分析解进行对比，如图 10.5 所示。与分析解(即准确解，因该案例是稳态条件下的单层墙体，可以得出其准确解)相比，C++程序运算结果的含湿量最大相对误差为 2.623%(100h)、1.072%(300h)、0.450%(1000h)。可以看出，CHMT 模型 C++程序的运行结果与 HAMSTAD 验证案例 2 中的准确解吻合良好，验证了 CHMT 模型 C++程序的准确性。

4. 程序静态检测

采用的源代码静态缺陷检测软件为 CppDetect，将 chmtFMU 模块代码 ModelProcessing.cpp 导入软件中进行检测，第一次检测结果如图 10.6 所示。其中结果列表中从左到右分别表示文件(被测的文件)、行号(有缺陷的代码行号,点击某行号,可自动跳到文件中,以便查看)、级别(缺陷严重程度,数越大越严重,错误级别为 2 及以下时,可以忽略)、类型(缺陷类型)、描述(缺陷的具体说明)、选择导出(选择是否将该条标记为导出,以便在"文件"菜单下的"导出检测结果"中将信息导出)。从图中可以看出,程序存在成员变量未初始化(uninitMemberVar)、内存泄漏(memleak)等类型的问题。根据代码报错结果进行修改(本节只针对模型代码文件进行修改),修改后检测结果如图 10.7 所示。可以看出,第一次检测结果中显示的模型代码中存在的重大缺陷全部修改成功。

序号	工具	文件	行号	级别	类型	描述	选择导出
1	cppcheck	E:\FMU\fmu_enc_CHMT\chmtFMU\ModelProcess...	58	2	variableScope	The scope of the variable 'extra_gain...	
2	cppcheck	E:\FMU\fmu_enc_CHMT\chmtFMU\ModelProcess...	77	2	variableScope	The scope of the variable 'iRowNum'...	
3	cppcheck	E:\FMU\fmu_enc_CHMT\chmtFMU\ModelProcess...	78	2	variableScope	The scope of the variable 'iColNum'...	
4	cppcheck	E:\FMU\fmu_enc_CHMT\chmtFMU\ModelProcess...	121	2	variableScope	The scope of the variable 'mat_id' ca...	
5	cppcheck	E:\FMU\fmu_enc_CHMT\chmtFMU\matrix.h	220	2	variableScope	The scope of the variable 'var' can b...	
6	cppcheck	E:\FMU\fmu_enc_CHMT\chmtFMU\matrix.h	234	2	variableScope	The scope of the variable 'var' can b...	
7	cppcheck	E:\FMU\fmu_enc_CHMT\chmtFMU\matrix.h	264	2	variableScope	The scope of the variable 'k1' can be...	
8	cppcheck	E:\FMU\fmu_enc_CHMT\chmtFMU\matrix.h	264	2	variableScope	The scope of the variable 'k2' can be...	
9	cppcheck	E:\FMU\fmu_enc_CHMT\chmtFMU\matrix.h	139	4	UAF	use after free	
10	cppcheck	E:\FMU\fmu_enc_CHMT\chmtFMU\ModelProcess...	79	2	unreadVariable	Variable 'iEncID' is assigned a value t...	
11	cppcheck	E:\FMU\fmu_enc_CHMT\chmtFMU\ModelProcess...	1096	2	unreadVariable	Variable 'd' is assigned a value that i...	
12	cppcheck	E:\FMU\fmu_enc_CHMT\chmtFMU\ModelProcess...	15	3	uninitMemberVar	Member variable 'ModelProcessing::...	
13	cppcheck	E:\FMU\fmu_enc_CHMT\chmtFMU\ModelProcess...	15	3	uninitMemberVar	Member variable 'ModelProcessing::...	
14	cppcheck	E:\FMU\fmu_enc_CHMT\chmtFMU\ModelProcess...	15	3	uninitMemberVar	Member variable 'ModelProcessing::...	
15	cppcheck	E:\FMU\fmu_enc_CHMT\chmtFMU\ModelProcess...	15	3	uninitMemberVar	Member variable 'ModelProcessing::...	
16	cppcheck	E:\FMU\fmu_enc_CHMT\chmtFMU\ModelProcess...	15	3	uninitMemberVar	Member variable 'ModelProcessing::...	
17	cppcheck	E:\FMU\fmu_enc_CHMT\chmtFMU\ModelProcess...	15	3	uninitMemberVar	Member variable 'ModelProcessing::...	
18	cppcheck	E:\FMU\fmu_enc_CHMT\chmtFMU\ModelProcess...	15	3	uninitMemberVar	Member variable 'ModelProcessing::...	
19	cppcheck	E:\FMU\fmu_enc_CHMT\chmtFMU\FmuObject.h	47	2	noExplicitConstructor	Class 'Object' has a constructor with...	
20	cppcheck	E:\FMU\fmu_enc_CHMT\chmtFMU\matrix.h	21	2	noExplicitConstructor	Class 'CMatrixException' has a constr...	
21	cppcheck	E:\FMU\fmu_enc_CHMT\chmtFMU\matrix.h	273	4	memleak	Memory leak: me	
22	cppcheck	E:\FMU\fmu_enc_CHMT\chmtFMU\matrix.h	273	4	memleak	Memory leak: mf	
23	cppcheck	E:\FMU\fmu_enc_CHMT\chmtFMU\matrix.h	273	4	memleak	Memory leak: b	

图 10.6　源程序第一次检测结果

序号	工具	文件	行号	级别	类型	描述	选择导出
1	cppcheck	E:\FMU\fmu_enc_CHMT\chmtFMU\ModelProcess...	58	2	variableScope	The scope of the variable 'extra_gain...	
2	cppcheck	E:\FMU\fmu_enc_CHMT\chmtFMU\ModelProcess...	77	2	variableScope	The scope of the variable 'iRowNum'...	
3	cppcheck	E:\FMU\fmu_enc_CHMT\chmtFMU\ModelProcess...	78	2	variableScope	The scope of the variable 'iColNum'...	
4	cppcheck	E:\FMU\fmu_enc_CHMT\chmtFMU\ModelProcess...	121	2	variableScope	The scope of the variable 'mat_id' ca...	
5	cppcheck	E:\FMU\fmu_enc_CHMT\chmtFMU\matrix.h	220	2	variableScope	The scope of the variable 'var' can b...	
6	cppcheck	E:\FMU\fmu_enc_CHMT\chmtFMU\matrix.h	234	2	variableScope	The scope of the variable 'var' can b...	
7	cppcheck	E:\FMU\fmu_enc_CHMT\chmtFMU\matrix.h	264	2	variableScope	The scope of the variable 'k1' can be...	
8	cppcheck	E:\FMU\fmu_enc_CHMT\chmtFMU\matrix.h	264	2	variableScope	The scope of the variable 'k2' can be...	
9	cppcheck	E:\FMU\fmu_enc_CHMT\chmtFMU\ModelProcess...	79	2	unreadVariable	Variable 'iEncID' is assigned a value t...	
10	cppcheck	E:\FMU\fmu_enc_CHMT\chmtFMU\ModelProcess...	1087	2	unreadVariable	Variable 'd' is assigned a value that i...	
11	cppcheck	E:\FMU\fmu_enc_CHMT\chmtFMU\FmuObject.h	47	2	noExplicitConstructor	Class 'Object' has a constructor with...	
12	cppcheck	E:\FMU\fmu_enc_CHMT\chmtFMU\matrix.h	21	2	noExplicitConstructor	Class 'CMatrixException' has a constr...	
13	cppcheck	E:\FMU\fmu_enc_CHMT\chmtFMU\matrix.h	35	3	copyCtorAndEqOperator	The class 'CMatrix < double >' has 'c...	
14	cppcheck	E:\FMU\fmu_enc_CHMT\chmtFMU\ModelProcess...	986	2	passedByValue	Function parameter 'dir_filename' sh...	
15	cppcheck	E:\FMU\fmu_enc_CHMT\chmtFMU\ModelProcess...	1211	2	unusedFunction	The function 'CCdryfun' is never used.	
16	cppcheck	E:\FMU\fmu_enc_CHMT\chmtFMU\ModelProcess...	231	2	unusedFunction	The function 'CalcInnerSurfTemp' is...	
17	cppcheck	E:\FMU\fmu_enc_CHMT\chmtFMU\ModelProcess...	36	2	unusedFunction	The function 'GetLineItems' is never u...	
18	cppcheck	E:\FMU\fmu_enc_CHMT\chmtFMU\ModelProcess...	194	2	unusedFunction	The function 'GetMonDay' is never us...	
19	cppcheck	E:\FMU\fmu_enc_CHMT\chmtFMU\ModelProcess...	986	2	unusedFunction	The function 'InitCHMT' is never used.	
20	cppcheck	E:\FMU\fmu_enc_CHMT\chmtFMU\ModelProcess...	1188	2	unusedFunction	The function 'Lambdadryfun' is never...	
21	cppcheck	E:\FMU\fmu_enc_CHMT\chmtFMU\ModelProcess...	56	2	unusedFunction	The function 'LoadDataFromSqlite' is...	
22	cppcheck	E:\FMU\fmu_enc_CHMT\chmtFMU\ModelProcess...	107	2	unusedFunction	The function 'SaveData2Sqlite' is nev...	
23	cppcheck	E:\FMU\fmu_enc_CHMT\chmtFMU\ModelProcess...	285	2	unusedFunction	The function 'calCHMT' is never used.	

图 10.7　修改后检测结果

5. 代码移植和程序动态检测

代码动态检测首先需要在计算机中安装虚拟机,在虚拟机中安装 Debian 系统,然后将 Windows 系统下的 CHMT 计算模块代码移植到 Linux 系统下进行编译。在 Linux 系统下运行"cmake .."命令和"make"命令之后代码编译成功,生成

chmtFMU.so 文件，如图 10.8 所示。

图 10.8　Linux 系统下源程序编译

　　代码移植编译成功之后，在代码动态检测平台上建立测试案例，并将 Linux 系统下源程序编译结果上传至代码动态检测平台运行，进行误差分析。源程序在动态检测平台上的运行结果如图 10.9 所示。可以看出，代码在动态检测平台上运行成功。

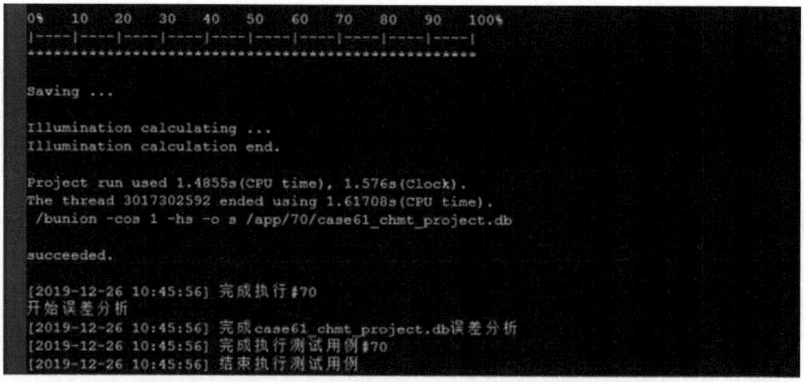

图 10.9　源程序在动态检测平台上的运行结果

　　在程序运行完成之后，系统将源代码运行结果与 Windows 系统下源代码联合调试结果进行误差对比(本测试案例设定误差为 0.01)。图 10.10 为动态检测案例误差对比结果。可以看出，动态检测平台上案例的运行结果与 Windows 系统下运行结果的误差满足案例设定误差，动态检测通过。

图 10.10　动态检测案例误差对比结果

10.3　接口设计

通过基于功能模型单元(FMU)/功能模型接口(FMI)的方式将建筑能耗模拟软件内核与围护结构动态热湿耦合传递模拟计算模块连接起来,实现围护结构动态热湿耦合传递模拟计算与建筑能耗模拟软件内核的联合计算,如图 10.3 所示。

围护结构动态热湿耦合传递 chmtFMU 模块的数据接口设计如图 10.11 所示。多孔介质建筑材料热湿物性参数由函数给出或者读取数据库获得。逐时输入参数包括气象参数、室内参数,即室外空气温度、室外空气含湿量、室外垂直壁面接收的直射辐射和散射辐射、室内对流空调综合温度、室内空气绝对湿度,由 DeST 主控程序通过 FMI 接口送给 chmtFMU;chmtFMU 计算出室内壁面温度和室内壁面湿流量通过 FMI 接口送给 DeST 主控程序。

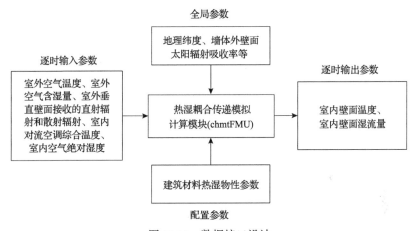

图 10.11　数据接口设计

围护结构动态热湿耦合传递模拟模块 chmtFMU 采用的数据接口类型如图 10.12 所示,该数据接口是 DeST 内核上预留的第一类接口,即非透明变物性围

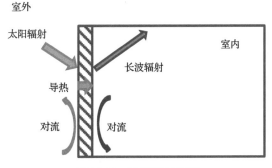

图 10.12　数据接口类型

护结构的数据接口。DeST 送给 chmtFMU 的参数为室外空气温度、室外空气含湿量、室内对流空调综合温度、室内空气绝对湿度、室外壁面接收到的直射辐射和散射辐射，chmtFMU 送回 DeST 的参数为室内壁面温度和室内壁面湿流量。DeST 内核再综合房间各个参数，联合方程组求解得到需要的参数。

顺序耦合方法分为平行法、乒乓法和迭代法三种。采用乒乓法顺序耦合机制来实现主控程序与热湿耦合传递模拟模块的联合仿真计算，如图 10.13 所示。图 10.13 展示了乒乓法耦合机制各时刻主控程序 DeST 与功能模型单元 chmtFMU 的数据处理与交换过程。在时刻 1，首先利用 DeST 中状态空间方法求解常物性围护结构部分的房间传热过程，将动态模拟结果(室内对流空调综合温度和室内空气绝对湿度)及气象参数(室外空气温度、室外空气含湿量、室外垂直壁面接收的直射辐射和散射辐射)传输给多孔介质围护结构动态热湿耦合传递模拟计算模块 chmtFMU，作为 chmtFMU 模拟计算的边界条件；再由 chmtFMU 模拟计算多孔介质围护结构在时刻 2 的热湿耦合传递，将模拟计算得到的墙体内表面温度和湿流量输出给 DeST，再由 DeST 求解时刻 2 常物性围护结构部分的房间传热过程，主控程序和功能单元模块间依次计算和交换相应的数据，不断循环，完成多孔介质围护结构动态热湿耦合传递模拟与建筑能耗模拟的联合仿真。

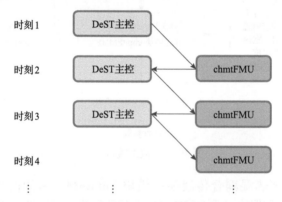

图 10.13　乒乓法示意图

FMI 接口代码如下所示：

```
modelInstance->Ti = component->inputs[0]+273.15;//室内对流空调综合温度
double AHi = component->inputs[1];              //室内空气绝对湿度
double To = component->inputs[2] + 273.15;      //室外空气温度
double MCo = component->inputs[3];              //室外空气含湿量
double totradiation = component->inputs[4];     //室外垂直壁面接收到
                                                  的直射辐射
double difradiation = component->inputs[5];     //室外垂直壁面接收到
                                                  的散射辐射
```

```
double val[4] = {0};
bool b = modelInstance->calCHMT(modelInstance->Ti, AHi, To, MCo,
          totradiation, difradiation, val);
component->outputs[0] = val[1];        //室内壁面湿流量
component->outputs[1] = val[2];        //室内壁面温度
```

其中 inputs[0]～inputs[5]为 DeST 主控程序送出的气象参数和室内参数，outputs[0]和 outputs[1]为 FMU 返回的计算结果。DeST 主控程序通过 SetReal() 函数将气象参数和室内参数送到 FMI 中，通过 FMI 将这些参数顺序送至 FMU 中。DeST 主控程序通过 DoStep 函数调用 FMU 中的 chmt() 函数，chmt() 函数将计算出的结果保存在 val[ ]数组中并返回给 FMI。DeST 通过 GetReal 函数读取 FMI 中 FMU 的返回值。

多孔介质围护结构动态热湿耦合传递模拟计算模块 chmtFMU 与建筑能耗模拟软件联合计算流程如图 10.14 所示。

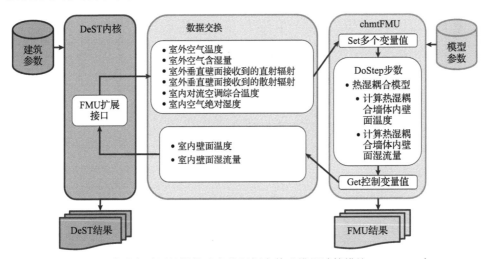

图 10.14　多孔介质围护结构动态热湿耦合传递模拟计算模块 chmtFMU 与
建筑能耗模拟软件联合计算流程

10.4　独立调试与联合调试

1. 独立调试

独立调试的算例为位于北京的一房间的东向墙体，考虑热湿耦合传递。墙体为三层复合墙体，从内到外分别为 20mm 石灰水泥砂浆、240mm 砖和 20mm 水泥砂浆。三层复合墙体材料热湿物性参数如表 10.1 所示。气象参数为北京市典型年

表 10.1　三层复合墙体材料热湿物性参数

热湿物性参数	参数值		
	石灰水泥砂浆[1]	砖[2]	水泥砂浆[1]
干材料密度/(kg/m³)	1600	1600	1807
定压比热容/[J/(kg·K)]	1050	1000	840
导热系数/[W/(m·K)]	$0.81+0.0031\omega$	$0.682+4.2\,\dfrac{\omega}{\rho_l}$	$1.965+0.0045\omega$
含湿量/(kg/m³)	$\dfrac{\varphi}{0.0077-0.0135\varphi+0.00674\varphi^2}$	$373.5\times\left\{\left[1+\left(-0.47\dfrac{R_vT\ln\varphi}{g}\right)^{1.5}\right]^{-\frac{1}{1.5}}0.46 + \left[1+\left(-0.2\dfrac{R_vT\ln\varphi}{g}\right)^{3.8}\right]^{-\frac{1}{3.8}}0.54\right\}$	$\dfrac{\varphi}{0.0001+0.025\varphi-0.022\varphi^2}$
水蒸气渗透系数/[kg/(m·s·Pa)]	1.2×10^{-11}	$\dfrac{26.1\times10^{-6}}{7.5R_vT}\dfrac{1-\dfrac{\omega}{373.5}}{0.2+0.8\left(1-\dfrac{\omega}{373.5}\right)^2}$	5.467×10^{-11}
液态水扩散率/(m²/s)	$2.7\times10^{-9}\,\mathrm{e}^{0.0204\omega}$	—	$1.4\times10^{-9}\,\mathrm{e}^{0.027\omega}$
液态水渗透系数/[kg/(m·s·Pa)]	$K_l=\dfrac{D_w\xi\varphi}{R_vT\rho_l}$ [3]	$K_l=\exp\left[-36.484+461.325\dfrac{\omega}{\rho_l}-5240\left(\dfrac{\omega}{\rho_l}\right)^2\right.$ $\left.+29070\left(\dfrac{\omega}{\rho_l}\right)^3-74100\left(\dfrac{\omega}{\rho_l}\right)^4+69970\left(\dfrac{\omega}{\rho_l}\right)^5\right]$	$K_l=\dfrac{D_w\xi\varphi}{R_vT\rho_l}$ [3]

注: D_w 为液态水扩散率, m²/s; g 为重力加速度, m/s²; K_l 为液态水渗透系数, kg/(m·s·Pa); R_v 为水蒸气气体常数, 取 461.89J/(kg·K); T 为温度, K; φ 为相对湿度, %; ρ_l 为液态水密度, 取 1000kg/m³; ω 为含湿量, kg/m³; ξ 为等温吸放湿曲线斜率, kg/m。

气象数据中 7 月 21 日 0:00～24 日 0:00 的数据，模拟计算时间步长设为 1h。独立调试计算结果如图 10.15 所示。

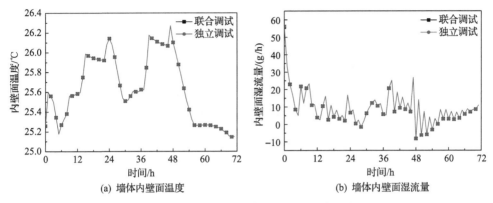

(a) 墙体内壁面温度　　　　　　　　(b) 墙体内壁面湿流量

图 10.15　独立调试与联合调试算例的内壁面温度和内壁面湿流量

2. 联合调试

通过对比联合调试算例的计算结果和独立调试算例的计算结果验证程序接口的准确性。联合调试算例墙体所在城市、朝向、结构与独立调试算例相同，为位于北京的一房间的东向墙体，考虑热湿耦合传递。墙体为三层复合墙体，从内到外分别为 20mm 石灰水泥沙浆、240mm 红砖和 20mm 水泥砂浆。墙体材料热湿物性参数如表 10.1 所示。气象参数为北京市典型年气象数据中 7 月 21 日~23 日的数据，模拟计算时间步长设为 1h。联合调试计算结果如图 10.15 所示。

图 10.15 对比了独立调试与联合调试计算得到的墙体内壁面温度和内壁面湿流量。可以看出，联合调试的结果与独立调试没有差别。这说明联合调试的计算结果是正确的，也验证了联合调试接口的正确性。

10.5　联合计算算例

1. 算例 1

算例 1 为位于长沙的单个房间(住宅)，如图 10.16 所示。房间尺寸为 3.6m×5.7m×4.2m，窗户尺寸为 1.8m×1.8m，门的尺寸为 1.0m×2.1m。各面墙体构造如图 10.17 所示。墙体材料热湿物性参数如表 10.2 所示。窗户为普通中空玻璃(6mm+12mm+6mm)，其传热系数为 2.9W/(m²·K)，太阳得热系数为 0.722，通风换气次数设置为 0.2 次/h。房间设置一个人员，职业类型为 type1，生活方式为 type3，周六日人员全天在室，工作日人员仅 6:00～22:00 在室。空调动作逻辑如下：①当人员不在室时，空调不动作，显热负荷为 0，新风负荷为 0；②当人员在室时，判断室内空气温度是否在设置的温度阈值内（默认为 17～29℃）。若在阈值内，空调不动作，新风承担全部显热负荷；若不在阈值内，空调开启，空调承担全部显热负荷，新风负荷为 0。其他参数采用 DeST 默认值。夏天模拟计算时间为 7 月 21 日 0:00～7 月 24 日 0:00（周六～周一），冬天模拟计算时间为 1 月 21 日 0:00～1 月 24 日 0:00（周日～周二）。模拟墙体为南面外墙，联合计算结果如下。

1）夏季

图 10.18～图 10.20 分别为算例 1 夏季计算得到的南面外墙内壁面湿流量、内壁面温度和房间显热负荷。可以看出，墙体内壁面温度比室内空气温度平均约高出 1℃；湿流量和显热负荷的变化趋势与室外空气温度一致；7 月 23 日（周一）6:00～22:00 人员不在室内，空调不动作，显热负荷为 0；其他时间室内空气温度均在温

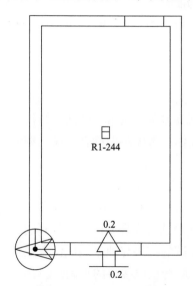

图 10.16　算例 1 房间模型

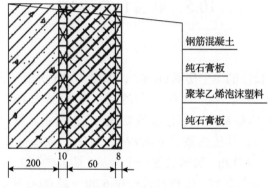

图 10.17　算例 1 墙体构造（单位：mm）

表 10.2 算例 1 墙体材料热湿物性参数

热湿物性参数	参数值		
	混凝土[1]	石膏板[4,5]	聚苯乙烯泡沫塑料[1]
干材料密度/(kg/m³)	2200	592	35
定压比热容/[J/(kg·K)]	840	900	1470
导热系数/[W/(m·K)]	$2.74+0.0032\omega$	$0.16+0.002\omega$	$0.0241+0.00013\omega+0.000059\omega^2$
含湿量/(kg/m³)	$\dfrac{1}{2}\left(\dfrac{\varphi}{-0.004+0.081\varphi-0.069\varphi^2}+\dfrac{\varphi}{0.02-0.027\varphi+0.018\varphi^2}\right)$	$706\left[1+\left(-1.045\times10^{-3}R_vT\ln\varphi\right)^{2.529}\right]^{-0.3954}$	$\dfrac{\varphi}{18.96-4.4627\varphi^2}$
水蒸气渗透系数/[kg/(m·s·Pa)]	$\dfrac{2\times10^{-7}T^{0.81}}{101325}\left(6.8\times10^{-3}+8.21\times10^{-5}e^{5.66\varphi}\right)$	3.17×10^{-11}	1.2×10^{-12}
液态水扩散率/(m²/s)	$1.8\times10^{-11}e^{0.0582\omega}$	—	—
液态水渗透系数/[kg/(m·s·Pa)]	$K_l=\dfrac{D_w\xi\varphi}{R_vT\rho_l}$ [3]	$\begin{aligned}\exp(&-40.21+0.601\omega-0.009976\omega^2\\&+8.333\times10^{-5}\omega^3-3.826\times10^{-7}\omega^4\\&+1.012\times10^{-9}\omega^5-1.536\times10^{-12}\omega^6\\&+1.242\times10^{-15}\omega^7-4.15\times10^{-19}\omega^8)\end{aligned}$	0

注: D_w 为液态水扩散率, m²/s; K_l 为液态水渗透系数, kg/(m·s·Pa); R_v 为水蒸气气体常数, 取 461.89J/(kg·K); T 为温度, K; φ 为相对湿度, %; ρ_l 为液态水密度, 取 1000kg/m³; ω 为含湿量, kg/m³; ξ 为等温吸放湿曲线斜率, kg/m³。

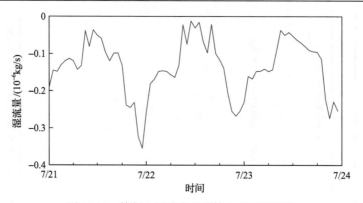

图 10.18　算例 1 夏季南面墙体内壁面湿流量

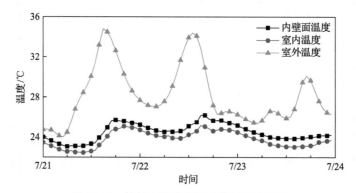

图 10.19　算例 1 夏季南面墙体内壁面温度

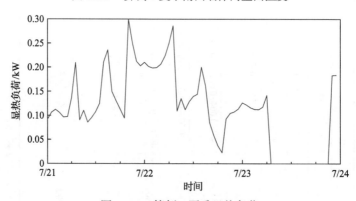

图 10.20　算例 1 夏季显热负荷

度阈值范围内，显热负荷较小，空调不动作，由新风承担全部显热负荷。

2)冬季

图 10.21～图 10.23 分别为算例 1 冬季计算得到的房间南面外墙内壁面湿流量、内壁面温度和房间显热负荷。从图 10.23 可以看出，1 月 21 日(周日)空调全天开启，

显热负荷较大；1 月 22 日 22:00 和 23 日（周一和周二）22:00，人员刚刚开启空调，由于白天房间的蓄热作用，显热负荷先后达到峰值 4.81kW（1 月 22 日 22:00）和 4.80kW（1 月 23 日 22:00）。

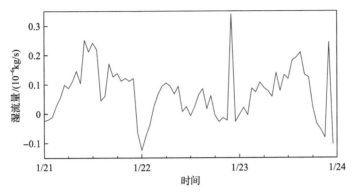

图 10.21　算例 1 冬季南面墙体内壁面湿流量

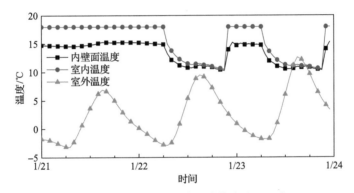

图 10.22　算例 1 冬季南面墙体内壁面温度

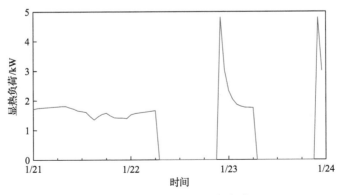

图 10.23　算例 1 冬季显热负荷

2. 算例 2

算例 2 为一栋位于长沙的三层住宅楼，如图 10.24 所示。各面墙体构造如图 10.25 所示。墙体材料热湿物性参数如表 10.3 所示。窗户为普通中空玻璃(6mm+

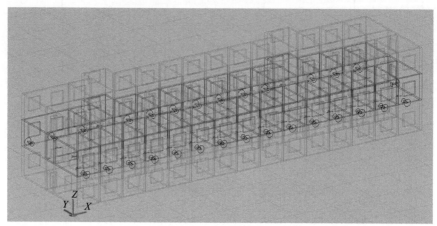

(a) 立体图

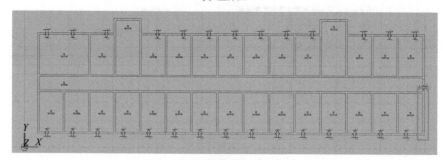

(b) 平面图

图 10.24　算例 2 房间模型

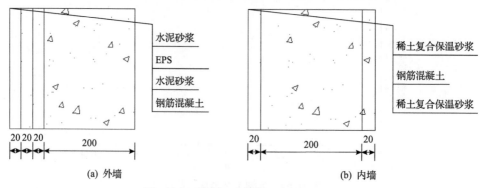

(a) 外墙

(b) 内墙

图 10.25　算例 2 墙体构造(单位：mm)

表 10.3　算例 2 墙体材料热湿物性参数

热湿物性参数	参数值		
	混凝土[1]	水泥砂浆[1]	EPS[1]
干材料密度/(kg/m³)	2200	1807	30
导热系数/[W/(m·K)]	$2.74+0.00302\omega$	$1.965+0.0045\omega$	$0.0331+0.00123\omega$
定压比热容/[J/(kg·K)]	840	840	1470
含湿量/(kg/m³)	$\dfrac{1}{2}\left(\dfrac{\varphi}{-0.004+0.081\varphi-0.069\varphi^2}+\dfrac{\varphi}{0.02-0.027\varphi+0.018\varphi^2}\right)$	$\dfrac{\varphi}{0.0001+0.025\varphi-0.022\varphi^2}$	$\dfrac{\varphi}{0.07086+0.9647\varphi-0.5277\varphi^2}$
水蒸气渗透系数/[kg/(m·s·Pa)]	$\dfrac{2\times10^{-7}T^{0.81}}{101325}\times\left(6.8\times10^{-3}+8.21\times10^{-5}e^{5.66\varphi}\right)$	5.467×10^{-11}	1.1×10^{-11}
液态水扩散率/(m²/s)	$1.8\times10^{-11}e^{0.0582\omega}$	$1.4\times10^{-9}e^{0.027\omega}$	—
液态水渗透系数/[kg/(m·s·Pa)]	$K_1=\dfrac{D_w\xi\varphi^{[3]}}{R_vT\rho_l}$	$K_1=\dfrac{D_w\xi\varphi^{[3]}}{R_vT\rho_l}$	0

注：D_w 为液态水扩散率，m²/s；K_1 为液态水渗透系数，kg/(m·s·Pa)；R_v 为水蒸气气体常数，取 461.89J/(kg·K)；T 为温度，K；φ 为相对湿度，%；ρ_l 为液态水密度，取 1000kg/m³；ω 为含湿量，kg/m³；ξ 为等温吸放湿曲线斜率，kg/m³。

12mm+6mm），其传热系数为 2.9W/(m^2·K)，太阳得热系数为 0.722，其余参数设置与算例 1 相同。计算墙体为第 2 层的某房间南面墙体，计算结果如下。

1）夏季

图 10.26～图 10.28 分别为算例 2 夏季计算得到的房间南面外墙内壁面湿

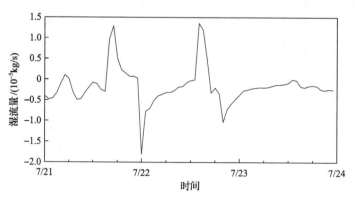

图 10.26　算例 2 夏季南面墙体内壁面湿流量

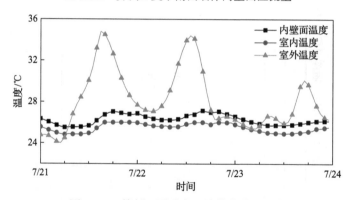

图 10.27　算例 2 夏季南面墙体内壁面温度

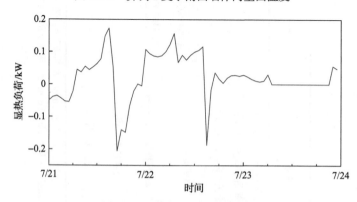

图 10.28　算例 2 夏季显热负荷

流量、内壁面温度和房间显热负荷。可以看出，内壁面温度比室内空气温度平均高出 1℃左右；湿流量和显热负荷的变化趋势与室外空气温度一致；7 月 23 日（周一）6:00～22:00 人员不在室内，空调不动作，显热负荷为 0；其他时间室内空气温度均在温度阈值范围内，显热负荷较小，空调不动作，由新风承担全部显热负荷。

2）冬季

图 10.29～图 10.31 分别为算例 2 冬季计算得到的房间南向外墙内壁面湿流量、内壁面温度和房间显热负荷。从图 10.31 可以看出，1 月 22 日和 23 日（周一和周二）22:00，人员刚刚开启空调，由于白天房间的蓄热作用，显热负荷先后达到峰值 1.74kW（1 月 22 日 22:00）和 1.81kW（1 月 23 日 22:00）。

3. 算例 3

算例 3 为位于长沙的单个房间（住宅），如图 10.32 所示。房间尺寸为 5m×6m×3.6m，窗户为普通中空玻璃（6mm+12mm+6mm），尺寸为 2m×2m，门尺寸为

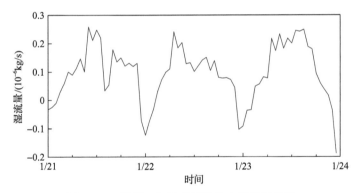

图 10.29　算例 2 冬季南面墙体内壁面湿流量

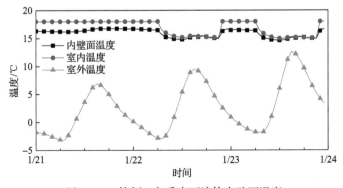

图 10.30　算例 2 冬季南面墙体内壁面温度

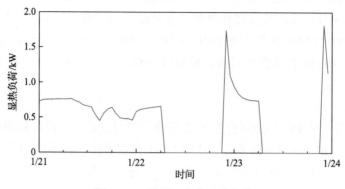

图 10.31　算例 2 冬季显热负荷

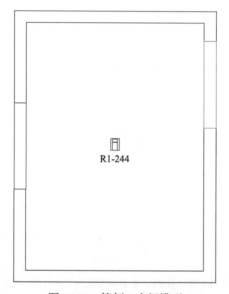

图 10.32　算例 3 房间模型

2.0m×2.7m。南面墙体为多孔介质围护结构，墙体构造如图 10.17 所示，墙体材料热湿物性参数如表 10.2 所示。其他参数设置与算例 1 相同，模拟计算时间为 5 月 1 日 0:00～5 月 8 日 0:00(周二～周一)。

　　图 10.33～图 10.35 分别为算例 3 计算得到南面外墙内壁面湿流量、内壁面温度和房间显热负荷。内壁面温度与室内空气温度很接近，差别不足 0.5℃。工作日(5 月 1 日～5 月 4 日，5 月 7 日)6:00～22:00 人员不在室内，空调不动作，显热负荷为 0；其他时间室内空气温度均在温度阈值范围内，显热负荷较小，空调不动作，由新风负荷承担全部显热负荷。

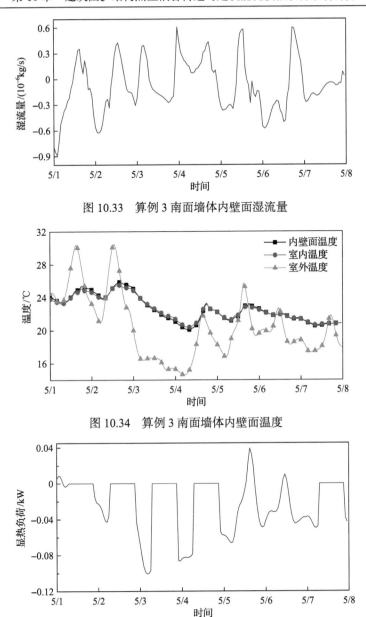

图 10.33　算例 3 南面墙体内壁面湿流量

图 10.34　算例 3 南面墙体内壁面温度

图 10.35　算例 3 房间显热负荷

10.6　本　章　小　结

本章介绍了建筑围护结构动态热湿耦合传递模拟计算模块 C++程序的独立开发技术流程及与建筑能耗模拟软件 DeST 进行联合计算的接口设计和顺序耦合方式。

（1）对独立开发的动态热湿耦合传递模拟计算模块进行了功能性验证、理论验证、代码静态检测和代码动态检测。从验证结果和检测结果可以看出，开发的动态热湿耦合传递模拟计算模块是正确的，可以与建筑能耗模拟软件 DeST 进行联合计算。

（2）对独立开发的动态热湿耦合传递模拟计算模块与建筑能耗模拟软件 DeST 联合的接口进行设计。其中接口类型为第一类变物性非透明围护结构接口，采用顺序耦合乒乓法。

（3）将开发的动态热湿耦合传递模拟计算模块 chmtFMU 进行了独立调试和联合调试，并通过独立调试计算结果和联合调试计算结果对比验证了接口设计的正确性。

（4）在建筑能耗模拟软件 DeST 上设计了三个联合计算算例，展示了建筑围护结构动态热湿耦合传递模拟与建筑能耗模拟的联合计算。

参 考 文 献

[1] Kumaran M K. IEA Annex 24, Task 3: Material properties. Leuven: Catholic University of Leuven, 1996.

[2] Hagentoft C E. HAMSTAD, Methodology of HAM-modeling. Gothenburg: Chalmers University of Technology, 2002.

[3] Dong W Q, Chen Y M, Bao Y, et al. Response to comment on "A validation of dynamic hygrothermal model with coupled heat and moisture transfer in porous building materials and envelopes". Journal of Building Engineering, 2022, 47: 103936.

[4] Li Q. Development of a hygrothermal simulation tool (HAM-BE) for building envelope study. Montreal: Concordia University, 2008.

[5] Wu Y. Experimental study of hygrothermal properties for building materials. Montreal: Concordia University, 2007.

附录 嵌入木梁的砌体砖墙构造详图

1. 1#墙体构造图

砌体尺寸：$1\frac{1}{2}$砖墙（348mm）；外表面：10mm 石灰砂浆；保温层：保温板。

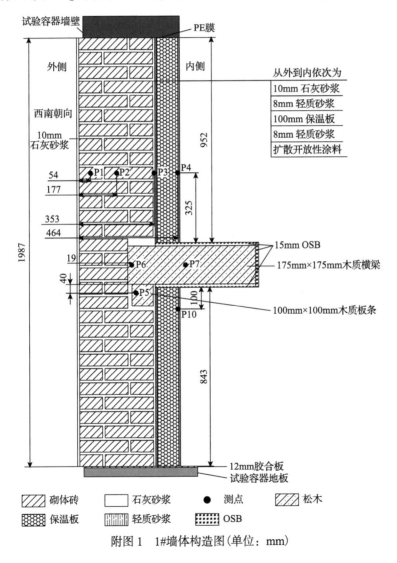

附图1 1#墙体构造图（单位：mm）

2. 2#墙体构造图

砌体尺寸：$1\frac{1}{2}$砖墙(348mm)；外表面：裸砖；保温层：保温板。

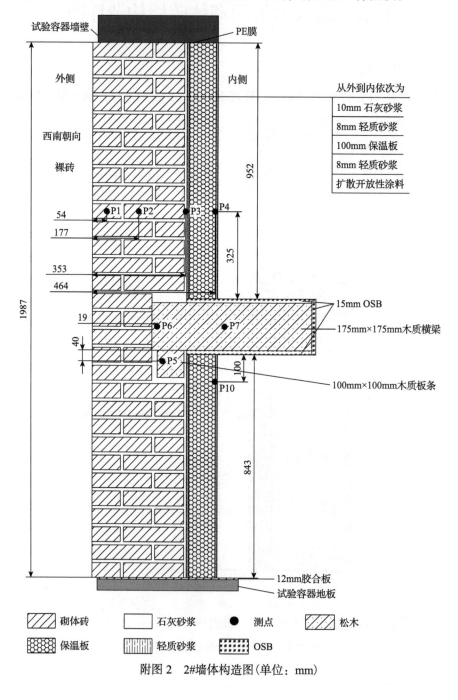

附图 2　2#墙体构造图(单位：mm)

3. 3#墙体构造图

砌体尺寸：$1\frac{1}{2}$砖墙(348mm)；外表面：裸砖+疏水处理；保温层：保温板。

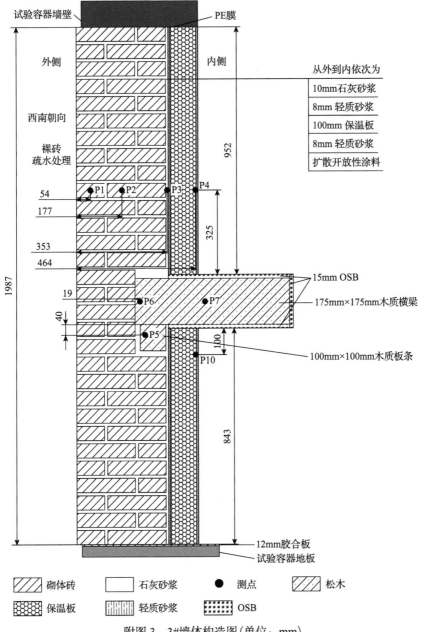

附图 3 3#墙体构造图(单位：mm)

4. 4#墙体构造图

砌体尺寸：$1\frac{1}{2}$砖墙（348mm）；外表面：裸砖+疏水处理；保温层：无。

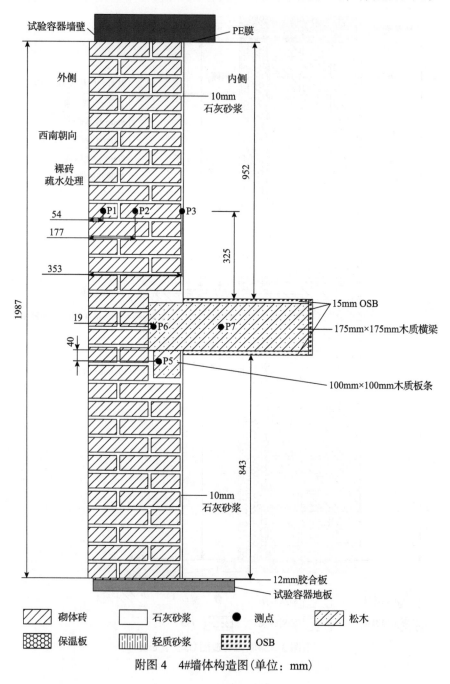

附图 4　4#墙体构造图（单位：mm）

5. 5#墙体构造图

砌体尺寸：$1\frac{1}{2}$砖墙（348mm）；外表面：裸砖；保温层：无。

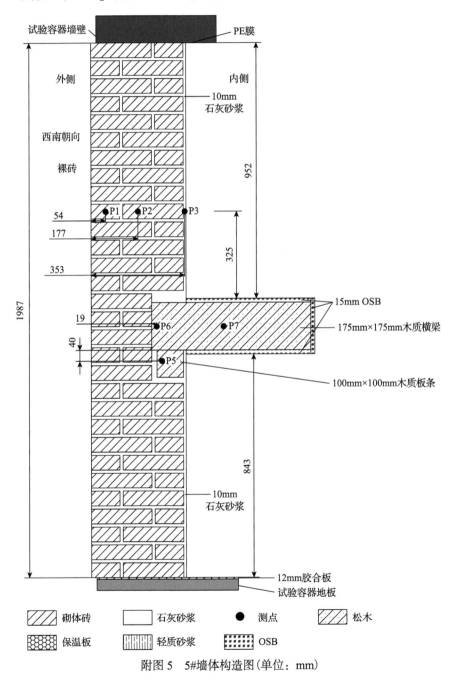

附图 5　5#墙体构造图（单位：mm）

6.6#墙体构造图

砌体尺寸：$1\frac{1}{2}$ 砖墙（348mm）；外表面：裸砖+疏水处理；保温层：保温板+AAC 热桥。

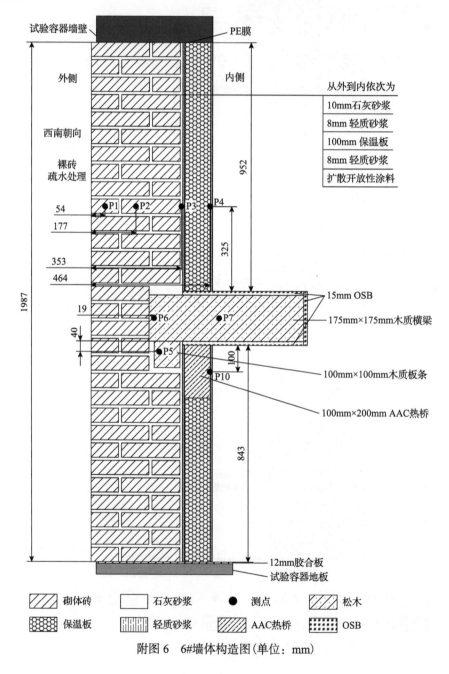

附图6　6#墙体构造图（单位：mm）

7. 7#墙体构造图

砌体尺寸：$1\frac{1}{2}$砖墙（348mm）；外表面：裸砖；保温层：保温板+AAC 热桥。

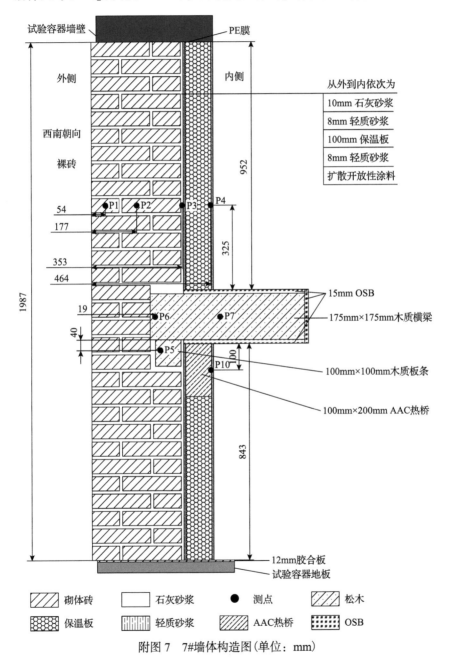

附图 7 7#墙体构造图（单位：mm）